转型时代城市空间演化绩效的多维视角研究

吴一洲 著

中国建筑工业出版社

图书在版编目(CIP)数据

转型时代城市空间演化绩效的多维视角研究/吴一洲著.—北京:中国建筑工业出版社,2012.11
ISBN 978-7-112-14862-2

Ⅰ.①转⋯ Ⅱ.①吴⋯ Ⅲ.①城市空间-空间规划-研究②城市土地-土地利用-研究 Ⅳ.①TU984.11②F293.2

中国版本图书馆CIP数据核字(2012)第272714号

城市空间开发与土地利用是一种复杂的自然、经济、社会和制度过程,是在特定的地理环境和经济社会发展阶段中,人类各种活动与自然环境相互作用的综合结果。城市空间是多种经济活动空间聚集的地理载体,任何城市发展都离不开土地这个空间基础,因此城市空间演化一直是城市地理学、城市经济学、社会学等学科研究的热点和重点。本书内容包括绪论;城市空间演化的理论模型与相关研究;研究的理论分析框架;资源配置绩效;治理结构;制度环境;城市空间演化绩效的研究总结等。

本书可供广大城市规划师、城市规划管理者、城市学研究人员以及高等院校城市规划专业师生学习参考。

责任编辑:吴宇江
责任设计:董建平
责任校对:陈晶晶 刘 钰

转型时代城市空间演化绩效的多维视角研究
吴一洲 著
*
中国建筑工业出版社出版、发行(北京西郊百万庄)
各地新华书店、建筑书店经销
北京科地亚盟排版公司制版
北京富生印刷厂印刷
*
开本:787×1092毫米 1/16 印张:15 字数:370千字
2013年4月第一版 2013年4月第一次印刷
定价:38.00元
ISBN 978-7-112-14862-2
(22913)

国家自然科学基金项目（批准号：51108405）
浙江省哲学社会科学规划课题（批准号：12JCGL07YB）
教育部人文社会科学研究项目（批准号：12YJAZH179）
2011 年度浙江省科协育才工程资助项目
浙江工业大学城乡发展与人居环境设计研究中心

联合资助

前　　言

城市空间开发与土地利用是一种复杂的自然、经济、社会和制度过程，是在特定的地理环境和经济社会发展阶段中，人类各种活动与自然环境相互作用的综合结果。城市空间是多种经济活动空间聚集的地理载体，任何城市发展都离不开土地这个空间基础，因此城市空间演化一直是城市地理学、城市经济学、社会学等学科研究的热点和重点。转型期，以城市空间规模扩张，产业结构升级，人口集聚增长，城市治理方式变革，相关制度体系创新等为特征，这些方面彼此密切联系、相互影响。当前，城市空间转型的进程滞后于社会经济转型，城市空间演化体现出多变性的特点，资源稀缺与粗放利用现象并存，影响了城市运行效率的提高与可持续发展，同时与其相关的策略制定缺乏科学依据。

在此背景下，本研究将总体目标设定为：综合运用城市规划学、土地资源学、城市地理学、城市经济学等相关学科的理论与技术方法，基于社会科学分析的多层次过程视角，通过建立转型期城市空间演化绩效的分析框架，重点从资源配置、治理结构、制度环境三个层面进行探讨，寻找影响城市空间演化绩效的深层次原因，以期为快速城市化过程中，城市资源的空间配置及相应的制度设计提供理论支持与科学依据。

沿着建立的核心分析框架，本研究的主要内容组织如下：

第1章从总体上对城市空间演化绩效进行先导研究，包括研究背景、研究意义、研究方法、技术路线，以及可能的创新点等，进行研究整体架构，旨在论述研究的必要性和重要性，并在此基础上提出本研究的布局谋略。

第2章对国内外相关研究进行系统的梳理和归纳，包括相关概念的解析，城市空间的内涵与模型评价，城市空间形态及其演化，产业结构转型，治理结构和制度环境对城市空间演化绩效的影响等等，进一步明确目前研究的切入点。

第3章从经济、空间、治理、制度四个方面对城市空间演化绩效进行多维思考，阐释城市空间演化的丰富内涵；对城市空间演化中的绩效水平进行多个层次的解构；在此基础上，提出研究的基本导向，构建整体的分析框架，包括分析尺度划分，层次体系组成，研究的一般方法与具体的研究框架和指标。

第4章探讨资源配置层次的绩效之一，即城市空间演化的规模经济绩效。建立城市土地资源利用与经济增长之间的理论联系，运用面板数据模型和随机前沿模型对城市土地资源利用的空间效应和城市经济增长的要素规模效率进行实证，并利用空间自相关等分析模型对空间经济产出和规模效率进行空间模式的识别，在此基础上对其产生的影响因素和作用机制进行解析。

第5章探讨资源配置层次的绩效之二，即城市空间演化的内外部结构绩效。对城市内部空间结构与外部空间结构的演化进行理论和实证的分析。理论研究总结提出城市内外部土地利用空间结构演化的过程与特征，实证研究以杭州为案例，利用区位熵和空间分析相结合的方法，对其在转型背景下城市土地资源利用的空间结构演化格局进行分析，并总结其规律与发展趋势，进而提出空间结构的相关优化策略。

第 6 章探讨资源配置层次的绩效之三，即城市空间规划的调控绩效。提出转型期城市"规划理想"与"现实发展"之间的效率悖论，并以北京为案例进行实证分析，利用遥感解译、景观指数等方法，建立空间规划及其逻辑的对比评价体系，探讨了北京六次总体规划控制效果的时空差异，进而对其规划调控效果差异的原因进行分析，总结转型期城市空间规划调控失效的产生机制。

通过这三章对转型时代城市空间演化在资源配置层次的绩效研究，提出政府治理与决策在城市空间演化中的重要性，即需要进入治理结构层面的研究。

第 7 章进入治理结构层面，对城市空间演化的治理结构变迁进行总结，在此基础上，从空间规划视角提出当前城市空间资源配置中的利益冲突现象，进而基于决策网络理论，构建不同时期城市空间资源配置决策网络的概念模型，并进行对比分析，从理论角度解释治理结构变迁的内在特征。同时，从空间决策理念革新和空间决策技术方法两个方面，分别提出改善的建议。最后，根据治理结构存在的问题，引出"行为规范"——制度环境的研究。

第 8 章进入制度环境层面，在对制度分析一般理论研究的基础上，提出城市空间演化的制度分析框架，并应用该框架对我国的现行制度环境的缺陷进行总结，从理论对比视角和空间效应视角，分别解析制度环境对城市空间演化绩效的影响机制，并借鉴国际经验提出制度环境建设的改善建议。

第 9 章对研究进行整体总结。

基于上述研究，拟从以下几个方面对我国城市规划及其相关领域提供借鉴：

（1）构建了转型期城市空间演化绩效的多层次视角的分析框架。从资源空间配置、治理结构和制度环境之间的内在联系逻辑，及其相互作用机制上，将这三个层次之间的绩效机理联系在一起，建立相对系统和完整的分析框架。

（2）系统揭示了转型背景下城市空间的演化模式。从城市空间演化的宏观规模经济绩效、内外部形态绩效和空间规划调控绩效三个方面切入，进行相关理论推导与实证分析，较为系统全面地揭示了其中的演化机理与重构机制，从不同深度与不同维度解析城市演化中的绩效差异问题。

（3）提出了城市空间演化中基于决策网络的治理结构分析模式。通过构建不同时期的空间资源配置的决策网络概念模型，进行定量和定性的比对分析，能有效地解释城市空间演化中的资源配置不协调问题。

（4）探讨了城市空间演化中基于 IAD 理论的制度环境分析模式。该框架为城市空间演化中的制度环境分析，提供了清晰的思路和较为全面的解释，有助于识别制度环境中的缺陷。

（5）采用了多领域与学科交叉的分析方法。由于涉及多维度多视角，因而在研究中采用理论推导、模型估计、空间分析、决策网络和比较研究相结合的跨学科分析方法，横跨土地资源学、城市经济学、城市地理学、城市规划学、制度经济学、公共管理学等领域。力求将研究的理论推理加以全面演绎，结论得以验证，以方法上的创新交叉应用来提高研究的说服力。

目　录

1 绪论

1.1 城市空间演化绩效研究的背景

1.1.1 城市空间理论发展的诉求

城市空间是多种经济活动空间聚集的地理载体，任何城市发展都离不开空间这个基础，因此城市空间一直是城市地理学、城市经济学、社会学等学科研究的热点和重点，古典经济增长理论、新古典经济增长理论以及新经济增长理论等经济学理论对此也有深入的研究。在这一研究体系中，城市经济增长更多的是被作为城市空间演化的动力机制来探讨，许多学者认为转型期城市社会经济的变革式发展，引起了城市内部各种功能用地的空间重构或规模扩张，是城市空间演变的根本原因。这一命题在目前国内外学术界已经得到了诸多的论证和检验，但是有关转型机制对于城市空间绩效的影响效应却是一个长期未被系统化研究的领域。转型期，以城市土地规模扩张，产业结构升级，人口集聚增长，城市治理方式变革，相关制度体系创新等为特征，这些方面彼此密切联系，相互影响。

近年来，国外学者对城市空间形态、空间结构演变及其影响作过一些深入研究（丁成日，2004，2005；Song，2004），国内对城市空间演化及其形态特征的研究起步较晚，在转型期城市功能快速演进过程中，对于城市空间演化中的绩效的研究显得非常不足，主要体现在以下几个方面：

1）对于城市物质空间层面的研究多于经济社会层面的研究

我国对于城市空间形态的研究始于 20 世纪 80 年代，这一时期西方城市设计学科的类型形态学在城市空间研究中正在兴起，这也直接影响了我国在该领域的研究导向，比如凯文·林奇（Lynch，1980）的《城市意象》Image of City，还有大量其他国外相关理论被介绍到国内，这就导致一些研究者将城市空间形态理论看作是城市空间演化理论的全部，其实城市物质空间层面形式的认识和探讨只是城市空间演化研究的一个方向，并且有学者认为城市空间研究只是城市形态的低层次研究（武进，1990）。实质上，城市空间除了是构成城市物质环境的基础外，还是推动城市经济增长的重要的生产要素，因而，研究城市空间演化必须将物质空间层面的研究与经济社会层面的研究纳入到同一个理论分析框架中进行解析。

2）城市空间演化问题缺乏多尺度的系统研究

近年来许多学者从不同的角度对城市空间的时空变化进行了大量的研究，揭示了城市空间在平面上、立体上和结构上的表征，为资源的合理空间配置、有效利用及城市规划提供了有用的参考（王铮等，2002；刘湘南等，2001；杨山等，2001）。城市空间演化应是一个多尺度的概念：从宏观尺度来看，区域城市空间演化可体现在区域发展的土地要素投入与产出结构上；从中观尺度来看，则体现在城市用地结构与空间功能结构上；从微观尺度来看，则主要体现在不同城市用地的组合模式、开发强度、功能特征等方面。因而，对于空间层面的"绩效"考量必须放置到多层次空间尺度下进行，同时，应对城市空间演化中的关键控制要素进行系统的分析。

3）转型期制度环境与治理结构的变革对城市空间演化的影响研究匮乏

土地制度作为土地市场的激励框架和博弈规则，直接调控着土地市场各行为主体的活动方式与行动选择，而城市空间演化格局是城市土地市场上各参与主体在"成本—收益"机制下合力作用的物质空间产物，因而，转型期制度的变迁与治理结构的变革对城市空间演化有着深刻的影响。但当前我国对城市空间的形成和演变的内在机制的分析深度及系统性都有所欠缺；或者即使进行机制分析也主要从市场机制和各种市场要素的作用角度进行分析，相对忽视了制度环境对治理结构本身的影响。国外由于制度环境相对稳定，通常不直接研究土地制度与城市空间演化的关系，而是把土地制度作为一种外生变量放进了"前置的假设条件"（陈鹏，2009）。与国外完全的市场经济体制不同，中国的"市场＋政府"的双重调控模式决定了城市空间演化的研究范式必然会与国外不同，制度和治理层面的分析对于中国显得尤为重要，这不仅是转型期城乡规划学和公共管理学研究的重点，也对丰富城市空间结构及其演化等方面的理论研究具有重要的价值。

1.1.2 城市空间管理实践的需要

1）转型期，城市空间转型的进程滞后于社会经济转型，城市空间演化体现出多变性的特点

城市是历史的产物，是随着经济社会发展和科学技术进步不断演化的复杂实体，城市空间承载着各种物质生活和人们精神生活的需求，城市空间形态不断变化着它的尺度和结构来满足经济社会发展的种种要求。自20世纪80年代末以来，全球政治与经济格局的巨大变化带来了世界发展环境的重大转变，中国改革开放后，特别是20世纪90年代以来，发达国家与发展中国家都在经历着巨大的经济、社会体制转型（Blanchard，1992；Burawory，1996；Cook，2001；Mossberger，2001）。总体上看，第二次世界大战以后发展中国家的城市发展战略先后经历了三次大的转变：第一次转变发生在20世纪60年代末至70年代初，原先发展中国家片面追求经济增长速度的发展战略造成了深刻、尖锐的结构性矛盾，并不同程度地出现失败的结果，于是纷纷采取了以满足基本需求为目标的发展战略，城市空间演化以落实土地利用指标为主；第二次转变发生在20世纪70年代末至80年代初，发展中国家政府在制定发展策略时，把人的全面发展作为社会发展总体的、长远的目标，认为评价社会发展的指标应该包括五个方面，即社会平等，根除贫困，确保真正的人类自由，维护生态平衡，实现民众参与决策；第三次转变发生在20世纪90年代末至21世纪初，以亚洲金融危机为动因，发展中国家在全球经济一体化的过程中，更加注重提高城市发展的综合质量和竞争力（张京祥，2007），对作为城市发展的空间基础的理解得到了丰富，如关注土地的集约节约利用、城市形态的景观效果、城市生态空间的布局等等。转型时期，城市经济快速发展，功能剧烈演化，人们对生活居住环境质量的要求不断提高，但典型的中国国情又决定了城市空间资源配置受到经济发展需求、制度保护控制和治理结构的强烈干预等多重影响，其运作机制不但涉及物质空间设计层面，还涉及土地制度及其执行层面，加之空间演化的历史性和渐进性，使得城市空间转型滞后于经济社会转型，这其中又以城市空间演化的多变性特征最难把握。

2）城市空间资源利用稀缺与粗放利用现象并存，其利用模式影响城市效率的提高与可持续发展

城市具有较强的聚集、辐射功能，以及指挥、调节和综合服务的作用，在当前快速城市化和经济全球化进程中，对区域经济的发展具有极为重要的功能和作用，可以带动区域实现跨越式增长，是当代经济发展的核心，如中国的城市以占全国 0.43% 的国土面积承载着全国 40% 以上人口的生存，并集聚着全国 85% 以上的非农产值的经济活动。我国正处于城镇化、工业化快速发展阶段，到 2020 年，城镇化水平将达到 60%，城市空间需求量将在相当长的时期内保持较高水平，同时，推进城乡统筹和区域一体化发展，将拉动区域性基础设施用地的进一步增长，加上建设社会主义新农村还需要一定规模的新增用地周转支撑，在耕地保护和生态建设力度加大的背景下，我国可用作城市新增建设用地的土地资源十分有限，城市土地供给面临前所未有的压力。近十年来我国城镇化空间失控现象极为严重，出现了分散式和蔓延式的扩张现象，如果不能有效遏制"冒进式"城镇化和空间失控的严峻态势，将会严重阻碍我国整个现代化的进程，据有关专家测算我国 37 个特大城市用地规模增长弹性系数已达 2.29，超过标准 1.12 的 1 倍多，40% 以上的土地属低效使用。城市土地的外延扩展和内部结构优化都从不同维度改变着城市空间形态，转型期城市化滞后的"补偿效应"越来越清晰地展露出来，在社会逐渐资本化和城市人口膨胀的过程中，城市土地资源利用的空间问题十分突出，如：城市空间的无序（郊区蔓延、旧城落后、边缘区混乱）、不平等（分区与隔离）和内外环境恶化（生态、环境、城乡矛盾）在多数城市不同程度地存在着，并有不断恶化的趋势（郑时龄，2004）。转型期城市规模的扩大和城市空间格局、就业市场、房地产市场的变化，致使城市土地利用结构也发生了巨大变化（林红，2008），由于城市空间演化缺乏科学的引导与调控，进而影响到城市的整体运行效率，而由此导致的城市问题又使得城市经济发展受到阻碍。

3）中国城市空间演化模式的机制研究中，对转型期制度环境和治理结构的影响重视不够

20 世纪 80 年代以来，中国在经济、政治和社会等方面的剧烈变迁，从根本程度上改变着城市发展的动力基础（Qian，Weingast，1996；Ma，2001；Lin，2002；Wu，2002），特别是 20 世纪 90 年代以后，随着城市化进程的加速、城市土地使用制度等一系列重大制度变革，市场化的力量和转型期复杂的正式与非正式制度安排，强烈地共同作用于中国城市空间的发展过程，使得其表现出的现象和机制是任何经典的西方理论所不能解释的。长期以来，"中国范式"的转型被许多西方学者视为"渐进主义"（Gradualism）和"实用主义"（Pragmatism）（Cook，Murray，2001；Ma，2001；Wu，2002），但事实上经历了二十余年的经济与政治体制改革，中国的经济、社会发展环境及总体运作秩序都已经发生了深刻的变化，政府治理方式、城市土地制度、城市财税制度、城市规划制度等都在强烈地影响着城市空间的演化和重构。制度变迁与治理结构的变化共同对转型期城市空间利用方式产生了显著而深刻的影响。例如作为治理主体的地方政府在区域协调发展中起着关键作用，但长期以来中央政府的财政分权与行政放权使地方政府越来越趋向于"企业型"。尤其是改革开放后，生产要素的加速流动和城市顾客（外商、旅游者等）的"用脚投票"，迫使地方政府像企业一样改进效率（赵燕菁，2002），开始具有市场利益主体特征，使复杂的"利益冲突"制约着区域的协调发展。随着政府职能的转变，日益加强的区域竞争关系不断衍生出空间资源浪费与区域空间发展协调问题，传统规划理念严重滞后于复杂转型过程中的空间变化要求（吴一洲，2009）。因此，需要建立起"制度变迁——土地利用空间模式演化"的基本分析思路，从制度与治理的角度分析城市空间演化中的效率问题，才能找出其中的深层次原因。

4）转型期背景下，城市空间演化的趋势及其中的效率特征缺乏研究，与其相关的策略制定缺乏科学依据

转型期，中国城市空间演化过程的背后是两个基本的、并行的转变，它们相互独立但又密切、复杂地联系着：①世界经济的全球化和"信息化"；②高端经济由制造、加工转向服务生产，尤其是转向处理信息的高端服务业（Advanced Producer Services，简称APS）(Peter Hall，2008)，在新的城市经济发展动力机制主导下，城市的功能趋向高端复合，产业结构趋向地域专业化。中国城市在原有计划体制下构筑的城市空间布局形态对经济发展的制约性和束缚性也日益凸显出来，这势必对城市空间结构提出新的重组要求以适应快速发展的需要，城市空间重构成为目前我国城市经济快速发展中的普遍现象（刁琳琳，2008）。对于城市土地利用的相关理论和实证研究文献卷帙浩繁，无论是城市土地利用演化的过程、机制、空间结构、规划调控以及对日本和欧美等国理论实践经验的借鉴等都有许多学者进行了探讨，但现有的文献对城市空间演化中的"效率"究竟如何却并无相应的系统的量化评价方法来给出答案，这也使得城市布局战略和土地的调控及政策制定难以入手。这里一方面存在数据不足的原因；另一方面，是由于方法体系和因果机制尚未建立，导致效率评价理论的缺失，并由此带来了城市规划政策的制定和相关管理方法的困惑：传统的诸如同心圆结构理论、扇形结构理论等土地利用形态经典模式，在转型期复杂的社会经济背景和城市空间演化过程中已显得不相适应，新的空间形态特征不断涌现，如城市空间的紧凑发展和混合利用均包含在新都市主义（New Urbanism）、精明增长（Smart Growth）、紧凑城市（Compact City）等规划理念与发展策略中，国际上提出注重生活机能的混合土地使用策略（Burton，2002），强调混合土地利用所带来的效益和影响（Borrego，2006；Song，2004），进而达到城市可持续发展的目的。从发展基础看，深化我国社会经济发展的空间秩序和资源配置效率的基础理论研究十分必要，因为优化空间秩序（组织）和提升空间效率也是获取发展效益的重要源泉（金凤君，2007）。由此可见，在新背景下研究城市空间演化的变化特征，总结其机理机制，对其绩效进行评估，并以此指导实践中调控策略的制定具有十分重要的现实意义。

1.2 城市空间演化绩效研究的基本导向

1.2.1 基本观点

城市空间演化绩效直观上体现在物质空间层面，而其演化过程却受到诸多方面的影响，结合威廉森（Williamson，2001）对社会科学划分的四个层次（图1-1），本研究认为当前转型期对城市空间演化绩效的分析也符合这种层次结构的典型特征。这四个层次分别为资源配置层次、治理结构层次、制度环境层次和社会环境层次。

首先，资源**空间配置**是第一层次，是其余三个层次综合作用的空间结果，它主要通过对经济要素的空间组织来获得资源配置的最优状态，如城市空间结构、城市土地功能比例等；其次，**治理结构**是第二个层次，控制着资源空间配置层次，资源空间配置方案来自于治理结构的决策，治理结构也是资源配置的执行者，治理结构的决策方式与协调成本直接影响到第一层次的配置效率；再次，**制度环境**是第三个层次，它决定了治理结构运行和资源配置的"游戏规则"，制度对第一和第二个层次都有影响，完善的制度

图1-1　基于威廉森的"四层次"分析框架
来源：Williamson（2000）

环境是前两个层次效率实现的基础；最后，**社会环境**是第四个层次，它主要指非正式制度的影响，受社会传统、习俗等的影响，相对稳定，其对于城市空间演化的影响是最基础的。

本研究认为对于转型期城市空间演化绩效的研究，必须同时将资源配置、治理结构和制度环境三个层面纳入进来，通过以此建立起来的分析框架才能系统地进行效率研究，它们之间存在着紧密的逻辑关系与相互作用机制；而对于第四个层次，社会环境层次由于非正式制度变化的频率非常之慢（Williamson，2000），因而在转型期的研究时间跨度内还无法表现出来。出于此考虑，本研究拟基于前三个层次建立分析框架，分别解析转型期各个层次对城市空间演化绩效的影响效应与机制，探讨在城市空间演化中，各种悖论与困境产生的深层次原因，进而提出相应的策略与措施建议。

1.2.2　研究目标

本研究的总体目标是：综合运用土地资源学、城乡规划学、经济学等相关学科的理论与技术方法，基于社会科学分析的过程层次视角，通过建立转型期城市空间演化绩效的分析框架，重点从资源配置、治理结构、制度环境三个层面进行探讨，旨在寻找导致城市空间绩效低下的深层次原因，以期为快速城市化过程中，城市资源的空间配置及相应的制度设计提供理论支持与客观依据。

具体而言，遵循分析框架中三个分析层次的逻辑关系，本研究的主要目标有以下四个：

1）建立转型期城市空间演化绩效的层次分析框架

通过探讨经济学、城乡规划学、土地资源学等领域对空间绩效的不同定义，提出其空

间重构中三个层次机制的影响逻辑。

2）资源配置层面，探讨转型时代城市的空间格局及其演化机制

在资源空间配置层面，建立城市土地要素与经济地理因素之间，城市空间要素——"土地"的规模效率及其影响因素之间，城市宏观与微观空间结构演化之间，城市空间规划调控的效果时空差异之间的复杂映射关系，分别探讨城市空间演化的规模经济绩效、空间结构绩效和空间规划调控绩效。

3）治理结构层面，探讨城市空间演化的决策网络及其治理结构的变迁对其产生的绩效影响

通过对城市空间演化中治理结构与决策网络的变迁，从空间规划视角解析转型期治理结构对空间资源配置绩效的影响机制，提出资源空间配置中决策网络的概念分析模型，进而从配置理念和配置决策技术两个角度提出改善的建议。

4）制度环境层面，探讨转型期制度变迁对城市空间演化绩效的影响效应

通过建立基于 IAD 的城市空间资源配置的制度分析框架，从理论对比视角和空间效应视角分别对现行制度环境的缺陷进行总结，并在借鉴国外制度体系设计的先进经验基础上，提出相关的改进建议。

1.2.3 研究意义

1）为转型期城市空间演化绩效分析构建研究框架

在一定程度上，深化城市空间演化的研究框架，从多个维度提出转型背景对城市空间演化的影响规律和理论机制。从理论研究上看，城市空间演化的"绩效"同时涉及产业经济学、制度经济学、公共管理学、空间经济学等经济社会科学领域，本研究从一定意义上延伸了土地资源学和城市规划学的研究领域，拓展了经济社会因素对城市物质空间影响的理论研究，通过建立多层次的系统分析框架，将空间因素、经济因素、制度因素和政治因素一起纳入到城市空间演化的分析中。

2）为转型期城市空间演化中的资源配置提供科学依据

转型期，城市的空间转型滞后于社会经济转型的进程，城市空间演化体现出多变性的特点，并已经影响到城市效率的提高与功能的可持续发展，城市空间发展和土地资源利用策略缺乏差异化和针对性的问题突出。通过本研究，从资源配置、治理结构和制度环境三个维度对转型期城市空间演化绩效进行理论和实证分析，可以为城市土地资源利用、规划、调控及其政策制定提供理论和经验依据。

1.3 城市空间演化绩效研究的结构与思路

1.3.1 研究结构

根据研究的问题和思路，本研究在总体结构上主要分为三个部分（表 1-1）：第一部分为理论部分，包括文献综述、相关理论和分析框架；第二部分为实证分析部分，以分析框架的分析逻辑分别进行三个层次上的实证研究；第三部分为研究总结部分。三个部分共计分为九个章节。

研究结构和主要内容　　　　　　　　　　　　　　　　　　　　表 1-1

	研究结构	章节内容
第1章	理论部分	绪论：研究背景、基本观点、研究目的、研究意义、研究内容、研究方法、技术路线
第2章		国内外文献综述
第3章		理论分析框架：分析尺度、层次体系、一般方法、框架与指标
第4章	实证分析	资源配置效率Ⅰ：城市空间演化的规模经济绩效
第5章		资源配置效率Ⅱ：城市空间演化的内外部结构绩效
第6章		资源配置效率Ⅲ：城市空间演化的规划调控绩效
第7章		治理结构：治理变革对城市空间演化绩效的影响效应
第8章		制度环境：制度变迁对城市空间演化绩效的影响效应
第9章	研究总结	全文的总结，以及研究展望

沿着建立的核心分析框架，本研究的主要内容组织如下：

第1章从总体上对城市空间演化绩效进行先导研究，包括研究背景、研究意义、研究方法、技术路线等，进行研究整体架构，旨在论述研究的必要性和重要性，并在此基础上提出本研究的布局谋略。

第2章对国内外相关研究进行系统的梳理和归纳，包括相关概念的解析、城市空间的内涵与模型评价、城市空间形态及其演化、产业结构转型、治理结构和制度环境对城市空间演化绩效的影响等等，进一步明确目前研究的切入点。

第3章从经济、空间、治理、制度四个方面对城市空间演化绩效进行多维思考，阐释城市空间演化的丰富内涵；对城市空间演化中的绩效水平进行多个层次的解构；在此基础上，提出研究的基本导向，构建整体的分析框架，包括分析尺度划分，层次体系组成，研究的一般方法与具体的研究框架和指标。

第4章探讨资源配置层次的绩效之一，即城市空间演化的规模经济绩效。建立城市土地资源利用与经济增长之间的理论联系，运用面板数据模型和随机前沿模型对城市土地资源利用的空间效应和城市经济增长的要素规模效率进行实证，并利用空间自相关等分析模型对空间经济产出和规模效率进行空间模式的识别，在此基础上对其产生的影响因素和作用机制进行解析。

第5章探讨资源配置层次的绩效之二，即城市空间演化的内外部结构绩效。对城市内部空间结构与外部空间结构的演化进行理论和实证的分析。理论研究总结提出城市内外部土地利用空间结构演化的过程与特征，实证研究以杭州为案例，利用区位熵和空间分析相结合的方法，对其在转型背景下城市土地资源利用的空间结构演化格局进行分析，并总结其规律与发展趋势，进而提出空间结构的相关优化策略。

第6章探讨资源配置层次的绩效之三，即城市空间规划的调控绩效。提出转型期城市"规划理想"与"现实发展"之间的效率悖论，并以北京为案例进行实证分析，利用遥感解译、景观指数等方法，建立空间规划及其逻辑的对比评价体系，探讨了北京六次总体规划的控制效果的时空差异，进而对其规划调控效果差异的原因进行分析，总结转型期城市空间规划调控失效的产生机制。

通过前三个部分对转型时代城市空间演化在资源配置层次的绩效研究，提出政府治理与决策在城市空间演化中的重要性，即需要进入治理结构层面的研究。

第7章进入治理结构层面，对城市空间演化的治理结构变迁进行总结，在此基础上，从空间规划视角提出当前城市空间资源配置中的利益冲突现象，进而基于决策网络理论，构建不同时期城市空间资源配置决策网络的概念模型，并进行对比分析，从理论角度解释治理结构变迁的内在特征。同时，从空间决策理念革新和空间决策技术方法两个方面，分别提出其改善的建议。最后，根据治理结构存在的问题，引出其"行为规范"——制度环境的研究。

第8章进入制度环境层面，在对制度分析一般理论研究的基础上，提出城市空间演化的制度分析框架，并应用该框架对我国的现行制度环境的缺陷进行总结，从理论对比视角和空间效应视角，分别对制度环境对城市空间演化绩效的影响机制进行解析，并借鉴国际经验提出制度环境的改善建议。

第9章对研究进行整体总结。

1.3.2 研究方法

1）系统分析法

由于城市空间演化绩效是不同尺度区域空间内诸多自然、经济、社会要素相互作用、协同耦合的作用结果，城市空间是建立在这些过程之上的复杂开放系统，在该系统中，各种要素既相互联系，又相互制约。因此，需要运用系统分析方法，认识城市空间系统的构成要素及影响因素相互之间的联系。从本研究的研究对象和研究目标出发，对转型期城市空间演化中的各种绩效影响机理进行系统分析，进而在我国区域与城市发展现状分析及案例剖析中应用该系统分析框架。

2）GIS 空间分析法

研究借助 GIS 空间分析方法，应用多种空间分析模型，对城市空间演化的模式及其影响因子进行定量分析与可视化处理等，为探索其作用和机理提供有效的分析途径。利用探索性空间分析（ESDA），通过对城市的空间格局特征进行分析，用以描述其空间差异格局，为理论分析与模型分析打下基础。

3）计量经济模型分析法

研究过程中综合运用了定性和定量相结合的分析方法：首先针对分析框架的建立，机制和机理的总结，制度环境和治理结构分析等理论性较强的部分，在理论上进行定性推导与架构。然后，在实证研究部分，采用了前沿生产函数、面板数据模型、AHP 层次分析法等计量经济模型分析法，对之前的理论推导结果进行验证，使研究中对问题的分析过程和结论更具信服力。

4）国际比较分析与理论归纳

从城市空间演化绩效中的制度环境和治理结构，及其特殊性角度出发，对中西方国家的典型特征和模式进行比较分析，通过对我国城市案例的实证研究，归纳制度变迁与治理结构演进对城市空间的重构机理，并借鉴国内外先进经验与相关理论，具体探讨未来中国城市空间演化绩效中相关制度体系设计的改进路径。

1.3.3 技术路线

本研究的技术路线如图 1-2 所示：

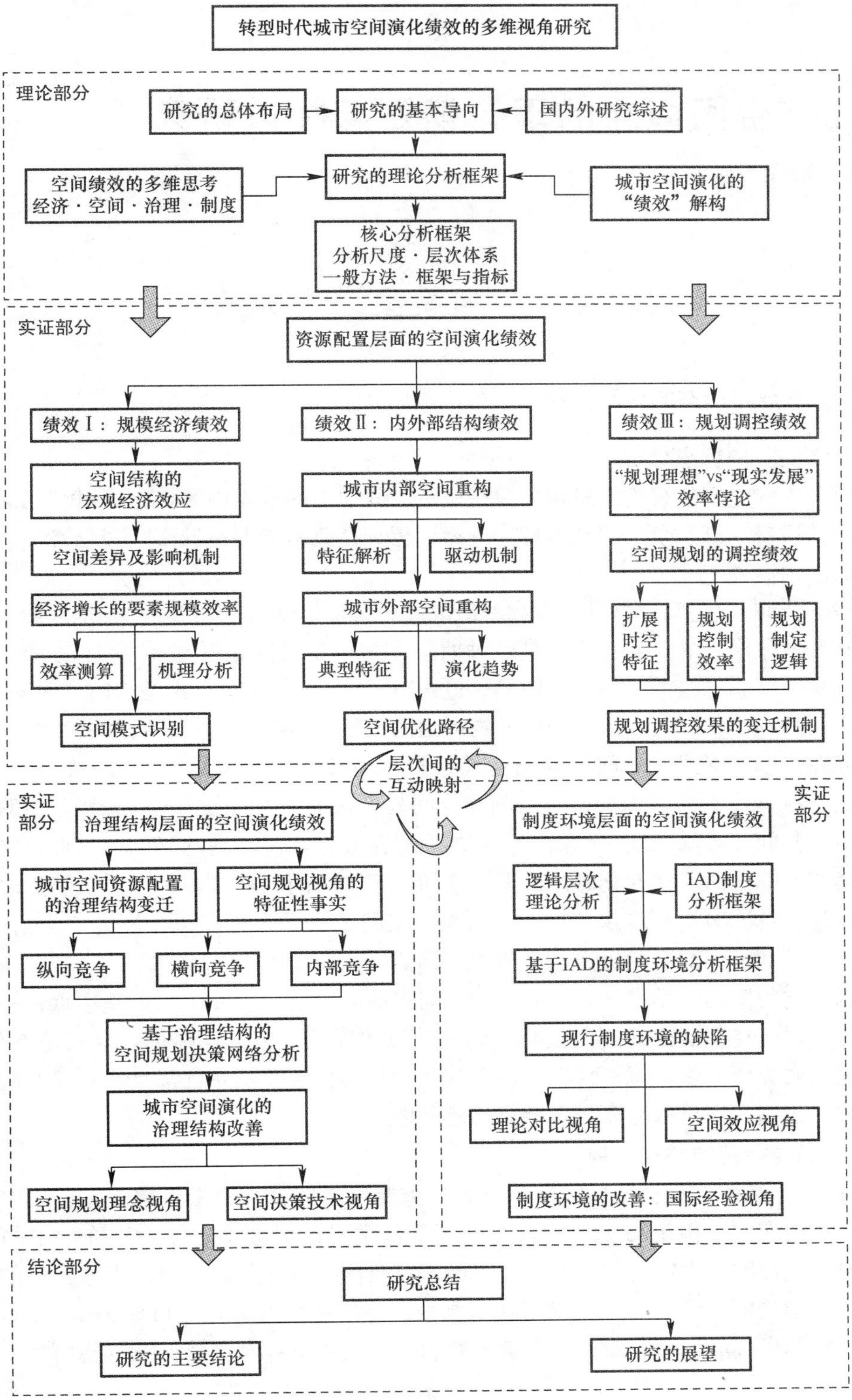

转型时代城市空间演化绩效的多维视角研究

理论部分

研究的总体布局 → 研究的基本导向 ← 国内外研究综述

空间绩效的多维思考
经济·空间·治理·制度 → 研究的理论分析框架 ← 城市空间演化的"绩效"解构

核心分析框架
分析尺度·层次体系
一般方法·框架与指标

实证部分

资源配置层面的空间演化绩效

| 绩效Ⅰ：规模经济绩效 | 绩效Ⅱ：内外部结构绩效 | 绩效Ⅲ：规划调控绩效 |

绩效Ⅰ：规模经济绩效
- 空间结构的宏观经济效应
- 空间差异及影响机制
- 经济增长的要素规模效率
  - 效率测算 / 机理分析
- 空间模式识别

绩效Ⅱ：内外部结构绩效
- 城市内部空间重构
  - 特征解析 / 驱动机制
- 城市外部空间重构
  - 典型特征 / 演化趋势
- 空间优化路径

绩效Ⅲ：规划调控绩效
- "规划理想"vs"现实发展"效率悖论
- 空间规划的调控绩效
  - 扩展时空特征 / 规划控制效率 / 规划制定逻辑
- 规划调控效果的变迁机制

层次间的互动映射

实证部分

治理结构层面的空间演化绩效
- 城市空间资源配置的治理结构变迁 / 空间规划视角的特征性事实
  - 纵向竞争 / 横向竞争 / 内部竞争
- 基于治理结构的空间规划决策网络分析
- 城市空间演化的治理结构改善
  - 空间规划理念视角 / 空间决策技术视角

实证部分

制度环境层面的空间演化绩效
- 逻辑层次理论分析 / IAD制度分析框架
- 基于IAD的制度环境分析框架
- 现行制度环境的缺陷
  - 理论对比视角 / 空间效应视角
- 制度环境的改善：国际经验视角

结论部分

研究总结
- 研究的主要结论
- 研究的展望

图 1-2 技术路线

2 城市空间演化的理论模型与相关研究

2.1 城市的空间内涵与空间模型评价研究

2.1.1 城市空间形态的内涵解析

1)"空间"的哲学思辨

本部分内容主要从解构的思路来探讨城市空间形态的基本内涵，先探讨"空间"的哲学定义，然后对"形态学"的基本理论进行剖析，在此基础上对城市空间形态进行相对深刻和全面的内涵界定。

在哲学范畴，"空间"是具体事物的组成部分，是运动的表现形式[①]，是人们从具体事物中分解和抽象出来的认识对象，是绝对抽象事物和相对抽象事物[②]，元本体和元实体组成的对立统一体。恩格斯（1876）曾经说过："一切存在的基本形式是空间和时间。"辩证唯物主义认为物质世界是永恒运动的，物质运动离不开时间和空间，时间和空间是运动着的物质存在的基本形式；时间是物质运动过程的持续性，空间是运动着的物质的广延性（《马克思主义哲学原理》，1996）。时间和空间是内在统一不可分离的，四维时空观概念就是一个表示时间和空间相统一的概念，它的意思是在长、宽、高的基础上又加上时间，人们在描述在空间中的运动变化时，需要把空间因素和时间因素结合起来（《马克思主义基本原理概论》，2008）。舒尔兹（1985）认为，空间是由于人抓住了在环境中生活的关系，要为充满事件和行为的世界提出意义或秩序的要求而产生的。

根据"空间"的哲学定义，任何对于空间层面的研究都应关注两个基本点：一是**空间的动态性**，对于空间层面的研究应放在历史动态的环境下进行，静止的空间是不存在的；二是**空间的对立统一性**，每一组空间都有其共同性与特殊性，并且都是相对存在的，任何对于规律和机制的探讨都应在一个给定的范围内进行。

2）形态学研究的层次结构

"形态学"是西方社会与自然科学思想的重要组成部分，始于生物研究方法中的形态概念，广泛地应用于传统历史学、人类学等其他学科的研究中，作为生物学中的主要术语，主要研究动物及生物的结构、尺寸、形态以及各组成部分的关系。在进化论的各种证据中"形态学是博物学中最令人感兴趣的领域，是博物学的灵魂"（Darwin，1859）。"形态"研究的是形式的构成逻辑，形态学的概念根植在西方古典哲学思维以及由它衍生出的

---

① 运动有两种具体的表现形式：行为和存在。行为是相对彰显的运动，存在是相对静止的运动。

② 空间是人们对具体事物进行多次分解和抽象，从具体事物中分解和抽象出来的认识对象。

经验主义哲学当中，其中包含两条重要思路：一是从局部到整体的分析过程，认为复杂的整体由特定的简单元素构成；二是强调客观事物的演变过程，事物的存在在时间意义上的关联，历史的方法可以帮助理解研究对象包括过去、现在和未来在内的完整的序列关系（段进，2009）。

意大利地理学家法里内拉（Farinell）认为"城市形态"这个术语可能存在着三种不同层次的解释：第一层次，城市形态作为城市现象的纯粹视觉外貌；第二层次，城市形态同样也作为城市视觉外貌，但是，这里将外表看作是现象形成过程的物质产品；第三层次，城市形态"从城市主体和城市客体之间的历史关系中产生"，即城市形态作为"观察者和被观察者对象之间关系历史的全部结果"（Sturani，2003）。

格雷戈里（Gregory，1985）认为社会关系和空间结构之间的联系成为探索跨越整个社会科学范围的一个主要焦点，他将社会学纳入空间研究的范畴，即空间形态的结构既是人类主体和社会之间发生联系的结果，同时也深刻制约着人类主体和社会之间的联系；利皮耶茨（Lipietz，1977）认为空间结构的概念必须建立在一种社会结构的概念之上，空间性，也就是空间结构和社会结构的对应关系都应有其自己的拓扑学；卡斯泰尔（Castells，1977）在这种思想下对空间结构作了详细的分析，如图 2-1 所示根据不同的社会行为，将空间形态的结构视为符号空间、制度空间、消费空间、转移空间、生产空间等的结合。

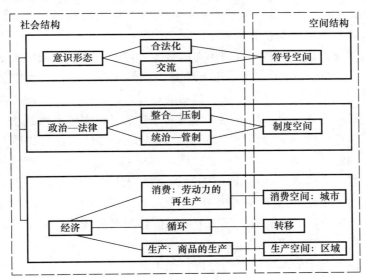

图 2-1　空间性与空间结构

来源：Castells（1977）

由此，对于空间层面的形态学研究而言，其基本结构应包含以下三个层次：第一层次是**形态存在的实体外在特征**，即对具体空间物质三维属性的可度量研究，如地块的形状、城市的立体空间等；第二层次是对**形态形成演化的动因研究**，如经济、社会、文化、科技等等；第三层次是对**物质形态和非物质形态的映射研究**，如城市治理形态、制度体系形态、社会分层形态、城市文化感知形态等等。

3）城市空间形态的基本研究范式的讨论

从"理论"到"范式"，这是科学哲学从抽象上升到具体的一个重要步骤，"范式"

(Paradigm) 一词原出自希腊语的"范型"、"模特",在拉丁语中它成了"典型范例"的意思,作为与常规科学密切相关的术语,它有两层意思,一是特殊共同体(如科学家团体)的共有信念,二是常规科学作为规则的解谜基础。库恩指出:"我所谓的范式通常是指那些公认的科学成就,它们在一段时间里为实际共同体提供典型的问题和解答。"虽然"范式"在其提出后由于其定义的含糊不清,受到了大量的批评与抨击,但库恩的范式概念表现了科学的创新精神,但更多地表现了科学的因循性格(库恩,2003);它描述了人类理性的探求,但又是建立在非理性的直觉和盲从之上。它通过科学革命说明了科学的保守性,从抽象理论中揭示出理论的具体性。在漫长的历史进程中,科学主要显示出第一个作为知识的侧面,而隐蔽着后一个作为活动的侧面,这符合人类的认识历史:必须先研究事物,而后才能研究过程。因而,对于土地资源利用的空间效应研究也应包含两个方面:一是理论体系的研究,这是知识的侧面;二是研究方法的寻找及其实证过程,这是活动的侧面。而"范式"则是整体研究的基础,也可以说是将知识与活动相联系的"桥梁",在具体的表现形式上,可以是将理论体系、方法论和实证等相联系与统一的分析框架,它融合了分析该问题的逻辑和为了分析所需要解决的一般性问题,框架提供了超出普通理论的语言,来解释现有理论或比较不同理论,它将包含所有理论共同需要包含的因素,因此,框架中包含的因素可以帮助分析者在分析问题前,把握分析的逻辑和为了分析提出必要的基础问题(Ostrom,2005)。在此,有必要对研究的基本层次结构作一个大致的描述,以此为分析框架的构建提供依据与建立基础。

由本研究前面对土地资源利用空间形态的概念界定——狭义的城市土地利用空间形态(Urban land-use spatial form)是指城市土地利用的外在表现形式;而广义的城市土地利用形态则是一种复杂的自然、经济、社会和制度过程,是在特定的地理环境和经济社会发展阶段中,人类各种活动与自然环境相互作用的综合结果。而"土地利用"是指人类通过特定的行动,以土地为劳动对象(或手段),利用土地的特性,获得物质产品和服务,得以满足自身需要的经济活动过程,这一过程是人类与土地进行物质、能量和价值、信息的交流,交换的过程(吴次芳、叶艳妹,1995)。总结上述关于空间、形态等概念的哲学思辨,本研究认为对于土地利用空间形态的研究应包含以下几个主要层次与原则:

第一层次:城市空间在不同时空层面上的**实体物质形态特征**,主要回答"是什么"的问题。这一层次属于描述性研究,是狭义上的土地利用空间形态,侧重于不同时期对土地资源和利用行为在空间上的配置结果的分析,如土地利用数量结构及其演化,土地利用空间分布及其演化等等。

第二层次:城市空间形态**演化的影响因素**,用以解答"为什么"的问题。这一层次则属于解释性研究,是对外部因素或内在原因对事物的发生、发展和变化所作的说明,建立因果模型,它以相关理论和客观事实为依据,说明第一层次表象的真实情况,它以描述性研究为基础,如产业功能的调整、产业结构的升级、自然资源的约束等等。

第三层次:与城市空间的**物质形态和相关非物质形态的关联研究**,也属于回答"为什么"问题的范畴,但是与第二层次以物质形态为主不同,这一层次主要关注的是意识形态,特别是空间形态与社会形态之间的关联性,如土地信仰、土地利用传统、制度结构、治理结构等等。

2.1.2　国内外城市空间模型综述

1）区域层面的模型

（1）人本主义思想的"田园城市"模型

在西方近代诸多的城市规划思想家中，占首位和最具影响力的毫无疑问当属霍华德（彼得·霍尔，2008），他在 1898 年将其学说思想以其著作《明日：一条通向真正改革的和平之路》（Tomorrow：A Peaceful Path to Real Reform）为代表，之后再版改名为《明日的田园城市》（Garden Cities of Tomorrow），提出了田园城市的空间形态模型（图 2-2），他的出发点是基于对城乡优缺点的分析以及在此基础上进行的城乡之间的组合，提出了城乡一体的新社会结构形态，从土地利用形态上看，田园城市是一组城市群体的概念：当一个城市达到一定的规模后应该停止增长，要安于成为更大体系中的一员，其过量部分应当由邻近的另一个城市来接纳。

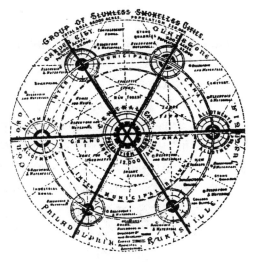

图 2-2　霍华德的"田园城市"概念模型

来源：埃比尼泽·霍华德（2000）

（2）昂温的"卫星城"模式

1912 年昂温和帕克在合作出版的《拥挤无益》（Nothing Gained by Over Crowding）一书中，进一步阐述、发展了霍华德田园城市的思想，并在曼彻斯特南部的怀森沙威（Wythenshawe）进行了以城郊居住为主要功能的新城建设实践，进而总结归纳为"卫星城"理论（Lenardo，1967）。1922 年昂温正式出版了《卫星城市的建设》（The Building of Satellite Towns），正式提出了"卫星城"（Satellite Towns）的模式（图 2-3）：一个经济上、社会上、文化上具有现代城市性质的独立城市单位，但同时又是从属于某个大城市（母城）的派生产物。在第二次世界大战之后，西方大多数国家都进行了卫星城的建设（也称为新城运动），如英国希望把城市分散开，建立市中心区和附近的"辅助区域"（Assisted Areas），这也属于"卫星城"模式。

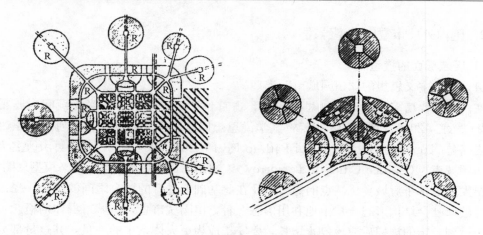

图 2-3 昂温的"卫星城"模型

来源：Lenardo（1967）

（3）"中心地体系"模型

中心地理论产生于 20 世纪 30 年代初西欧工业化和城市化迅速发展时期，是德国地理学家克里斯塔勒（Christaller，1960）首先使用的，在他的《德国南部的中心地》一书中，通过对德国南部城市和中心聚落的大量调查研究后提出的，认为一定区域内的中心地在职能、规模和空间形态分布上具有一定规律性，中心地空间分布形态会受市场、交通和行政三个因素的影响而形成不同的系统。他探讨了一定区域内城镇等级、规模、数量、职能间的关系及其空间结构的规律性，并采用六边形图式对城镇等级与规模关系加以概括（图 2-4）。中心地体系包括：①中心地的数目；②互补区域（即中心地所服务的地区）的数目；③互补区域的半径；④互补区域的面积；⑤提供中心财货种类及其数量；⑥中心地的标准人口数；⑦互补区域的标准人口数等。中心地理论模式将随人口数、生活习惯、技术等的改变而变化；同时也随人口分布、人口密度的不同，或中心财货价格的差异而表现互补区域大小的不同。中心地体系可分别根据市场、交通和行政最优原则而形成。中心地有等级、层

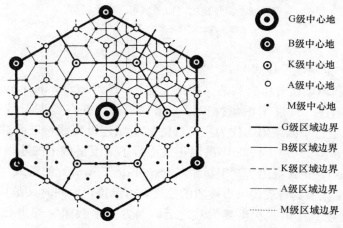

◉	G级中心地
⦿	B级中心地
⊙	K级中心地
○	A级中心地
·	M级中心地
──	G级区域边界
──	B级区域边界
- - -	K级区域边界
──	A级区域边界
⋯⋯	M级区域边界

图 2-4 克里斯塔勒的 K＝3 体系的形成

来源：Christaller（1960）

次之分，一个较大的中心地市场区总是包含 3 个比它低一级的市场区，每个较高级的中心地包括了低级中心地的所有职能。

（4）弗里德曼的"核心—边缘"模式

依据增长极理论，弗里德曼（Friedman，1966）总结了区域开发的模式，核心区是具有较高创新变革能力的地域社会组织子系统，外围区则是根据与核心区所处的依附关系，而由核心区决定的地域社会子系统，核心区与外围区已共同组成完整的空间系统，其中核心区在空间系统中居支配地位。他将区域发展划分为四个阶段：第一阶段，地方中心比较独立，没有城市等级体系，为工业发展之前的典型结构，每一个城市都独占一个小区域中心，形成平衡静止状态；第二阶段，区域核心城市出现，这是工业化初期的典型现象，全国经济则形成一个城市区域，极化作用很强；第三阶段，强有力的区域副中心城市出现，工业化趋于成熟，由于次级核心形成，整个区域形成大小不等的城市区域，但极化作用仍然大于涓滴作用；第四阶段，有机联系的城市体系形成，全区域经济融为一体，区位效能充分发挥，是最具成长潜力的时期（图 2-5）。

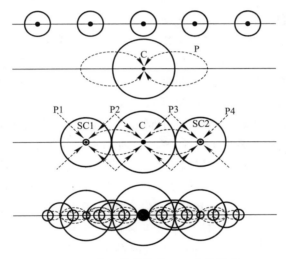

图 2-5 弗里德曼的核心—边缘模式

来源：Friedman（1966）

2）城市层面的模型

（1）文艺复兴时期的"理想城市"模式

维特鲁威是古罗马杰出的规划师、建筑师，公元前 27 年，其撰写的《建筑十书》奠定了欧洲建筑科学的基本体系。他继承了古希腊的许多哲学思想和城市规划理论，提出了"理想城市"模型（图 2-6）。在这个理想城市模式中，把理想的美和现实生活的美结合起来，把以数的和谐为基础的毕达哥拉斯学派的理性主义同人体美为依据的希腊人文主义思想统一起来，强调建筑物整体、局部以及各个局部和整体之间的比例关系，并且充分考虑到了城市防御和方便使用的需要。该模式对西方文艺复兴时期的城市规划、建设有着极其重要的影响。文艺复兴的思想解放运动有力地推动了城市规划与设计思想的发展，中世纪所崇尚的自然主义、宜人尺度的设计思想被放弃，西欧的城市规划思想中更加重视所谓的科学性、规范化，城市布局形态出现理想化（Ideal Cities）的趋势，如菲拉雷特（Filarette）的八角形理想城市、棱堡状城市和斯卡莫奇的理想城市等等（图2-7）。

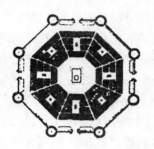 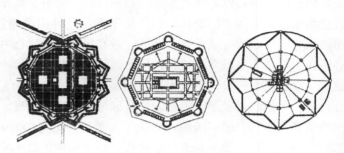

图2-6　"理想城市"模型
来源：张京祥（2005）

图2-7　文艺复兴时期的理想城市模式
来源：张京祥（2005）

（2）芝加哥学派的城市空间模型

现代城市用地形态模型的研究以美国芝加哥学派为代表，代表人物为伯吉斯（Burgess）、霍伊特（Hoyt）、哈里斯（Harris）和乌尔曼（Ullmann）等，他们运用折中社会经济学理论强调城市用地分析。芝加哥大学的社会学教授伯吉斯（Burgess，1925）研究了芝加哥城的地域结构演变后，于1925年提出了同心圆学说（Concentric Zone Theory），认为城市土地利用的内部结构可以划分成五个同心圆，从内至外分别为中心商务区（CBD）、过渡带、工薪阶层居住区、住宅区、通勤者地带等五个层次；土地学家霍伊特（Hoyt，1939）在其出版的著作《芝加哥土地价值百年变迁史》（One Hundred Years of Land Values in Chicago）中利用64个美国城市的房租资料将地租划分为五个等级，而城市地域的扩展呈现九种倾向，并呈扇形分布，这便是扇形理论（Sector Theory）；哈里斯和乌尔曼（Harris&Ullmann，1945）提出了城市土地利用的多中心理论（Multi-Nuclei Theory），认为城市与细胞结构体类似，城区内存在若干生长节点，即"多核心"，城市的土地利用环绕着多个核心成长。这几种模式（见图2-8）基本上符合了西方工业化国家城市用地形态的演化规律，但是这些抽象的古典图表还是与真实形态相差甚远，最终没有得到后续的发展。

 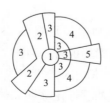 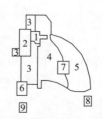

1—中央商务区
2—批发和轻工业
3—低等级居住区
4—中等级居住区
5—高等级居住区
6—重工业
7—郊区商务区
8—郊区住宅
9—郊区工业
10—通勤区

（a）伯吉斯的同心圆模式　（b）霍伊特的扇形模式　（c）哈里斯和乌尔曼的多中心模式

图2-8　三个西方城市经典土地利用模型
来源：Burgess（1925），Hoyt（1939），Harris and Ullmann（1945）

（3）宗教文化导向的伊朗城市演化模型

传统的伊朗城市是受到自然、宗教、经济、军事等综合因素影响而复杂演化的，海拉拜迪（Kheirabadi，2000）在其专著《伊朗城市：形成与发展》（Iranian Cities：Formation and Development）中，探讨了伊朗典型的高原自然背景、贸易与历史、宗教和政治结构等三种在城市演化中密切相关的机制。其中，有一部分详细地分析了市场成为伊朗城市中心、文化中心、政治中心、宗教中心，并影响城市生长的模式（图 2-9）。最终结论表明伊朗的城市土地利用空间形态的组织机制中包含了自然、宗教、经济、文化、历史事件、政治等多重因素的推动。

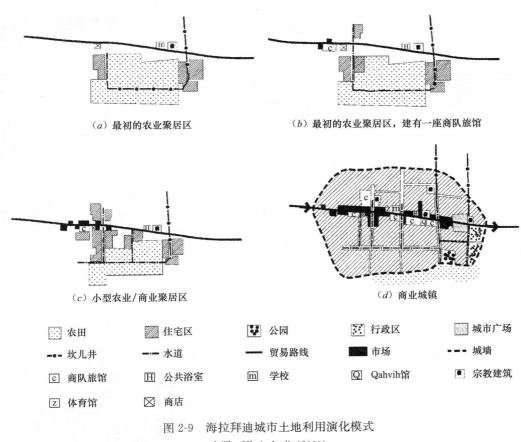

（a）最初的农业聚居区　　　　　　（b）最初的农业聚居区，建有一座商队旅馆

（c）小型农业/商业聚居区　　　　　　（d）商业城镇

农田	住宅区	公园	行政区	城市广场
坎儿井	水道	贸易路线	市场	城墙
商队旅馆	公共浴室	学校	Qahvih馆	宗教建筑
体育馆	商店			

图 2-9　海拉拜迪城市土地利用演化模式

来源：Kheirabadi（2000）

（4）澳大利亚城市中心区概念模型

亚历山大（Alexander，1974）在霍伍德（Horwood）和博伊斯（Boyce）的核心/框架概念的基础上，调查了澳大利亚 CBD，并进行了比对和改进，构建了一种更加详细精密的中心区用地形态概念模型（图 2-10），其中不但包含了平面用地形态的空间结构，还包含了用地的垂直方向的利用，以及用地形态演化中的主要控制变量与过程，使静态模型有了动态的形式。

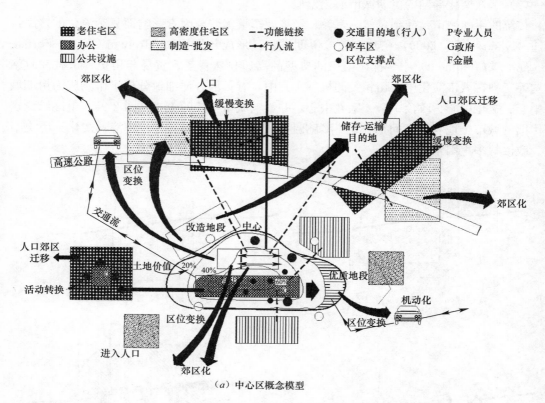

（a）中心区概念模型

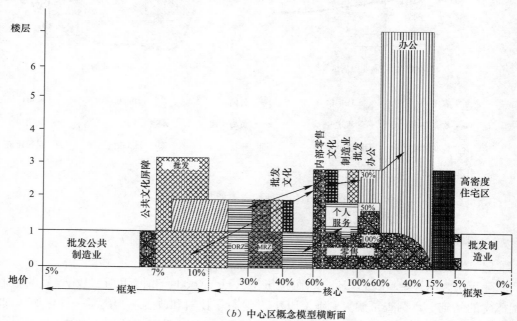

（b）中心区概念模型横断面

图 2-10 亚历山大城市演化模式

来源：Alexander（1974）

（5）马塔的"带形城市"模型

1882 年西班牙工程师马塔（Arturo Soria Y Mata）提出了带形城市（Linear City）的概念（图 2-11），希望寻找到一个城市与自然始终可以保持亲密的接触而又不受其规模影响的新型模式：在这个模式中，各种空间要素紧靠着一条高速大运量的交通轴线聚集并无限地向两端延伸，城市的发展必须尊重结构对称和留有发展余地这两条基本原则（张京祥，2000）。带形城市对以后西方的城市分散型空间组织有一定的影响，如 1930 年苏联规划师米留申（Milutin）在主持伏尔加格勒和马格尼托哥尔斯克两座城市中，采用了多条平行功能带来组织城市用地。

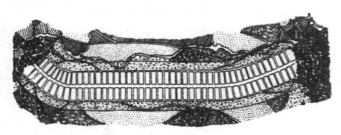

图 2-11 马塔"带形城市"模型

来源：张京祥（2005）

（6）功能理性的"明日城市"模型

勒·柯布西耶（Corbusier）在他的《明日城市》（The City of Tomorrow）中提出了一个极其理性的城市模型（图 2-12），堪称现代城市规划范式的里程碑，他反对传统式的街道和广场，而追求由严谨的城市网格和大面积绿地组成的充满秩序与理性的城市格局，通过在城市中心建设富有雕塑感的摩天楼群来换取公共的空地，并体现出几何形体之间的协调与均衡（Corbusier，1987）；整个城市呈现出严格的几何形构图特征，矩形和对角线

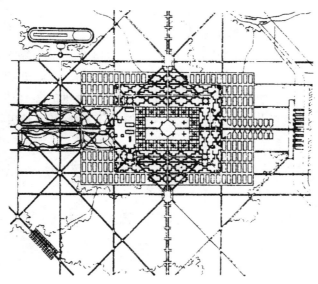

图 2-12 勒·柯布西耶"明日城市"模型

来源：Le Corbusier（1987）

的道路交织在一起，规整而有序；该模型的核心思想是通过全面改造城市地区尤其是提高中心区的密度来改善交通，提供充足的绿地、空地和阳光，以形成新的城市发展概念，同时，特别强调建立现代快速交通运输方式的重要性，中心区通过立体组织的交通枢纽将市区与郊区用地铁和铁路联系起来。

（7）戛涅的"工业城市"模式

法国建筑师戛涅（Garnier，1918）提出了工业城市（Industrial City）思想，认为城市的发展应适应机器大生产社会的需要，遵守一定的秩序，如果将城市中的各个要素依据城市本质要求而严格地按一定的规律组织起来，那么城市就会像一座运转良好的"机器"那样高效、顺利地运行，城市的各个功能区块会像机器零部件一样，按照其使用的需要和不同的环境需求，进行分区并严格按照某种秩序运行。该模型（图2-13）对后来《雅典宪章》中的城市功能分区思想产生了重要的影响。

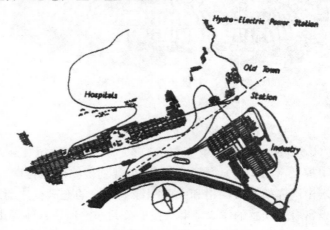

图 2-13　戛涅"工业城市"模型

来源：Garnier（1918）

（8）沙里宁的"有机疏散"城市模式

芬兰裔美籍建筑师、规划师沙里宁（1986）于1943出版了《城市：它的成长、衰败与未来》（The City：Its Growth，Its Decay，Its Future）一书，介绍了他的有机疏散思想（图2-14），其核心为：城市与自然界的生物一样，是有机的集合体，因此城市建设所遵循的基本原则也应是与此相一致的，或者说，城市发展的原则是可以从与自然界的生

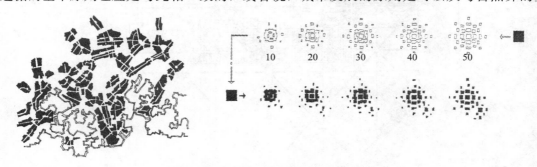

图 2-14　沙里宁"有机疏散"城市模型

来源：沙里宁（1986）

物演化中推导出来的；不能任城市自然地集聚成一团，而是要把城市的人口和工业岗位分散到可供合理发展的离开中心的地域上去；将城市在合适的区域范围分解成为若干个集中单元，并把这些单元组织成为"在活动上相互关联的有机功能的集中点"，他们彼此之间用保护性的绿化带进行隔离。

（9）赖特的"广亩城市"模式

美国建筑师赖特（Wright）在1935年发表的《广亩城市：一个新的社区规划》（Broadacre City：A New Community Plan）中提出了极度分散主义的规划思想。他十分重视自然环境，力求实现人工环境与自然环境的结合。他反对大城市的集聚与专制，追求土地和资本的平民化（人人享有资源），并通过科学技术的进步来使人类回归自然，回到广阔的土地中去，提倡道路系统遍布广阔的田野和乡村，居住单元则分散布置，保证每个人都能在10～20km范围内选择其生产、消费、自我实现和娱乐的方式，他将这种完全分散的、超低密度的城市模式称为"广亩城市"（图2-15）。从对后世的影响来看，田园城市模式导致了后来西方国家的新城运动，而广亩城市则成为后来欧美中产阶级郊区化运动的根源。

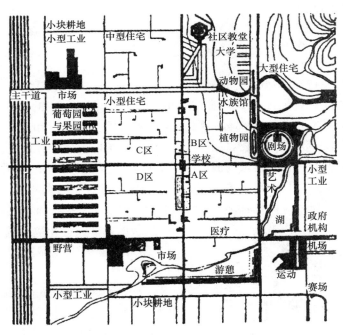

图2-15　赖特"广亩城市"模型

来源：Wright（1935）

（10）Team 10的"簇群城市"模式

1954年现代建筑师会议（CIAM）中的Team 10在荷兰发表了《杜恩宣言》，明确地对《雅典宪章》的精神进行了反驳，提出了以人为核心的"人际结合"思想，指出要按照不同的特性去研究人类的居住问题，以适应人们为争取生活意义和丰富生活内容的社会变化要求（Levy，2002；Camhis，1979）。其中的英国史密森（Smithson）夫妇提出了"簇群城市"（Cluster City）的模式（图2-16），这种模式强调了城市发展的流动、生长、变化的思想，认为城市需要固定的记忆，并应该以此作为城市发展变化评价的基准参照，每一代人仅能选择对整个城市结构最具有影响的方面进行规划和建设，而不是重新组织城市，用"簇群城市"的模式来改建旧城，可以保持旧城的生命韵律，使它在不破坏原有复杂关系的基础上不断得以更新。

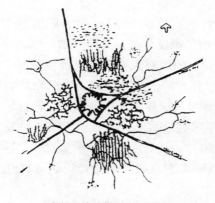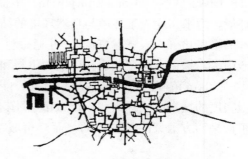

（a）区域尺度的簇群示意　　　　　　　　（b）城市尺度的簇群示意

图 2-16　"簇群城市"模型

来源：张京祥（2005）

（11）文脉主义的"拼贴城市"模式

美国的学者罗威、科勒提出了"拼贴城市"（Collage City）的模式，认为城市的生长、发展应该是具有不同功能的部分拼贴而成。他们反对现代城市规划按照功能划分区域、割断文脉和文化多元性的做法（图 2-17），未来的城市规划和设计应该参考 17 世纪的罗马，采用多元内容的拼合方式，构成城市的丰富内涵。城市结构的矛盾统一组合类型有简单—复杂、私人—公共、创新—传统等等，这些各种对立的因素的统一，是使得城市具有生气的基础。城市规划应该具有多元性、多样性、矛盾统一性，而不是现代主义式的单一刻板的，非人性化隔膜的。

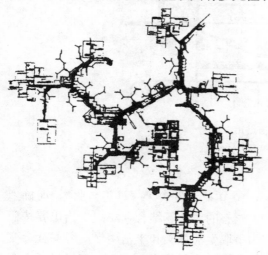

图 2-17　"拼贴城市"模型

来源：张京祥（2005）

（12）曼的工业城市模型与麦吉的二元经济城市模型

英国的曼（Mann）和麦吉（McGee）的二元经济模型都是芝加哥学派的三种模式在欧洲城市和发展中国家城市的应用：英国的曼（Mann，1958）提出了一个典型的英国中等城市的模式，该模式是伯吉斯和霍伊特两个模式的综合，加上了位于城外可驾车入城的村落，由于英国位于西风带，城市的西部为上风带，多为高级住宅所占有，而城市的东部为下风带，工业和贫民多被迫生活于此（图 2-18）；麦吉（McGee，1971）的二元经济城市模型中有两组不同的商业中心，其一为西式商业中心，其形态和西方城市的中心商业区相仿，以国际贸易和高档零售业为主，另一类为外来移民的商业中心，从事当地的货品买卖为主，介于其间的是混合型土地利用，工商业住宅兼有，互相混杂，外来移民的商业中心的前面为港口区，后为呈扇形或楔形的住宅区，在西式商业中心后面的是高级住宅，而在混合性土地利用后面是当地居民居住区，再后面则是城郊农业带，新建的工业村则多位于旧城以外（图 2-19）。

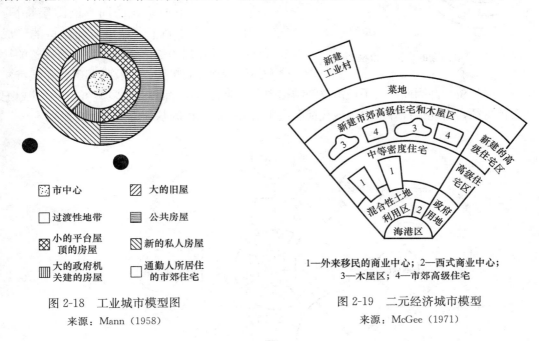

图 2-18　工业城市模型图

来源：Mann（1958）

1—外来移民的商业中心；2—西式商业中心；
3—木屋区；4—市郊高级住宅

图 2-19　二元经济城市模型

来源：McGee（1971）

（13）罗楚鹏和朱锡金的中国城市结构模型

香港学者罗楚鹏针对中国城市内部结构提出了解释性的模型，即由 4 个同心圆组成的城市地域结构（图 2-20）：老的城市核心区、工业—居住单元、绿带等开敞空间、食品农作物和加工工业区。罗氏模型对城市内部社会服务中心配置体系进行了初步的概括。但从此模型中很难看出不同性质、不同规模的城市在空间结构上的差别。之后，朱锡金也对我国城市的空间结构模型进行了表述（图 2-21），由于当时我国很多城市是基于旧城发展的，因而这些模型表现出明显的由旧城向外逐渐扩展的特征（熊国平，2006）。

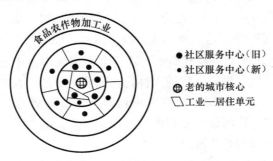

● 社区服务中心（旧）
· 社区服务中心（新）
⊕ 老的城市核心
▱ 工业—居住单元

图 2-20　罗楚鹏的中国城市结构模型

来源：熊国平（2006）

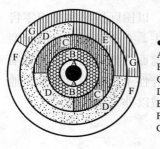

图 2-21　朱锡金的中国城市模型
来源：熊国平（2006）

●市中心区
A 商店
B 旧居住区
C 工居区
D 新居住区
E 工业区
F 郊区
G 工业区
（包括乡镇工业）

（14）胡俊的中国现代城市空间结构模型

胡俊（1995）认为中国现代城市空间结构形成了一定的圈层式特征，但其主要是由于发展的空间推进时序不一样造成的，和西方城市空间结构的演化机制具有本质的差异，西方则是由地价不断调节而呈现的同心圆圈层特征。在我国计划经济体制下，城市空间结构的形成发展起决定性作用的是把城市作为一个完整的社会和经济活动计划单元，以及强调工业在城市建设中的主导地位，并因此形成了城市空间结构中以工业为主导，而其他各项功能用地计划配置的总体特征，由此他推导了中国现代社会主义城市空间结构的基本模型（图 2-22）。

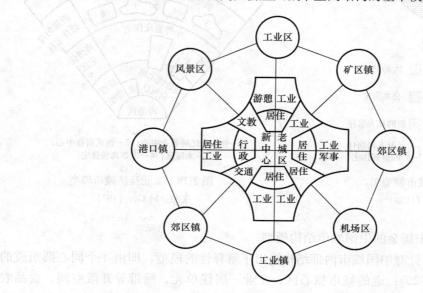

图 2-22　胡俊的中国现代城市模型
来源：胡俊（1995）

3）用地单元层面的模型

（1）佩里的"邻里单元"模式

美国建筑师佩里（Perry，1929）提出了城市"邻里单元"（Neighborhood Unit）的概念（图 2-23），"邻里单元"不仅是一种实践的设计模式，而且是一种经过仔细思考的"社会工程"（Social Engineering）。"邻里单元"以一个不被城市主干道穿越的小学的服务半径范围作为基本的空间尺度，讲究空间的人性化，强调内聚的居住情感，强调作为居住社区的整体文化认同和归属感。该模式被西方规划师在新城运动及战后城市规划中接受下来，直至今天都对各国的居住区设计和城市规划产生着重大的影响。

（2）公共交通导向的"TOD"模式

最早的 TOD（Transit Oriented Development）——公交导向开发模式出现于 20 世纪 80 年代末期的美国。作为一种与传统蔓延式发展相对立的规划概念，从与公共交通相结

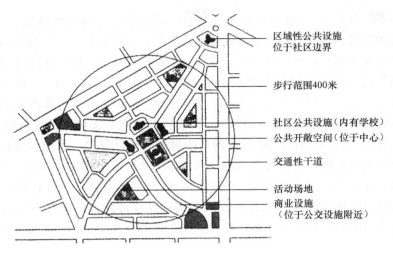

图 2-23 佩里的"邻里单元"模型

来源：Perry（1929）

合的建筑设计和建设实例中演化而来，从侧重于整个大城市区域的角度，考尔索普（Calthorpe，1993）提出了公共交通导向的发展模式（图 2-24），对 TOD 的概念解释有很多种，在不同层次、范围和侧重点上都有所不同，但其共同特点包括：①以公交站点为核心组织临近土地的综合利用；②紧凑布局、混合使用的用地形态；③有利于提高公交使用率的土地开发；④良好的步行和自行车交通环境。一个典型的 TOD 主要由以下几种用地功能结构组成：公交站点、核心商业区、办公/就业区、TOD 居住区、次级区、公共/开敞空间等。

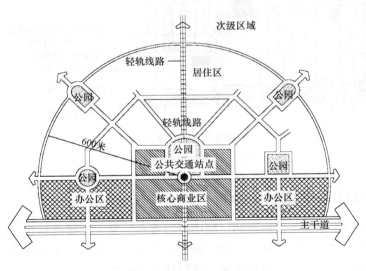

图 2-24 城市"TOD 单元"模型

来源：Calthorpe（1993）

（3）传统邻里发展模式（TND）

杜安伊和兹伊贝克（Duany & Zyberk，2000）提出了"传统邻里发展模式"（Tradi-

25

tional Neighborhood Development，简称 TND），提倡学习美国传统的城镇形态和结构，主张相对密集的开发，混合的功能和多元化的住宅形式，创造街道、广场及社区活动场所等有意义的空间并加强步行可达性（图 2-25）。倡导 TND 的规划师们热衷于从"旧"的城镇中寻找"新"的灵感，他们推崇类似于波士顿的巴克湾（Back Bay）和费城的德国城（Germantown）等前工业时代的城市住区，并在这些城镇规划中提炼出新的城市设计原则。TND 的城市设计包含了以下一些原则：具有容纳商业、文化或行政活动的邻里中心；到达工作或购物地点的距离在 5min 行程内；小尺度的街区划分，街道以网格状布置从而提供多种选择的交通路线，减轻交通压力；以巷道辅助街道使其尺度减小，人行道带来开放性和步行性；建筑物容纳多种功能，它们的高度和退界受到限制使街道得以保持统一性；在显著的位置安排市政建筑或社区公共建筑；在尽可能近的距离内安排多种住宅形态，使不同收入的人能彼此产生联系；与大型公共交通有直接联系；推动社区氛围和公众的责任感。

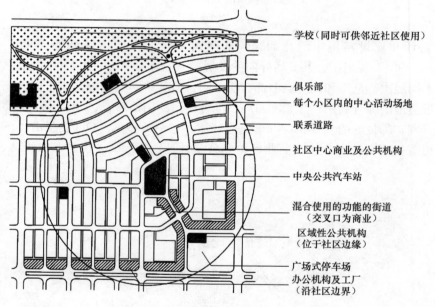

图 2-25　传统邻里城市单元模型（TND）

来源：Duany and Zyberk（2000）

2.1.3　城市空间形态模型的对比分析

从区域尺度的 4 个代表性模型的比较中可以看出，对于区域的城市土地利用空间形态的描述都是建立在"多中心"基础上的，同时，十分关注区域城市内外部的特征，重点是对于区域中城市的功能体系、规模体系、等级体系的配置。

在城市尺度的 16 个代表性模型中，既有对城市整体形态规律的描述，也有对土地利用空间形态，以及动态演化方面的研究；单个城市尺度模型的形态与结构特征总结中，既有城市单中心圈层式模式，也有多中心网络状模式；其提出背景大都是基于资本主义国家城市的发展；其中，可以将西方城市模型的核心思想分为两类，一类是以集聚思想为主的，如"明日城市"，另一类是以分散思想为主的，如"有机疏散"模式、"广亩城市"模式等等；这些模型中以分散思想为多，特别是西方城市模型，大量的是在城市发展高度集聚中出现问题的情况下提出的，倡导城市土地利用和空间结构要注重在更大的地域范围上进行人口和功能的疏导；对于城市模型的研究更多的是形态层面的研究，也有如"伊朗城市演化模型"这样对城市土地利用形态变化机制的研究；分析方法上，部分是基于地租空间分布的（芝加哥学派模型），有些则是抽象的概念模型（"理想城市"模式），还有的是基于实证描述的（如几个中国城市结构模型）。

在单元尺度的城市模型中，都是以公共设施（包括公共交通站点）为单元中心展开用地布局的，并且强调综合开发与步行尺度的控制。

城市土地利用空间形态模型横向比较表　　　　　　　　　　　表 2-1

空间尺度	模型名称	提出年代	研究要素	形态与结构特征	产生背景	核心思想
区域尺度	"田园城市"模型	1898 年	城乡关系	主次多中心、放射网络状	从人本主义出发改善城乡关系	城市功能的合理配置，城乡关系的融合
	"卫星城"模型	1922 年	城市体系	多中心	巨大规模城市的疏解	发展卫星城（新城），疏导核心城市人口
	"中心地体系"模型	1933 年	区域内的中心地	多中心体系、一个大的中心地总是包含 3 个低一级的中心地	资本主义经济的高度发展，城市在整个社会经济中逐渐占据了主导地位	一定区域内城镇等级、规模与职能之间具有类似"六边形"的规律性
	"核心—边缘"模式	1966 年	城市内外部的核心区与外围区关系	多中心	资本主义高度发展中的区域空间极化	在城市空间层面上解释经济空间结构的演变模式
城市尺度	"理想城市"模式	公元前 27 年	城市整体形态	单中心＋规范化对称形态	文艺复兴时期，人文主义	强调建筑物整体、局部以及之间的比例关系
	芝加哥学派模型	20 世纪 20～40 年代	城市土地利用空间结构	单中心/多中心	资本主义经济高度发达的城市	经济地租的空间分布具有多中心和圈层分布特征
	伊朗城市演化模型	2000 年	城市土地利用空间结构演化过程	单中心—多中心	城市中宗教与政治力量显著	自然背景、贸易与历史、宗教和政治结构是三大主要机制
	澳大利亚中心区模型	1974 年	城市土地利用空间结构	多中心网络状	资本主义经济高度发达的城市	城市中心区功能的水平和垂直空间分布及演化
	"带形城市"模型	1882 年	城市整体形态	以巨量交通为轴线对称	资本主义城市工业化快速发展	用平行的大运量交通轴线组织城市布局
	"明日城市"模型	1922 年	城市整体形态	单中心、网格状几何形构图	资本主义经济高度发达的城市	高容积率、开敞空间、立体交通
	"工业城市"模型	1901 年	城市整体形态	多中心、模块化	资本主义城市工业化快速发展	城市功能区模块化、机械式组合
	"有机疏散"模式	1943 年	城市整体形态	多中心、分散化	工业革命后城市高度集聚的弊端显露	在合适的区域范围将城市分解成为若干个有机联系的集中单元

续表

空间尺度	模型名称	提出年代	研究要素	形态与结构特征	产生背景	核心思想
城市尺度	"广亩城市"模式	1932年	城市土地利用空间结构	极度分散，没有中心	大城市的集聚与专制	重视自然环境，完全分散、低密度的城市形态
	"簇群城市"模式	1954年	城市整体形态	簇形生长，有机更新	将社会生活引入到空间创造中	流动、生长、变化；在不破坏原有机理下更新
	"拼贴城市"模式	20世纪60年代	城市空间结构	多元化功能的拼合	城市与建筑关系受到文脉主义思想的影响	反对现代城市功能分区，主张多元性、多样性和矛盾统一性
	曼的工业城市模型	1958年	城市土地利用空间结构	单中心、圈层式	欧洲资本主义城市	城市空间结构的圈层式特征
	二元经济城市模型	1971年	城市土地利用空间结构	单中心、圈层式	欧洲资本主义城市	城市空间结构的圈层式特征
	罗氏中国城市模型	1979年	城市土地利用空间结构	单中心、圈层式	中国改革开放前的城市发展	城市空间的圈层特征以及社会服务中心体系配置
	朱氏中国城市模型	1987年	城市土地利用空间结构	单中心、圈层式	改革开放后城市快速发展时期	由旧城向外逐渐扩展的圈层特征
	胡氏中国城市模型	1994年	城市空间结构	多中心、网络状	改革开放后城市快速发展时期	城市空间结构中以工业为主导，其他功能用地计划配置
单元尺度	"邻里单元"模式	1929年	城市土地利用空间单元结构	以公共设施为中心	西方新城运动	以小学的服务半径范围作为单元尺度、强调社区的整体文化
	TOD模式	20世纪80年代	城市土地利用空间单元结构	以公共交通站点为中心	高度现代化的西方城市	以公交站点为核心组织土地的综合利用
	TND模式	20世纪80年代	城市土地利用空间单元结构	以公共交通站点为中心	高度现代化的西方城市	集商业、文化或行政活动为一体的邻里中心，步行范围、街道尺度

2.2 城市空间演化的格局及其机制的研究

中国转型期独特的社会政治经济背景引发了众多城市规划与土地方面学者的聚焦，在众多的城市土地研究课题中，与城市空间有关的研究正在吸引着越来越多中外学者的关注（Wu and Anthony，1997；Fulongwu，1997；宁越敏，1998；张庭伟，2001；丁成日、宋彦，2004a；Michael Storper and Michael Manville，2006 等）。例如朱英明和姚士谋（2000），何流和崔功豪（2000），管驰明（2004），马强（1985）等学者对城市扩张的形态特征与模式展开了分析，重点从空间层面总结出了我国城市土地扩张的规律；陈顺清（1999）、张庭伟（2001）、谈明洪和李秀彬（2003）、张晓平和刘卫东（2003）等学者则重点在城市土地扩张的影响机制方面进行了探讨；李书娟（2004）、曾磊（2004）、朱振国（2003）、李晓文（2003）、王冠贤和魏清泉（2002）、刘盛和（2002）等，分别以南昌、保定、南京、上海、广州、北京等城市为研究对象，对其城市土地扩张过程、空间形态及其影响机制进行了实证分析，总体看来研究历时长，范围广，成果丰富。本研究对该领域的主要文献回顾主要从两个方面展开：一是城市空间形态演化的时空特征，二是城市空间形态演化的主要影响因素。

2.2.1 城市空间形态演化的时空特征

西方城市研究学者芒福德（Mumford，1961）的著作《城市发展史》详尽地描述了西方城市历史形态演变过程，并讨论了其影响因素，从文化历史的角度描述了西方城市从产生到 20 世纪中期的发展历程，时空跨越了整个西方世界的文明发展历程。纵观对于城市空间形态演化的研究，其中最为明显的便是其阶段性特征的分析，具有代表性的论述和研究主要有：

康岑（Conzen，1960）通过对阿尼克（Alnwick）城市区域演变历史的研究，指出城市空间结构有周期性的演变特点，主要呈现三种状态在时间链上的相互衔接和周期性循环规律：①第一阶段为加速期，城市土地利用沿交通干线呈放射状扩展，农业用地向非农业用地转化规模大，速度快，城市作用力占主导地位；②第二阶段为减速期，城市扩展呈环状推进，城市作用力与乡村作用力进入均衡状态；③第三阶段为静止期，乡村作用力十分明显，城市边缘区地域范围固定，城市进入内部填充状态。

美国历史经济学家罗斯托（1962）提出了著名的经济发展进化序列模型（表 2-2），他将经济的发展分为五个序列发展阶段：

经济发展阶段与城市空间结构　　　　　　　　　　　　表 2-2

经济发展阶段 城市结构	传统经济阶段	经济发展阶段	经济起飞、 持续发展阶段	经济持续发展、 高消费阶段
交通条件发展	马车时代	火车时代	电车、汽车时代	小汽车普及时代
产业结构	手工业	第二产业	第二、三产业	第三产业
城市中心分布	旧商业中心	旧城中心	旧城中心、火车站 地铁站点等通勤中心	旧城中心、火车站通 勤中心、郊区中心
城市土地利用形态	封闭的单中心	双中心集中型	多中心群组型	分散的大都市区

来源：罗斯托（1962）

布鲁塞尔学派的艾伦（Allen，1997）等学者以耗散结构理论方法对城市的产生、发展和演化进行了自组织模拟，以逻辑斯蒂方程（Logisti Equation）与吸引力方程相组合建立了以人口为变量的系统模型，通过理论模型的分析，对不同阶段的城市特征进行了讨论，将城市空间演化归纳为四个阶段：①城市独立发展阶段；②城市范围扩大阶段；③城市人口增长停滞阶段；④城市群形成并开始竞争阶段。

埃里克森（Erickson，1983）通过对美国 14 个特大城市自 1920 年以来的人口、产业等的向外扩散情况进行研究，指出城市土地利用空间结构演化呈现三个阶段的周期性演替，整个周期的运动完全取决于中心城市社会、经济发展和能量的集聚（图 2-26）：①外溢——专业化阶段：该阶段以专业化结构为特征，在城市附近地区以轴向扩散为主，此阶段的城市边缘区范围狭窄，各项功能通过巨大的人流、物流与市中心联系密切，对中心城区的依赖性很强；②分散——多样化阶段：该阶段的城市地域的轴向扩散的同时，进入圈层扩散，此阶段的边缘区各类功能区明显增加，地域范围迅速膨胀，空间结构日趋多样化，地域独立性加强；③填充——多核化阶段：该阶段的城市各要素与功能的扩散仍然显著，但反映在空间布局上则以内部填充为主，地域扩展进入静止稳定阶段，开发活动主要发生在伸展轴与环形通道之间的大量在快速增长期中被忽略的未开发土地上。

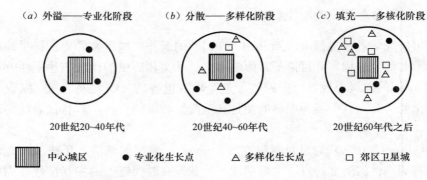

图 2-26 城市边缘区土地利用空间演变的埃里克森模型

来源：Erickson（1983）

吉兰（Guillain，2006）研究了1978年和1997年法国地区的就业空间分布，并运用了探索性空间数据分析，对就业中心、中央商务区（CBD）、城市次中心进行了识别，提出了导致城市外围演化的高阶活动及其城市空间结构表象。

张宇星（1998）运用分形理论方法研究了城市和城市群形态的空间特性；丁万钧（2004）对长春大都市区进行了分析，并对大都市空间体系的各类要素进行了动态研究，总结出大都市区空间结构经历了中心—外围结构、中心城市—边缘城市共生结构、网络化结构三个发展阶段，而空间形态则经历了定向多轴线形态、圈层分布形态、主轴线形态以及反磁力中心组合形态四个发展阶段。邓春凤（2006）以桂林城市为研究对象，研究了从古代到近代的桂林城市演化特征，研究发现古代桂林城市的结构形态具有较强的内在弹性和惰性，城市结构形态的演化表现出自然生长、循序渐进的特征。而近代以来，城市空间形态产生了阶段性的突变，在从无序扩张到有序引导的发展过程中，自发调节机制的作用逐渐萎缩，通过城市规划及其管理进行人工干预的调节作用越来越突出。

另一大研究领域，便是从不同视角出发，探讨城市土地资源利用空间形态演化的趋势，其中对于城市空间结构"多中心"形态的研究是近年来的热点：

吴缚龙（Wu，1997）认为在市场经济体制改革进程中，中国城市空间形态正在经历两个主要变化：用地模式的重构和（城市功能）向多中心发展，前者包括形成中的中心商务区（CBD）、绅士化社区（Gentrified Communities）和旧城商住区的转换；后者主要包括城市边缘大型居住区的出现、开发区的建立和新的次中心区的形成。吴缚龙（Wu，1998）从土地利用的角度研究了我国广州的城市土地利用结构变迁，认为土地制度改革导致转型期中国城市土地利用出现新的特征，其中多中心结构是最重要的，除了人口密度、住房和土地价格、公司区位以外，土地利用变化也可作为研究城市多中心发展准确而可靠的指标。阿纳斯（Anas et al.，1998）认为现代城市景观最有趣的特征就是经济活动在多个中心呈现群簇发展的趋势。克洛斯特曼（Kloosterman，2001）认为单中心结构已明显不适合发达地区和国家城市不断变化的空间格局，即使是对标准的单中心模型进行改进也无济于事。钱皮恩（Champion，2001）研究了多中心城市的人口变化特点，以及人口发展与城市结构之间的关系。《OECD 国家对城市化进程中城市问题的回顾》中，彼得·霍尔等学者认为都市区形态一般由紧凑中心区与郊区的二元结构模式向蔓延的大都市转变，由单一中心城市向多中心城市区域转变，人们通常将这种变化称为"第二次城市转变"。谢守红（2003）通过对广州大都市区的空间形态演变的实证分析，得出广州大都市区的空间形态具有以下几个特点：城市空间结构呈现多层次、复合式特征；城市内部空间结构高度密集，功能混杂，不具有明显分区特征；城市圈层结构日益明显。

另外，基于不同研究角度的对城市空间演化特征的定量和定性解析研究是历年来数量最多和实证分析运用最为广泛的领域，研究成果举不胜举。顾朝林等（1993）通过对北京、上海、广州、南京等大城市的实地调查，对中国大城市边缘区的人口特性、社会特性、经济特性、土地使用特性、地域空间特性等进行了系统研究。叶俊等（2001）运用分形理论研究城市形态与城市增长，并认为分形理论方法有助于揭示城市形态演化特征，表明城市外部空间形态具有自相似性，其生长和演替具有内在的自组织、自相似和分形生长的能力，反映了城市有机体生长的普遍规律。吴一洲等（2009b）在总结国内外相关研究的基础上，将大都市成长区城镇的空间结构与功能组织过程划分成四个阶段，即各城镇独立发展阶段、成长区培育阶段、成长区发展与扩张阶段和成长区创新发展阶段。

2.2.2　城市空间形态的影响机制研究

城市空间演化是一种复杂的经济文化现象和社会过程，必须放在特定的地理环境背景和社会经济发展阶段中进行讨论，是人类主体活动与自然因素相互作用的空间结果。从已有的研究来看，毋庸置疑的是城市空间演化受到多个方面的综合影响，其机制错综复杂，如城市扩展和空间形态的演化受到自然地理环境的制约，城市性质转变和社会、历史、文化的演进（王农，1999；陈力，2000；陶松龄，2001），城市职能、规模、结构特征（Mumfore，1961），经济发展的驱动，政府政策的引导（Park & Maria，2001；刘雨平，2008），以及技术创新推动等多方面的影响。其中，具有代表性的研究有：

行为学派将城市空间视为人类彼此交流和影响的空间模式，其中人类活动系统由居民、物品、劳务、交通、技术、信息、知识等互动而形成，这是塑造和推动城市空间形态演化的主要力量之一（黄亚平，2002）；新古典主义学派则通过建立竞标价格和竞标地租与区位成本的关系，建立了城市土地资源利用的空间分布模式，该学派将自由市场下的土地资源配置作为城市空间形态演化的动力，将城市土地市场看作是一种相对独立、遵循本身特有规划的自然经济力量。哈维（Harvey，1973）等为代表的学者关注政府干预在城市空间形态演化过程的重要作用，该学派通过研究美国城市郊区化的过程后总结出地方政府与地方利益集团的密切结合，形成了强大的政治力量，控制着城市形态的发展方向。卡斯泰尔（Castells，1977）等为代表的学者关注政府干预在城市空间形态演化过程的重要作用，该学派通过研究美国城市郊区化的过程后总结出地方政府与地方利益集团的密切结合，形成了强大的政治力量，控制着城市形态的发展方向。万斯（Vance，1990）避免了僵硬的环境决定论观点，叙述了西方文明社会中城市物质形态和结构对于西方社会结构、民主制度、技术、经济贸易、政治权力、宗教、社会思想、艺术形式等的决定作用。巴蒂（Batty, 1995）认为城市自组织理论的形成将使我们以一种新的方式去看待城市,《自然》（Nature）杂志在1995年对这一研究城市增长和演化方式的新视角进行了专题介绍（Batty, 1995; Makse, Havlln and Stanley, 1995）。霍恩贝格（Hohenberg, 1995），研究认为传统的单中心模型的基本条件已经改变, 新交通技术的发展使得人口和经济活动（尤其是制造业、批发业等）向外迁移, 从而导致郊区的巨大发展和各种商业区位向外围的发展。卡斯泰尔（Castells, 1989, 1996）提出单中心模型的暗含假定是商品传送作为生产的主要形式, 但这一点已经发生了改变, 信息的传输和生产性服务业取代了商品传送而成为城市经济的主要活动, 城市形态也因此发生了新的变革。库克莱利斯（Coucelis, 2000）认为信息技术带来的工作"空间瓦解", 使得空间分布更加"破碎化"（Fragment）, 甚至比多中心城市里已经发生的现象具有更深远的意义。克洛斯特曼（Kloosterman, 2001）就城市多中心结构的形成背景和机理进行了研究, 认为在西方发达国家, 经济活动的分散化和经济结构的变迁, 郊区化进程, 人口增长与迁移, 家庭类型的变化等都与城市多中心结构的发展演化有着密切关系。巴（Barnes, 2009）以温哥华内城为例, 认为新经济的出现是使城市形态发生演化的主要驱动力。也有学者通过实例分析了创意产业、创意空间对城市空间形态的影响, 认为相关的城市政策对城市空间形态产生了深刻的影响（Koo, 2005; Evans, 2009）。

武进（1990）认为城市形态演变的内在机制从其本质上看, 是形态不断地适应功能变化要求的演变过程, 功能—形态互适机制是城市形态演变的主要机制。胡俊（1994, 1995）也提出"功能—结构"之间的矛盾运动在城市动态发展过程中决定着城市空间结构发展的时段性和演变的总体方向, 之后, 在《中国城市: 模式与演进》一书中, 系统地研究了我国城市形态的特征、演化机制, 提出了功能—结构律、要素—结构律、环境—结构律。姚士谋等（1995）通过东南沿海地区一些城市的形成发展过程分析, 总结了城市用地扩展以旧城区为中心, 由内向外, 由小变大, 由单一结构向多元结构的趋势不断发展, 同时他们发现演变过程存在着不同的历史阶段, 有着不同的社会经济特点和动力机制, 同时也受到人为的政策因素的影响, 发展条件是复杂的, 城市发展的离心与向心, 扩展与集聚往往交替进行, 形成内外、外外的演变过程。杨荣萍等（1997）从经济发展、自然地理环境、交通建设、政策与规划控制、居民生活需求等诸多因素的影响分析了城市空间扩展的动力机制, 指出了城市空间扩展的四种不同模式。崔功豪（2000）认为促使城市空间形态扩展的内外部动力主要有: 城市经济总量的增长, 城市产业结构的调整, 以及作为其表现的城市功能的演变, 城市空间形态的扩展是城市在外部动力作用下的空间移动。夏志华（2001）从城市职能的本质及城市空间结构形成的主导机制的研究中, 得出城市职能和城市空间结构是一对不停地相互调整、运动的矛盾对立体。郭鸿懋和江曼琦（2002）提出"城市经济的本质特征就在于其空间性和聚集性", 城市作为一个"经济景观", 在其形成和发展的过程中, 尽管自然条件、历史条件等起着重要的作用, 但从根本上看, 它是人类社会经济活动空间聚集的结果, 城市经济是空间集聚的经济。谢守红（2003）认为广州大都市区土地空间形态演化的动力机制主要来自于社会经济发展, 外资投入和开发区建设, 房地产业的发展, 乡村城市化的推进和城市规划的控制与引导等方面。丁万钧（2004）通过对长春市的城市土地利用形态的研究得出大都市区土地利用空间形态演化主要受自然环境、产业结构升级、集聚效应、交通技术创新、规划调控与地域文化六个方面的作用。张勇强（2006）从理论上探讨了城市发展的自组织和他组织特性，认为城市自组织的自然生长与发展，以及有意识的人为规划设计之间的交替作用构成了城市的空间形式与发展阶段。周国华等（2006）以不同时期长沙市城区土地利用现状用地结构比例、扩张强度指数等指标的具体研究，从时间序列、空间形态、结构演变等方面对长沙市城市土地扩张特征进行了系统分析，并结合区域社会经济发展情况从自然地理环境、人口与经济发展、交通设施建设、规划与区域发展战略引导、体制与制度创新等方面探讨了城市土地扩张的作用机制。熊国平（2006）在著作《当代中国城市形态演变》中，在新的时代背景中考察了城市形态的动态演变，总结了推动城市形态演变的内在动力为经济增长、功能调整、新的消费需求等，而外在动力为快速交通、行政区划的调整等，指出城市形态演变是内外动力共同作用的结果，体现出了城市形态演变的复杂性，揭示了推动城市形态演变的机制为市场机制、产业进化机制、投资机制和调控机制，认为这些机制是一个非线性的多因素多层面的交织耦合过程，同时，各机制之间存在着相互反馈、相互联系与相互作用，体现出了城市形态演变的综合性。崔宁（2007）从重大城市事件对城市空间结构的影响角度出发，以上海世博会为例聚焦于政府主导的重大城市事件对于城市空间结构的影响，研究政府行为对于城市空间结构影响的机制和过程。邓春凤（2006）在对桂林从古代到近代城市演化的分析中，总结出城市结构形态的演化发展是一个连续的动态过程，有着自身的内在规律，并一直受到自然力和非自然力双重作用的影响，构成这两种力的因素是多方面的，其中由政治政策、社会文化和经济技术组成的深层结构是导致其演化的决定性因素，它们对城市结构形态的影响过程是通过"自下而上"的自发调节机制和"自上而下"的人工干预机制发生作用的，前者是一种自发式的渐进过程，使城市形态演化遵循着某种内在规律，后者是一种规划控制行为，引导着它的演化朝着人类设定的理想状态发展。吴一洲等（2009）以杭州为例，研究了在商务经济为主导的现代服务业逐渐成为城市经济发展的主要驱动力的背景下，对城市空间结构与功能的调整产生的重要影响，通过对杭州主城区的商务经济的总体空间格局、功能特征、开发强度和空间结构演化历程的分析，总结了城市商务经济的空间区位影响因素和演变机制。

综上所述，城市空间形态在其历史演化和发展过程中，受到了来自社会、经济、政治、文化等诸多方面的综合影响，可见，城市空间演化的结果是不同时期社会经济、文化政治与历史连续性相结合的产物，其发展的动力机制包括城市的经济发展、社会发展、功能变化、产业演进，以及在其影响下城市内部产业区位变化、内外部投资、政府政策干预、城市规划引导等，上述的种种驱动力都不同程度或分不同阶段对城市空间演化绩效起着影响效应。

2.3　产业结构转型对城市空间演化的影响研究

2.3.1　空间形态层面的定性分析

土地利用结构是产业结构布局与发展的基础，社会经济的发展必然会引起社会经济结构的变动，这一变动将在土地利用结构上得到反映，"土地利用是社会的一面镜子"（Tuan，1971），城市发展及其功能演进过程中的不同历史时期，是一个产业结构转换和主导产业部门置换的过程，也是各种资源（包含土地资源要素）的时空配置及其结构形成、调整和转化的过程。刘平辉（2003）认为产业的发展演化将引起运输条件、技术手段、土地市场和住宅建设等因素发生变化，这些因素对各类产业用地都产生明显的影响，并且对第二、三产业发展的刺激和影响显著强于第一产业，那么对于第二、三产业的主要空间载体——城市土地，城市产业结构的升级将对城市土地利用空间形态产生革命性的影响。在城市功能的不同发展阶段，城市土地利用的空间形态也呈现出显著的区别，在农业经济时期—工业化时期—信息化全球化时期的大致演化趋势下，城市土地利用空间形态都体现出了不同的特征和内涵。

美国学者吉迪恩·舍贝里（Gideon Sioberg，1960）通过对大量欧洲、西非、美洲和伊斯兰国家前工业社会时期（农业经济为主的时期）城市空间结构的研究，发现具有以下几个共同特征：①大多数城市选址在有利于农业、防御和贸易的地点；②有城墙包围；③宗教因素在城市布局中占主导地位；④都建有中心广场，其四周是宗教和政府的建筑物；⑤从中心广场放射分布多条林荫道，其两侧是富人居住区；⑥城墙边缘地带是一般居住区；⑦商人和工匠们住在市场的作坊中；⑧城市周围的农地归城市管理，农民用粮食换取城市的保护。

马修（Matthew，2003）等探讨了西方城市土地资源利用空间结构从工业化时期的单中心城市，到后工业——信息时代的多元中心城市和连绵城市区域的演变。诺克斯和平奇（Knox and Pinch，2000）研究了洛杉矶城市形态的演变历程，描述了洛杉矶从1850～1945年的经典工业城市，到1945～1973年的"大工业"城市和1975年以来的"后工业"城市的整个演变历程，提出后工业城市在土地利用方式上更为破碎化，结构更为混杂，因为这是各个阶段留下"空间印痕"的叠加，而从工业时代向信息时代过渡则是城市空间重构的一个重要部分。

另一方面，"劳动力市场的形成演变所形成的合力已经渗透到了整个大都市空间格局的根基"（Scott，1986），城市功能演进在本质上源于劳动分工的演进，而劳动分工又与技术进步下的产业组织空间结构转换密切相关，查普曼和沃克（Chapman & Walker，1991）认为技术和管理水平的发展使得企业可以通过建立碎片化的生产体系，让制造某个特定产品的不同步骤在空间上实现分离，即"过程分解结构"。斯科特（Scott）的研究目的是探究在现代资本主义系统中城市是如何成长和发展的，而劳动空间分工则成为其有力的分析武器，其著作《大都市：从劳动分工到城市形态》首创了工业—城市区位论（宁越敏，1995）。马西（Massey，1984，1988）扩展了劳动空间分工思想，构架的"产业结构—生产关系的空间结构—社会结构重组与变迁—阶级冲突与不平等—空间分布非均衡发展—产业结构"的劳动空间分工分析框架对城市空间的变化研究起到了很大的推动作用。在国内研究方面，王磊（2001）以武汉市为例总结了城市功能演化中，城市空间形态等多方面的阶段性特征（表2-3）。江曼琦（2001）在其著作《城市空间结构优化的经济分析》中按农业社会、工业社会和后工业社会三种社会形态对城市空间形态与结构变化进行了详细分析。

产业结构与城市空间形态的关系 　　　　表 2-3

时　间	前工业化时期	工业化时期	工业化中期	后工业化时期
生产方式	资源密集型	劳动密集型	资本密集型	技术密集型
产业结构	第一产业主导	第二产业主导	第三产业上升	第三产业主导
城市发展特征	数量增长型	数量、速度增长型	速度、结构、效益型	可持续发展型
城市用地规模	规模小	规模迅速扩大	大城市、巨型城市	规模与环境容量平衡
城市布局与结构	布局散乱，结构简单	布局失衡，现代城市结构形成	布局趋向平衡，结构趋向合理	布局集约，结构紧凑
城市用地功能	功能简单	功能趋向健全	功能强化	功能完善
城市规划理论	花园城市理论	功能城市理论	有机城市理论	可持续发展理论
特征	低密度发展	雅典宪章	马丘比丘宪章	

注：来源于王磊（2001）

近年来，随着信息技术的快速发展、经济全球化和全球生产体系的空间革命，信息化和网络化对城市土地资源利用方式的变化起到了显著的促进作用，许多学者对城市生产性服务功能如何改变城市和区域空间结构的发展进行了探讨：卡斯泰尔（Castells，1989）在其著作《信息城市：信息技术、经济重构和城市区域过程》中对这一新的空间现象的产生进行了详尽描述，认为弹性生产体制的出现促使了资本主义生产重构及转型、新的信息发展模式出现并迅速地改变着区域与城市的结构和形态。斯科特（Scott，1986）也认为远程通信技术助长了经济生活的空间分散。另外，一些激进学者甚至认为在城市功能越来越信息化的趋势下，网络空间将有可能取代物质空间，城市将不再以地理空间来界定，而应通过电信网络技术来集成与融合。熊国平（2006）在其著作《当代中国城市形态演变》中，建立了信息化、全球化、知识经济和快速城市化与城市空间模式演变的基本联系，以产业空间为中心的新空间主导了城市形态的演变，人文关怀和人地和谐将是城市形态演变的主要方向。

2.3.2 数量结构层面的定量分析

在城市产业结构与城市空间的关系方面，冯年华（1995）认为产业发展水平和产业结构决定着土地利用方式与结构，土地利用结构调整必须以产业结构优化为前提，按照产业发展序列调整土地资源在国民经济各部门中的分配，以提高土地利用率和效益。杨振荣（1998）通过对台湾地区自 20 世纪 50 年代至今的经济发展过程回顾，分析了 10 类经济发展现象对土地资源配置的影响。黄贤金等（2002）阐述了区域经济发展与土地利用的相互关系，着重分析了我国非农产业发展的不同阶段耕地占用状况的变化，在此基础上，进一步分析了区域经济系统产业结构升级与用地结构变迁的关系。张颖（2004，2007）分别从土地资源供给约束、资源禀赋和利用结构方面探讨了土地资源配置对区域社会经济发展的影响与制约，并通过分析产业结构与用地结构之间的结构关系、均量关系和复合关系，在一定意义上揭示了两者之间的变化规律。孔祥斌（2005）选择了北京海淀区、平谷区和河北曲周县作为研究样区，探讨了不同经济发展阶段下典型区域土地利用变化与产业之间的互动关系。田光明等（2008）探讨了区域经济空间结构布局的形成和发展，以及产业空间集聚扩散作用的关系，总结了区域产业集聚扩散与土地集约利用的内在时空规律。刘平辉和郝晋珉（2006）通过理论和实践的研究，证实了产业的发展演化会促使土地资源的空间布局呈现圈层式结构，同时该结构也对城市产业转移、企业搬迁、土地盘活、产业结构调整、产业升级和经济发展具有重要的作用。

近年来，另一研究热点是运用计量经济模型配合生产函数，将土地资源要素纳入到内生经济增长中，然后考量其与城市功能演化、产业结构升级、经济增长等的关系。黄贤金（2002）研究了区域经济发展与土地利用的相互关系，着重分析了我国非农产业发展的不同阶段耕地占用状况变化，并进一步分析了区域经济系统中产业结构升级与用地结构的变迁关系。陈江龙（2003）在国内外比较和计量分析的基础上，指出农地快速非农化是我国现阶段经济发展的基本特征，构建了农地非农化的社会经济影响因素的理论分析框架，并定量地研究了不同经济发展阶段农地非农化的主要驱动因素的动态变化规律。部分学者构建了包含土地要素的柯布道格拉斯生产函数，对上海市（李明月，2005）、深圳市（王爱民，2005），以及浙江省长兴县的土地要素投入对经济增长的影响作了定量的研究（蔡枚杰与汪辉，2005）。邹璇等（2006）以重庆市为例，以工业增加值和用地量的历史数据，通过建立计量模型对产业用地规模作了预测。徐梦洁等（2006）对南京城市土地利用结构和产业结构进行了关联性分析，证实了城市土地利用系统与城市发展和产业结构之间存在密切关系。张海兵和张凤荣等（2007）从宏观角度对1991～2001年间的社会经济结构变化与土地利用结构变化进行了相关性分析，得出土地利用结构变化与社会经济结构变化之间存在一种必然的逻辑关系。

土地利用结构是产业结构升级的空间基础，社会经济的发展必然会引起社会经济结构的变动，这一变动将在土地利用结构上得到反映，现有的研究可以从空间形态层面的定性分析与数量结构层面的定量分析进行划分。城市产业结构的升级将对城市空间形态产生革命性的影响，在不同历史时期，城市土地资源利用的空间模式也呈现出显著的区别，在"农业经济时期—工业化时期—信息化全球化时期"的宏观演化趋势下，产业转型对城市的空间重构效应都体现出了不同的特征和内涵。

2.4　治理结构变革对城市空间演化的影响研究

在实际情况中人们通常要使用正式制度和治理结构来规范资源利用行为（城市土地资源利用也不例外），以实现在现实约束条件下的资源最优利用（Coase，1937，1960；Williamson，1985，1996，2000；张五常，2002）。治理结构的相关理论分别涉及新古典经济学、公共经济学、新政治经济学（包括公共选择、法律与经济学，有关管制的政治经济学、新制度经济学、新经济史学和立宪经济学）、博弈论、政治学、社会学、系统论、新经济地理学、空间经济学、行政管理理论、政治和财政联邦制理论、演化经济学等等（冷希炎，2006），而其中与城市空间演化相关的讨论主要集中在两个方面，一是区域竞争对城市空间开发的影响，二是城市治理结构对城市空间演化的影响。

2.4.1　区域竞争下的空间开发治理结构

中西方治理结构虽然存在较大的差异，但都表现出了区域之间的竞争格局，而其中又以政府之间的竞争最为显著，进而对城市空间的利用产生了影响。蒂布特（Tiebout，1956）提出政府间竞争要求居民必须具有在不同的地区之间自由选择政府服务的权利，尤其是居民拥有"用脚投票"的自由流动与退出的权利，这样才能为地方政府行为提供硬性的约束，同时也推动地方政府的竞争。阿波尔特（Apolte，1999）进一步指出，只有当包括消费者、雇员、资本拥有者在内的，各种身份的居民在辖区间是可流动的，不同辖区之间的竞争才能展开，而且不仅流动本身，即使仅仅存在流动（迁移）的可能性（或威胁），就可以敦促不同辖区的政府（政治家们）重视并根据居民的偏好来调整政策。在我国，樊纲等（1994）曾分析过我国地方政府之间在投资和货币发行等方面的横向竞争，以及中央政府与地方政府之间的纵向竞争。张维迎（1999）认为 20 世纪 80 年代初的地方分权政策导致了地区间竞争。周业安（2003）的研究表明在既定的政府管理体制下，经济领域的市场化分权导致了地方政府之间围绕经济资源展开竞争，而且与西方的竞合收益不同，由于垂直化行政管理架构和资源流动性的限制，地方政府之间的竞争并不一定会促进经济的良性增长。地方政府出于自身经济与政治利益的需要，"短期"、"凸显效益"的经营型规划与行动往往更能引起他们的兴趣，在追求"本届政府经济与政治利益最大化"的同时，将城市发展的经济与社会成本、负担不断积淀并转移给未来（魏立华等，2006）。政府需要借助于市场的力量达到自己的经济与政治目的，而市场也期望通过介入公共部门的活动而获得超额的利润，于是政府与市场就结成各种联盟，共同达成"双赢"的目标，这就产生了"寻租"现象（张庭伟，2001；魏立华等，2006）；再加上我国现行的政绩评价体系，不同地方政府为了取得政绩，往往通过优惠的土地供给来吸引资本落户，各级政府在土地开发上的竞争在所难免，这种竞争关系使得土地的行政定价系统和市场定价系统之间很容易形成租金，寻租活动便有了运作空间，同时恶性竞争也加剧了土地兼并与城市蔓延（陈蔚镇，2006）。冷希炎（2006）也提出地方政府间竞争在另一方面也表现为制度竞争，这可以看作是区域竞争理论在一国经济体系内所获得的新的竞争逻辑，而开发区作为制度变迁和竞争的特殊载体，其中出现的诸多问题由此获得了以政府竞争为框架的巨大解释空间。

2.4.2　治理结构差异下的城市空间发展

近 20 年来，占美国城市理论主导地位的是城市政体理论（Urban Regime Theory），治理结构的不同使得决定城市土地利用的决策力量均衡格局不同，"政体"的不同结构影响着城市土地开发与空间形态。这个理论是从政治经济学的角度出发，分析了城市发展的动力——市政府（政府的力量）、工商业及金融集团（市场的力量）和社区（社会的力量）三者的关系，以及这些关系对城市空间的构筑和变化所起的影响（张庭伟，2001）。由斯通（Stone，1989）、洛根和莫洛其（Logan & Molotch，1988）和莫洛其（Molotch，1976）所创建的政体理论是从发达国家中城市政策的演变分析中得出的，由于经济活动的私有性和政府管制的公共性之间的矛盾，掌握着权力的市政府就必须和控制着资源的企业集团结盟，双方都希望城市增长，因为双方都能从城市增长中获益，它们组成的联盟被称为"增长的机器"（the Growth Machine）（Fainstein et al.，1983；Lauria et al.，1997；Logan and Molotch，1988）。在城市发展中，权力需要利用资源来完成建设项目，资源则依靠权力来获得社会对其得益的认可，该联盟也称为"政体"（Regime）；城市空间的变化是政体变迁的物质反映，所以，谁是"政体"的成员，谁是"政体"的主导者，会引起城市空间结构的不同变化（张庭伟，2001）。

张庭伟（2001）将影响城市空间结构变化的力量分为"政府力"（主要指当时当地政府的组成成分及其采用的发展战略）、"市场力"（主要包括控制资源的各种经济部类及与国际资本的关系）和"社区力"（主要包括社区组织、非政府机构及全体市民）。这三种力的相互作用有以下三种可能的模式：①合力模型。按物理学的定义，一组相等权重的力的合力可以由各力大小作用综合而得出（图 2-27a），但这个模型只能作概念上的抽象模型，实用价值很低，因为在现实生活中，这三组力并不以相同权重同时起作用；②覆盖模型。政府、市场和社区三组力，有不同的权重，在决策时有不同的层级，这三组力的相互作用有着覆盖的特征（图 2-27b）；③综合模型。政府、市场和社区三组力的权重不一，在制定城市发展决策时，有一组力为主因，提出发展的动议，并力图贯彻之。但由于另外两组力的存在，使这个动议受到约束而不得不加以调整，其程度则取决于其他两组力的大小。他应用综合模型作为研究框架讨论了 20 世纪 90 年代中国城市空间结构的变化。

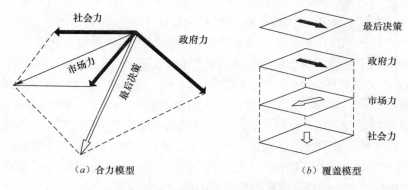

图 2-27　城市空间结构变化的影响力模型
来源：张庭伟（2001）

在当前我国政府的治理结构下，中央政府的财政分权与行政放权使地方政府越来越趋向于"企业型"，尤其是改革开放后，生产要素的加速流动和城市顾客（外商、旅游者等）"用脚投票"，迫使地方政府像企业一样改进效率，开始具有市场利益主体特征，而**复杂的"利益冲突"成为制约区域空间协调发展的根源**，治理结构对于区域开发与城市土地利用的影响是巨大而深刻的。如政府纵向竞争下，衍生的权利博弈下的地方主义导致了区域中心城市发展滞后，城镇体系结构不合理等问题，而治理结构中的信息不对称和制度缺陷，又弱化了上级政府的宏观控制能力，使得跨区域的空间资源配置难以实现；政府横向竞争下，行政区划固化了竞争边界，由此导致了城镇空间的低水平无序发展，重复建设，资源浪费与低效用地扩张等问题；而政府内部竞争则主要表现在对于空间利益的多元主体争夺格局上，由于政府部门间职责范围的重叠给争夺由本部门权力衍生出来的利益提供了制度空间，即使同一政府内各部门之间也出现了相互争夺规划空间和管理权限的现象，导致区域开发的目标难以统一（吴一洲等，2009a）。因而，在转型期城市空间演化中开展对治理结构的研究是十分必要的。

2.5 制度变迁对城市空间演化的影响研究

20世纪90年代以来，西方国家关于城市空间演化的研究出现了明显的制度转向，即更加关注制度力在影响城市空间中的作用，而不再是简单地强调主观规划控制、市场因素的作用（Yeh，1999）。例如：新马克思主义学派认为决定城市空间结构的关键要素是隐藏在表面世界后的深层社会经济结构，其研究重点在于资本主义生产方式对城市形态及发展的制约；新韦伯主义学派认为，对城市空间结构产生影响的是多元的社会制度，而非抽象的"超结构"（Harvey，1978），他们更侧重于制度分析；新韦伯主义、新马克思主义学派等开创了城市研究的新纪元，提出要更多地从社会、经济、政治与全球化角度寻求解决问题的新方法。最近十余年来，西方有关城市发展体制转型的研究主要集中于城市发展政策和城市政体（Urban Regime），也就是说更加关注城市发展的制度安排、政策选择、调整机制等内容（Dowding et al.，2001；Mossberger et al.，2001）。

中国自改革开放以来，经历了巨大的体制变迁，在全球化、市场化与分权化进程的背景影响下，驱动城市空间扩张与结构演变的动力基础发生了深刻的变化，制度力成为塑造城市空间结构的重要力量。中国城市的发展及其空间结构的演变，在很大程度上是制度变迁而诱致的结果（殷洁等，2005；胡军等，2005）。在中国既有的法规与政策体系中，城市空间资源是地方政府通过行政权力可以直接干预和有效组织的重要竞争元素，也是"政府企业化"的重要载体（孙学玉，2005），城市空间的发展、演化因而也表现出政府强烈主导、逐利色彩浓厚的特点。而由于体制传统的巨大差异及中国体制转型的渐进性，又使中国城市空间扩张与结构演化表现出复杂，而远不同于西方国家的特征（Davis et al.，1995；Wu，1995），因而要深刻理解并把握转型期中国城市空间结构演化的机制，必须从深层的制度角度进行剖析。

张京祥等（2008）认为总体发展环境的改变带来了中国地方政府角色的变化，同时对城市发展及空间的演化产生了深远影响，这主要表现为由于政府"企业化"倾向带来的对城市空间调控管理机制的变化，如规划手段和相关政策的变化及其相应的空间结果，城市空间重构也因而成为一个和城市政体建构密切相关的过程。李强（2008）利用新制度主义方法论以其独特的研究视角和研究方法建立了中国城市空间发展的新分析框架（图2-28），即在中国特定的政治、经济、社会制度环境下，各类影响城市空间发展的主要行动主体通过各自的行为选择，形成一系列社会互动过程，在此基础上探讨了城市空间发展与土地扩展的内在机制。

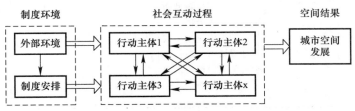

图2-28 城市空间发展内在机制研究的分析框架

来源：李强（2008）

影响城市发展及其空间结构制度的体系变迁与城市增长及空间结构演变　　　表 2-4

历史时期		变迁动因	制度变迁主要内容	城市增长及空间结构变化	发展特点
计划经济时期：1949～1978年	国民经济恢复与初步发展时期：1949～1957年	为配合社会主义工业化建设的开展	初步建立起影响城市发展的制度体系：①1955年颁布《关于设置市、镇建制的决定》；②1951年公布了《城市户口管理暂行条例》；1955年通过了《国务院关于建立经常户口制度的指示》；③资源的集中配置制度；④面向城镇的劳动就业和福利制度；⑤均衡的空间发展政策等	城市数量：1949年中国城市只有132座，1961年底城市总数达到208座，之后开始减少，1965年减至168个，1966～1976年间新设立城市只有17个。城市非农业人口：由1949年2740.6万人增加到1961年6909.32万人，之后开始减少，1965年减到6690.63万人，"文革"期间大量城市人口被下放到农村，城市人口占总人口比重从1966年的9%下降至1976年的8%。城市空间布局：1957年，我国176个设市城市的地区分布：东部73个，中部73个，西部30个，到1978年193个建制市的空间分布进一步演变为69个、84个、40个，中西部地区城市增长的速度快于东部地区。城市等级体系：1949年特大、大、中、小城市数目分别为5个、7个、18个、102个；到1957年变为10个、14个、37个、115个；1978年四者的数目又变为13个、27个、60个、93个。城市化水平：同国际经验相比，城市化水平滞后于经济发展水平约2%～3%	城市的发展受内生发展战略下宏观政策和政治决策约束严重，典型表现是城市数量的增减随具体的制度安排与政策变化呈出同步波动；工业建设是城市发展的主要动力，国家建设的资金流向决定着城市发展；特大城市发展速度慢于大、中城市，小城市数量则由1949年的102个减少到1978年的93个
	冒进和调整时期：1958～1965年	为了调整"大跃进"带来的一系列失误	①1958年通过的《中华人民共和国户口登记条例》，开始限制户口迁移；②在城市发展方针上1960年宣布"三年不搞城市规划"，并将各地的城市规划部门精简合并乃至撤销；③1963年发布《关于调整市镇设置、缩小城市郊区的指示》等		
	停滞和缓慢发展时期：1966～1977年	以极"左"的思维统治城市建设，政治目标取代经济目标	①1966年的"文化大革命"将各地的城市规划机构撤销，队伍解散，城市规划管理工作处于瘫痪状态，同时撤销城建机构，停止城建工作；②大量下放城镇人口；③基本停止城镇的设置；④大搞"三线"建设中提出不仅不建设城市，而且新企业的建设也要消除工厂特征等		

续表

历史时期		变迁动因	制度变迁主要内容	城市增长及空间结构变化	发展特点
改革发展阶段：1978～1998年	拨乱反正与以农村改革为主时期：1978～1984年	发展战略的转变和体制改革以及市场经济的发展，需要新的城市发展体制，促进城市经济和国民经济持续、快速、健康发展	①经济建设的重心从西部转向东部；②1978年3月制定并提出"控制大城市规模，多搞小城镇"的城市发展方针。1980年10月这一方针改为"控制大城市规模，合理发展中等城市，积极发展小城市"；③开始允许城镇居民自建住房，并提出实行住房商品化政策；④1978年率先在农村推行土地改革政策	城市数量：1978～1984年，全国设市城市由193个增至300个，新增107个，超过前30年的总水平，到1998年增至668个。城市非农业人口：1992年全国城市非农业人口达到16439.59万人，1998年底达到21776.13万。城市空间布局：城市空间布局向东部沿海地区转移。其中东部地区城市数目由1978年69个增加到1998年300个，中部地区由84个增加到247个，西部地区由40个增加到121个。东部地区发展速度快于西部地区城市内部空间结构：经济发展带动城市用地规模、城市面积的扩大；同时城市的空间结构发生变化，大城市中心区的工业用地逐渐被置换为第三产业用地。城市等级体系：1998年特大、大、中、小城市数目演进为37、48、205、378个。城市化水平：这一时期我国的城市化水平有了明显的提高，但这一时期的城市化发展速度仍慢于经济增长速度；与相同经济条件下的其他国家城市化平均水平相比，差距变大，滞后于相似经济发展水平下其他国家城市化水平约10%～15%	经济发展对城市发展的作用日益增强；制度的改变为城市快速发展提供了有力的制度保障；受城市发展方针的影响，中、小城市发展最快，大城市发展速度较慢，特大城市发展速度较快是聚集经济的体现；经济总体规模的扩大推动城市用地规模和城市面积的扩大；在市场力量作用下，城市的空间结构发生变化
	以城市为重点的经济体制改革时期：1984～1992年		①1984年国务院调整了建制镇的设置标准，1986年降低了设市标准，并实行市领导县的制度；②1989年城市发展方针再次修改为"严格控制大城市规模，合理发展中等城市和小城市"；③1985年对户籍管理制度进行了改革；④1988年新的《土地管理法》规定了土地使用权可以依法转让；⑤1989年《中华人民共和国城市规划法》颁布实施等		
	全面建设社会主义市场经济时期：1992年以后		①1993年进一步调整了设市标准；②1997年开始对小城镇户籍管理制度进行了改革试点，允许符合条件的农民向小城镇转移；③1994年确立了以标准价格出售公房的政策，1998年实施了新的住房供给制度，停止住房实物分配，逐步实行住房分配货币化政策等		

来源：国家统计局城市社会经济调查总队. 新中国城市50年 [M]. 北京：新华出版社，1999

我国土地使用制度由无偿向有偿的转型，为城市土地利用的社会经济效益注入了活力，极大地推动了城市土地利用结构的调整和地域扩展，但中国的土地使用制度改革是一次不均衡的改革（李恩平，2004；张京祥等，2008）：一方面允许符合条件的城市国有土地在土地使用权市场上进行流转，而将农村集体土地排除在土地市场之外；另一方面，在土地市场化配置的同时保留了较大比重的土地行政划拨配置方式，土地市场流通缺少透明和竞争的机制，造成土地使用往往呈粗放性、平面化，城市空间处于低效利用的状态，并为日后城市空间结构的调整优化埋下了更大的隐患。这种双重"二元化"的土地制度滋生了各发展主体"寻租"的现象，导致城市郊区集体建设用地的大量隐形交易，集体土地资产性收益分配不公，城市无序扩张以及土地利用方式粗放等一系列问题（Cai，2003；Ho and Lin，2004）。

在制度变迁对城市空间演化的影响探讨中，许多学者都对中国的城市土地储备制度进行了分析。张京祥等（2007）认为中国的城市土地储备制度是分权化改革与土地市场化改革相叠合的产物，强化了转型期中国地方政府的企业化治理特征，通过对南京的实证研究揭示了土地储备制度对城市空间演化的种种正、负效应，并运用城市增长机器理论能较好地剖析政府在土地储备过程中对短期利益的诉求。邓克利（Dunkerley，1983）认为在以土地私有产权为主的制度环境中，土地储备是政府在没有需要前而先期获取土地，然后通过附加在土地上的各种规划引导，使公共政策可以不依赖私有土地市场而直接控制开发，因此其土地储备制度起着对土地市场进行公共干预的重要作用，而中国土地储备制度的出台是和地方政府的分权化利益驱动直接相关的，并不是以增进公共利益作为主要目标，因而也直接削弱了土地储备制度的综合绩效。卢新海（2004）认为土地储备制度在发挥了一些积极的效应的同时，也混淆了政府主体利益与公共利益的关系，并且带有明显的功利性色彩，因此导致了许多严峻的社会、经济和治理问题，并引起了越来越多的争议与讨论。

在实证分析层面，邵德华（2003）从城市空间结构的内涵及其与土地要素的关系着手，对传统土地使用制度下城市空间结构存在的土地利用结构不合理，空间布局混乱等问题进行了研究。胡军等（2005）在区域增长、国家发展战略制定、政府重构这个更广泛的背景之下，考察了制度变迁对城市的发展，其中包括城市个体规模的扩张与城市数量的增长，城市的空间布局，土地利用结构和功能形态的动态影响。孙倩（2006）基于上海多样拼贴的城市形态特征，讨论了规划中对城市形态规定的差异，以及不同实现途径和制度背景对城市形态的成因、显性特征和隐藏秩序的影响。韦亚平等（2008）利用产权理论框架，解释了中国大城市空间增长中城市外拓和地方城镇蔓延同时并存的制度因素和空间后果，结果表明现有的土地制度未能清晰界定拥有集体土地城市转化权的主体，交错的土地利用管制尽管有利于城市的快速增长，但在很大程度上回避了空间的规划整合问题。张京祥等（2007）借用制度经济学的视角，对转型背景下中国城市空间演化的机制进行了总体解释，提出转型期中国的经济、社会制度环境以及总体运作秩序都发生了深刻的变化，政府治理方式、城市土地制度、城市财税制度、城市规划制度等等，都在强烈地影响着城市空间的演化和重构。潘鑫（2008）探讨了土地使用制度缺陷所导致的上海市城市空间非理性扩张和城市内部更新动力不足等问题。吴一洲等（2009a）提出空间规划作为一项政府对区域土地利用的空间制度安排，从本质看是以城乡整体利益为目标，以政府及其所属的专业部门为依托，将强制性的行政权力合法运用到空间资源配置环节中，其管理方式具有独占性，其活动和行为必须接受公众的监督和社会舆论的评价，具有典型的公共管理特点，空间规划的制度环境是规划能否"落地"的关键因素（图2-29）。

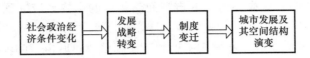

图 2-29　制度安排及其变迁与城市发展及其空间结构演变

来源：胡军等（2005）

可见，城市空间与区域开发活动的动力机制同时受到公权与私权的影响，当前城市空间演化中的制度环境呈现复杂交错的特征，治理结构层面上的区域协调困境与外部性大量显现。现代城市规划公共管理的基本理念是以制度化的方式来制约公权和私权的行使，防范其中产生的外部性及其对公共利益的伤害（吴一洲等，2009a），因而对城市空间演化中制度环境的研究是实现治理效果的前提。

2.6　国内外研究进展的概括性评价

1）从研究内容上看，西方对于城市空间模式及其影响因素的研究较为系统和深入，国内研究主要停留在物质空间层面并未成体系

西方对于城市空间结构的研究较国内更为全面和深入，主要体现在以下几个方面：①城市空间结构的基础性理论基本都由西方学者提出，国内对于城市空间结构的理论分析基本是在西方模式上进行的局部修正，没有关于中国城市空间演进特有的理论；②与国内城市相比，西方城市的现代化进程开始较早，大量的城市已进入了后工业化城市阶段，城市的演化历程相对完整，对城市功能与结构转型的研究历时长，系统性强；③西方城市规划的传统由来已久，国内的规划理论大部分来源于对西方理论的引进与介绍，现有的城市模型也基本由国外学者提出；④国外研究很早就将制度经济学、社会学等理论应用到城市物质空间形态的研究中，将城市空间演化中的治理结构和制度环境影响纳入研究框架，而国内研究则主要停留在物质空间形态层面，虽然近年来研究成果相对较多，但总体上看对于社会、经济与政治层面的研究还远远不足，完整的分析框架与理论体系缺乏。当然，相对成熟的理论体系基于丰富的实证研究，中国城市空间演化的研究之所以没能形成独具特色的理论体系，其中的一个主要原因便是基于中国城市的实证研究还远远不够，所以，要形成具有中国特色的比较完备的城市空间演化的理论体系，尚需要更多实证研究的开展。

2）从研究方法上看，国内对于城市空间演化的研究近年来虽有较大进展，但定量实证分析手段仍须加强，实证研究深度有待提高

国外对于城市空间演化的相关研究中定量分析方法应用十分广泛，尤其是将数理统计技术与传统的定性分析相结合，国外学者提出的城市模型许多都是经过大量调研数据（如地租、就业等）分析后总结提炼出来的概念模式，国内在这方面还是以定性分析为主，辅以部分定量佐证，说服力不够；另一方面，国外的研究对特定城市或特定对象的实证深度要求很高，并普遍使用大量的第一手收集数据，相比之下，国内的研究实证数据的信息量普遍偏少，由此也限制了研究深度的拓展，许多情况之下只能通过定性的推导来完成。因而，应该提倡在理论综述的基础上，对中国城市大量的第一手数据、资料进行研究，进而总结中国特色的城市模型，最后对西方理论进行修正或补充。

3）从研究对象上看，国内外对于城市空间演化中的结构效应缺乏有效的研究框架对其进行系统的分析

从国内外的现有研究来看，在城市土地利用学领域，对城市空间演化与重构效应的实证分析中，一般都将其设定在经济、社会、生态这三个维度的评价结果上，通过评价体系的计算，考察其变化的情况；而在城市规划学领域，由于长期以来研究重点是"空间形态"，与空间重构效应研究中的社会和政治因素相关的测量数据及方法也受到较大限制。现有关于城市空间演化效果的研究主要侧重于数量层面，如投入产出效率、投资强度、人口承载力等等，空间因素经常被作为考察的外生变量，即未将空间因素纳入到定量分析框架。实际上，空间要素的不同组合模式会产生不同的空间重构效应，两者之间存在着复杂的映射关系，如同一个城市空间模式可能同时提高和降低其"效率"效应。另一方面，政府的治理结构模式也会影响到资源空间配置的效率，而更高层次的制度环境则会同时影响到治理的效果与资源配置的效率，这就使得城市空间演化的动态研究变得复杂与难以把握，其主要原因是没有对该问题进行系统分析，特别是在中国转型期，在这样的特殊发展背景下，缺乏一个相对系统的分析框架。

3 研究的理论分析框架

3.1 城市空间演化的多维思考：经济·空间·治理·制度

城市空间的物质载体为"土地"，我国古书中有许多关于"土"字的记载，"土者，吐也，即吐生万物之意"，"有土斯有粮"，"万物土中生"等等；Soil 这个单词经由古法语从拉丁文 Solum 一字衍生的，Solum 的原意是指土地，因为土地本身是一个复杂的系统，古今中外对土地的概念没有一个权威的定义。但从国内外的相关研究中可以看出，土地的概念一般都会涉及自然、经济、制度、演化几个基础性的层面，可以理解为在自然因素、经济因素、制度因素综合作用下形成，并随着时间作动态变化的历史客体，用抽象函数可表征如下：

$$L = F(n, e, s, t) \tag{3-1}$$

式中 L 为土地，n 为自然因素，e 为经济因素，s 为制度因素，t 为时间因素（吴次芳、叶艳妹，1995）。

城市土地资源利用的外在物质表现便是城市空间形态，其中"形态"一词则来源于希腊语的 Morphe（形）和 Logos（逻辑），意指形式的构成逻辑。随着城市研究的兴起，形态学被引入城市空间的研究范畴，用以分析城市的形成、发展和演化，相关的概念在英文文献中表述为城市土地利用形态（Urban Land-Use Form）、城市形态（Urban Pattern、Urban Morphology）等等。而"城市用地"（Urban Land-Use）在城市规划中则是指"适宜建设区内，需要进行统一规划、统一管理的用地，其中包括了城市建成区内的国有土地和城市建成区附近的集体土地"（吴良镛，2001）。

目前人们虽然将城市形态与土地利用进行了区分，但就历史上看，两者是一脉的，城市土地利用是城市形态研究的一个重要方面和核心内容，城市形态研究思想的学术源头，可以追溯到我国《考工记》的相关记载及古希腊亚里士多德所记载的米利都城规划，其后维特鲁威的理想城市模式、莫尔的"乌托邦"、霍华德的"田园城市"、勒·柯布西耶的"光辉城市"等，都蕴含着对城市土地资源利用模式不同的理解和理论阐释（段炼，2006）。而城市土地利用形态的科学研究，应始于 19 世纪以德国地理学家施利特（Schliter）为代表的地理学者开展的"形态基因"（Morphogenetic）（武进，1990）。对于城市形态的定义，索尔（Sauer，1925）对城市形态的研究作出了重要的基础性贡献。康岑（Conzen，1960）建立了城市形态的分析框架，他认为城市平面（Town Plan）、用地模式（Land-Ue Pattern）和建筑形式（Building Forms）是构成城市形态的三个基本元素，而这三个基本元素连同基地（Sites）本身构成了城市形态最小的形态均质区——形态"细胞"（Cells），形态"细胞"联合成形态单元（Landscape Units），而不同层次的形态单元组合便构成了城市形态的不同类型。伯恩（Bourne，1982）认为是城市地域内个体城市要素（如建筑、土地利用、社会群体、经济活动、公众机构等）的空间形态和安排（图3-1）。齐康（1997）认为它是构成城市所表现的发展变化着的空间形态特征。武进（1990）认为城市形态是由结构（要素的空间布置）、形状（城市的外部轮廓）和相互关系（要素之间的相互作用和组织）所组成的一个空间系统。熊国平（2006）认为城市形态是研究各种城市活动（包括政治、经济、社会）作用力下的城市物质环境的演变，包括城市的内部结构（城市内部的水平结构和垂直结构）和外部形态（城市的外部轮廓）及其相互关系。

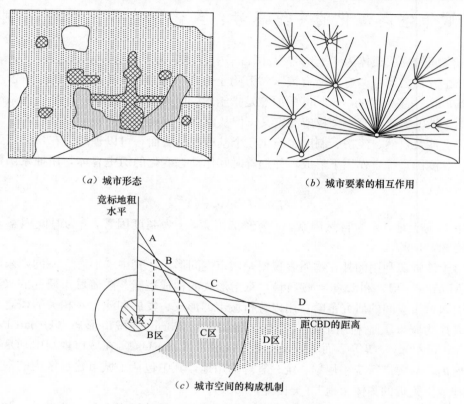

（a）城市形态　　　　　　　　　　　　　　（b）城市要素的相互作用

（c）城市空间的构成机制

图 3-1　城市空间结构的基本概念

来源：Bourne（1982）

从已有的研究可以看出，对于城市外部空间形态的定义经历了一个从单纯到复杂，从一维到多维的演变过程，从以空间形态的研究逐步扩展到经济、社会、政治等多个维度的研究领域。因而，本研究认为应从广义上进行系统化的界定：即城市空间演化是一种复杂的自然、经济、社会和制度过程，是在特定的地理环境和经济社会发展阶段中，人类各种活动与自然环境相互作用的综合结果：

在经济维度上，城市土地资源作为重要的生产要素，体现在其规模经济产出能力上，与资本、劳动力等其他要素在城市空间中形成集聚，通过规模效应并促进城市的经济增长。

在**空间维度**上，城市空间演化表现为形态、功能和结构的演化趋势，城市功能的空间载体，在不同时期均有相应的外在表现特征，城市空间不同的开发方式在空间上的组合模式，体现了城市的自然地理特征、产业特征和功能特征，该组合模式决定了城市内部各个要素的空间组织关系，进而决定了城市的整体运行绩效。

在**治理维度**上，城市土地作为城市重要的空间资本，是政府行政管理和城市经济建设的主要对象之一，而城市土地特有的稀缺性，决定了其在政府治理中的重要地位，政府对于城市未来空间发展的战略和部署都需要通过城市土地的利用来实现，因此在治理结构中围绕土地资源展开的竞争日趋激烈。

在**制度维度**上，为控制城市空间开发带来的外部性，保障公共资源与公共利益，需要与城市空间开发过程相对应的制度体系对"空间利用行为"进行限制和规范，作为城市空间资源利用主体的政府、开发者和公众，他们的"行动方式"需要"行为规范"的框定，制度体系环境决定了城市空间资源利用者的行为逻辑。

3.2 城市空间演化中的绩效解构

3.2.1 经济学层面的分析

效率，一直以来是经济学研究的重点，简单讲，可以实现资源利用的"效益最大化"，也就是资源有效配置的最优状态，就是有"效率"的，在这种状态下，市场上的各种资源都得到了最优的利用，各种要素的所有者都获得了最大化的经济收入。西方经济学经历了古典政治经济学、新古典经济学、凯恩斯主义、新古典综合派及新自由主义等发展阶段，"效率"的概念也随之发生了多次的演化。在此，本研究试图在各个时期的经济学"效率"概念下探讨城市空间演化中的效率内涵：

1）古典政治经济学

17世纪，以亚当·斯密为代表的古典政治经济学家十分推崇效率思想，在《国民财富的性质和原因的研究》（斯密，1974）中包含了丰富的效率思想，主要包括"专业化分工效率"（《论分工》中讲道："劳动生产力上最大的增进，以及运用劳动时所表现的更大的熟练、技巧和判断力，似乎都是分工的结果，有了分工，同数量劳动者就能完成比过去多得多的工作量。"）和自由竞争的市场效率（在自由竞争的环境里，个人追求私利的行为受到"看不见的手"——市场机制的引导，只有完全有效的竞争才能提高效率）（亚当·斯密，2004）。从城市空间形态看，专业化分工的空间表现是城市与区域的专业化分区（也称为城市功能分区）模式，城市功能的空间集中有利于企业的规模效应的发挥，进而产生技术创新等能促进资源利用水平提高的环境；而自由竞争的市场效率则体现在土地市场化模式中，通过市场机制对城市土地资源进行空间和功能的配置，以保证城市空间的效益最大化。

2）新古典经济学

以马歇尔为代表新古典经济学派在效率理论方面的贡献是提出了均衡效率的思想（李松龄，2002），认为劳动供求均衡时的价格，资本供求均衡时的价格和土地供求均衡时的价格，是决定工资、利息和地租的合理依据，均衡的价格就能够保证效率。帕累托修正和发展了瓦尔拉斯的边际效用和一般均衡理论，提出了"帕累托效率"，即包括收入再分配在内的任何方式的资源重新配置，都不能在使至少一个人受益的同时，而不使其他任何人受到损害（李松龄，2002）。由此，土地供求的均衡价格是合理地租的依据，而地租的空间分布特征背后是土地供求均衡价格机制在起着决定性的作用，随着城市功能的不断演进，土地供求关系会发生变化，新的城市功能会对土地提出新的需求形态，而供给方也可能因为城市的发展而改变供给的目标取向（如当前政府以土地收益作为财政的主要来源，那么其目标必定是土地出让利润的最大化；而当城市转型成功后，如欧美发达国家的城市，土地的供给则主要以保证公共利益作为主导目标，如改善公共环境等）。就现阶段来说，能使土地供求关系达到均衡的配置利用方案便是具有效率的，但随着转型期城市快速变革，均衡的概念也会发生相应的变化。

3）凯恩斯主义

凯恩斯开创了现代的宏观经济学，奠定了国家干预理论的基础，被称为"凯恩斯革命"：自由放任的市场经济不能保证社会资源的充分就业，最聪明的办法还是双管齐下，一方面设法由社会来统治投资量，让资本的边际效率逐渐下降，同时用各种政策来增加消费倾向。在目前消费倾向之下，无论用什么方法来操纵投资，恐怕充分就业还是很难维持，因此两策可以同时并用：增加投资，同时提高消费（凯恩斯，1977）。而这些政策只有通过政府来实行，唯有实行国家干预经济运行，才能熨平经济波动，保证经济持续增长，可见，凯恩斯的国家干预效率主要是指的宏观经济效率。中国当前正处于由计划经济过渡到市场经济的转型时期，资源配置（特别是土地资源）主要由政府主导，国家对于土地资源的配置具有强烈的干预机制（如土地指标的分配、土地开发的计划等），甚至从某种意义上讲，土地更是被作为宏观经济调控的手段之一（控制固定资产投资和房地产开发，以防止经济过热和通货膨胀），以土地供给容量和节奏的变化来保证宏观经济的运行效率。

4）新自由主义

新自由主义是依据新的历史条件对古典自由主义加以改造而来的，可以将其在效率方面的理论主张概括为"三化"即"市场化"、"自由化"和"私有化"（李炳炎，2005）。新自由主义始终坚信，在完善的市场体系中，无论在产品市场上，还是在要素市场上，价格机制、竞争机制、供求机制等市场机制能够精确地反映出资源的稀缺程度和时间价值，并通过价格信号引导资源合理流动，实现有效配置（何慧刚，2004）。弗里德曼（1986）坚决反对国家对经济生活的干预，"政府干预常常成为不稳定与低效率的根源"，他指出社会主义国家要建立唯一完全有效的市场机制，就必须"建立一种真正的、实在的资本主义形式的可分割的产权"，即私有产权，"让私人企业进行尽可能多的活动"。科斯认为，只要（私用）产权清晰，无论初始权利怎样分配，资源的配置总是最优的，最有效率的（黄亚钧，2000）。新自由主义应该说是一种理想状态下的最优效率，以城市土地市场举例，由于人的有限理性（对于资源配置影响的不完全估计）、信息不完全性（供给双方信息不对称）以及无法完全消除的资源利用外部性（外部性与公共利益无法同时兼顾），便不可能存在所谓的"完全有效的市场机制"，在社会主义国家中土地的产权完全是公有的，政府的干预无法避免，因而新自由主义的效率只能是"空中楼阁"。

3.2.2　城市规划学与土地资源学层面的分析

在土地资源学方面，对于"效率"的研究主要是关于不同指标评价体系的构建与实证分析，而对"效率"本身并未做过太多的深入思考，对于土地资源配置效率的界定，主要有以下几种：陈荣（1995）指出城镇土地利用效率由宏观层次土地配置的结构效率（Structure Efficiency）和微观层次土地使用边际效率（Margin Efficiency）两个相互联系的层次构成，结构效率主要受到城市公共决策系统的影响，边际效率更多地决定于土地使用者本身，土地结构效率的高低主要取决于城市土地配置的合理程度，城市基础设施的发展水平以及城市建设总体容量的控制标准。金凤君（2007）认为空间效率是指其建构行动所产生的空间"集约利用"、"经济产出"、"社会协调"、"环境承载"的程度，以及所反映的"文明程度"和"生活质量"，空间结构是空间组织的结果，空间效率是衡量空间秩序与结构优劣的尺子。曹建海（2002）认为判断城市土地配置效率应包括三个标准，即土地是否被分配给利润最大化的使用方向，是否能够增加有赖于土地利用的生活乐趣，是否可以保持土地资源的永续利用。吴丽（2008）认为土地利用效率反映的是土地的投入产出关系，当土地利用在符合最高层次和最佳用途原则下，其投入产出关系体现了土地利用能力并使投入产出关系实现最大化，这时就认为土地的利用是有效率的。长期以来，纵观土地利用效率的评价体系及其实证分析的众多研究，一般都将效率的考量设定在三个维度，即经济、社会、生态，并认为通过评价体系的计算后，三者的综合效益越大则效率越高。

在城市规划学方面，由于长期以来研究的重点还是"空间形态"，由于空间形态效率方面测量数据和方法的限制，至今对于空间形态方面的"效率"研究并不是很多，与其相关的是有一些关于空间结构效应的研究，如：韦亚平（2006）提出了都市区空间结构四个层面的绩效测度，认为不同规模等级均衡分布的绿地密度是高绩效的，用地形态的舒展度（轴向伸展结构）越大绩效越高，绩效人口梯度值越大则绩效越高，出行 OD 比越大则绩效越高，对于都市区空间形态的绩效方面，则认为多中心的均衡发展模式是最有效率的。陈睿（2007）将都市圈作为研究的空间尺度，对都市圈空间结构决定经济绩效的映射规律、机制和调控模式进行了研究，将区域空间结构要素纳入到新古典经济学的一般经济增长模型，空间结构的经济绩效是一个复杂的研究命题，也是一个可能难有定论的命题，因为无论是空间结构还是经济绩效其本身都是一个复杂系统，认为对空间结构经济绩效的解释是无限的，因而整体研究并未给出明确的空间结构经济绩效的定义。丁成日（2008）认为空间结构对土地和资本资源效率是通过土地价格对土地利用类型和强度（资本密度或容积率）来表现的，并认为分散组团式发展，破碎化的土地开发，过度规模的土地开发，蛙跳式发展，空间随机发展，过度的混合用途是中国城市空间发展缺少效率的典型表现。

3.2.3 本研究的观点

土地资源学与城市规划学对城市空间的研究侧重不同，前者侧重于定量的研究，强调的是"比率"（如投入产出比，推动经济增长的贡献率等），而后者则更注重空间分布上的定性研究，如研究怎样的城市空间结构有利于各个城市功能的高效运转，密度均衡分布，出行如何快捷等等，但其中对于空间结构的效率的定义和内涵均未有明确的界定。本研究认为城市空间资源的配置应与一般资源的配置（如水资源）相区别，特别是在当前转型期，土地资源的配置同时受到制度、政府治理等更多的非技术层面的影响，因而对于城市空间演化方面的"效率"评价应更为谨慎，单从经济学或是空间规划学方面进行研究是不够的，还应纳入制度与政府治理层面的分析。

3.3 转型时代城市空间演化的多维结构效应分析框架

3.3.1 分析尺度

任何涉及空间问题的研究都需要以一定的区域尺度为基础。对于转型时代城市空间演化的多维视角分析框架的研究，从三个地域层面进行分析：

1）宏观分析尺度——全国层面

研究城市空间演化的规模经济绩效，我国区域的经济发展通常以行政区为配置和统计边界，而以省为单位由显得过于宏观，难以充分体现出地域的差异性，因此研究对于全国层面的研究主要采用地级市的空间尺度。

2）中观分析尺度——区域层面

空间资源配置的相关制度环境和治理结构在空间上的差异性并不显著，而与其相关的空间行为则体现出空间依赖的特点，即相邻行动单元之间具有显著的互动影响关系，本研究在区域层面展开对治理结构的决策和行动逻辑研究，选择采用相邻市域或镇域的空间尺度。

3）微观分析尺度——都市区层面

主要研究城市空间演化模式。大都市区是与企业的劳动市场区范围最为吻合的空间尺度，符合"有效的城市形态使得企业能够接近更大的劳动市场并增加劳动力就业机会"的理论假设（Cervero，2001）。关于都市区的尺度概念，学者主要有两种界定方式，一种是以行政区范围为准，另一种是以功能辐射范围为准，但不论哪种界定方式，这一区域尺度必然是一个社会经济要素流动联系密切，发展具有一体化趋势的功能结节区域（Parr，1987），这样研究其空间结构、功能形态、网络联系和城市治理的空间效应才有意义。实证中通过城市内部空间结构与城市外部空间结构两个部分进行解析：前者指研究城市核心区内部空间的多中心形态与功能特征，以及城市规划控制效果的监测，主要研究尺度为城市建成区范围；后者指研究都市区整体空间的城镇密度区中空间结构的多中心形态与功能特征，其研究尺度为都市区行政区范围。

3.3.2 层次体系

转型时代城市空间演化的多维结构效应由于是一个多维、复杂和综合的研究命题，具有许多的表现侧面，因此对其的研究首要进行解构，建立不同维度的分析层次结构。本研究结合威廉森（Williamson，2001）对社会科学研究的层次划分，将空间重构效应划分为三个研究层次，即配置效率、治理结构和制度环境。其中，**制度环境（正式制度）是第三阶的效率层次**，是对政府主体及市场主体进行城市空间资源配置和相关经济活动的制度约束，是除了社会基础（非正式制度）外，对空间重构起基础性作用，优化设计的制度环境能提供充分的激励来保证城市空间资源利用者的决策正确性，进而通过资源配置行为，营造一个优越的城市物质空间，并实现城市竞争力的提高和经济的可持续增长。而**治理结构是第二阶的效率层次**，其行为被框定在制度环境中，并决定了资源空间配置的方式，治理结构的决策机制和结果直接作用在资源配置上。**配置效率层次是第一阶的效率层次**，其"有形"的特点也是区别于前两个层次的主要特征，城市空间演化反映出如几何、拓扑、节点和网络等的空间关系，是城市空间、社会、经济发展的基本物理特征，在资源配置的基础上，呈现出区域经济集聚发展、空间结构演化、规划实施效果等外部衍生现象。三个层次具有紧密的内在逻辑联系，不同层次之间通过组织与空间上的映射而呈现对应关系（图 3-2）。

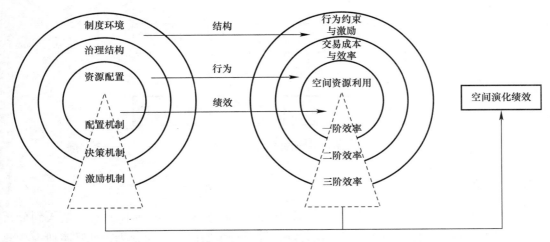

图 3-2 转型时代城市空间演化的多维结构效应分析的层次体系和效率机制

3.3.3 一般方法

本研究借鉴现代产业经济学的 **SCP 范式，即"结构—行为—绩效"分析范式**（Structure-Conduct-Performance），其在产业组织分析中运用广泛，认为产业结构决定了产业内的竞争状态，并决定了企业的行为及其战略，从而最终决定了企业的绩效。因而，该分析范式与之前本研究构建的分析层次体系有着较好的对应关系，制度环境对城市空间资源利用者产生行为约束与激励作用，以避免资源利用的外部性与公平性，提高资源配置效率；治理结构决定了资源配置主体间的竞争状态，并决定了资源配置者的行为及其战略；制度环境和治理结构共同决定了资源配置行为结果的绩效水平。因而，制度环境层次对应结构分析，治理结构对应行为分析，资源配置对应绩效分析。

3.3.4 分析框架

根据研究的层次体系，构建本研究的分析框架如图 3-3 所示，分析从资源配置、治理结构和制度环境三个层面切入。制度环境对前两个层次起到约束与激励的作用，决定了第一阶的效率；治理结构对资源配置行为进行决策，获得第二阶的效率；资源配置直接作用于空间资源利用，获得第三阶的效率；在资源配置中自组织机制与被组织机制的同时作用下，决定了空间资源配置最终取得的发展绩效。此外，土地资源利用、资源配置和治理结构在层层作用过程中都会对制度环境进行反馈，制度环境也因此得到不断改善，并启动新一轮的资源配置效率提升。

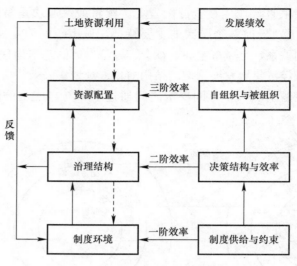

图 3-3　研究的分析框架图

3.3.5　研究指标

由于城市空间本身是一个复杂的系统，因此本研究不可能将所有要素都纳入到分析中，考虑到研究的可行性和数据的可获得性，针对每个层次的不同分析特征，本研究构建了相应的研究指标体系，每个层次都有不同的研究维度和相应的指标因子对应，具体见表 3-1。

城市空间演化绩效的研究指标体系　　　　　　　　　表 3-1

分析层次	分析内容	分析维度	研究因子
资源配置	城市空间演化的规模经济绩效	要素投入	城市资本投入、城市劳动力投入、城市土地资源投入
		初始禀赋	资源数量、劳动力数量、城市企业数量
		集聚经济	产业关联、交易成本、人口集聚、城市化水平、工业化水平、居民消费水平、产业专业化水平、产业多样化水平
		政策效应	土地市场化、对外开放度
		劳动力素质	人口素质、科研投入
	城市空间演化的宏微观结构绩效	内部结构	用地形态、规模等级、开发强度、用地功能
		外部结构	人口、经济、生态、城乡关系
	城市空间演化的规划调控绩效	控制绩效	土地覆盖类型、景观指数、规划控制指数、规划逻辑因子
治理结构	治理变革对城市空间演化的影响效应	决策网络结构	决策点、决策组节点、决策枝、逻辑联系径
制度环境	制度变迁对城市空间演化的影响效应	制度环境分析	边界、分配机制、集体选择、监督者（机制）、分级制裁机制、协调机制、制度的独立制定权和稳定的资源占用权、多层套嵌式的管理模式

4 资源配置绩效Ⅰ：城市空间演化的规模经济绩效

4.1 城市空间演化的宏观经济绩效的理论基础

4.1.1 "空间格局—经济集聚"的研究轨迹

城市空间增长的原动力是经济驱动，城市经济增长伴随着城市空间的变迁，两者互动演进。而长期以来，似乎经济增长的分析和空间结构变化的分析往往被划分在两个截然不同的领域。城市与区域经济增长理论发展了 200 余年，从 20 世纪 90 年代末开始才真正将"空间"这个要素引入其模型的构建与推导中，而将"空间"与"经济"联系起来的分支学科——"经济地理学"，也随着经济学模型中"空间变量"的引入出现了突破性的进展，其中，以克鲁格曼（Krugman）提出的"新经济地理学"（或称"空间经济学"）最具代表性。理解城市空间增长必须先了解城市发展背后的核心动力——"经济增长"，而经济学理论和模型便是最佳的切入点。

西方经济增长理论近 200 多年来经历了漫长的变迁轨迹，以 1928 年拉姆齐（Ramsey）的经典论文为分界点，可以把经济增长理论分为 1928 年之前的古典经济增长理论与之后的现代经济增长理论（新古典增长理论和内生增长理论）。古典经济增长理论中具代表性的有亚当·斯密（Adam Smith）《国富论》（1776 年）中的基于"劳动分工"的报酬递增理论，马尔萨斯（Thomas Robert Malthus）《人口原理》（1798 年）中的人口增长抑制理论，马克思（Karl Marx）《资本论》（1859 年）中的两部门再生产理论。现代经济增长理论以 1928 年拉姆齐的研究为起点，20 世纪 40 年代，哈罗德（Harrod）和多马（Domar）提出了凯恩斯分析法的经济增长模型，强调资本积累在经济增长中的重要性；之后，索洛（Solow）和斯旺（Swan）建立了基于资本和劳动相互替代，规模报酬不变的新古典经济增长模型。20 世纪 80 年代以来，以罗默、卢卡斯为代表的一批经济学家，在对新古典增长理论重新思考的基础上，提出了内生经济增长理论，引入了技术创新与政策对经济增长的影响。近十年来，以克鲁格曼和藤田等人为代表的新经济地理学在解释集聚与区域差距方面取得了巨大的进展，克鲁格曼（Krugman，1991）在《政治经济学杂志》上发表的《报酬递增和经济地理》和藤田（Fujita，1988）在《区域科学和城市经济学》上发表的《空间集聚的垄断竞争模型：细分产品方法》，通过初始条件、报酬递增、不完全竞争和路径依赖等方式构建了新的集聚型经济增长分析框架与模型。从这些经济学理论与模型中，可以明显看出最初的理论被不断完善与扩展，最初严格的前提假设也不断放宽，理论分析与模型推导的结果与现实的距离也在拉近，尽管如此，其相应的实证研究仍被认为是十分缺乏的。

4.1.2 生产要素与经济增长模型的演进

本研究选择从最具代表性的宏观经济增长理论来探讨城市空间演化的宏观经济效率，即哈罗德—多马经济增长模型、索洛新古典经济增长理论、内生经济增长理论、制度创新与经济增长理论。这四种经济增长理论实际上是一种继承关系，是随着时代的变迁与现实的印证不断改进与发展的，从四个理论的演进过程中，可以看到对于经济增长要素的认识不断被深化与扩展，本研究也以此为线索展开对城市空间演化宏观经济效率影响因素的探讨。

哈罗德—多马模型是以凯恩斯理论为基础，把凯恩斯的储蓄等与投资的均衡公式加以动态化，得出了他们的经济增长模型，较为简单，即 $G = SV$，其中 G 为经济增长率，S 为储蓄率即资本积累率，V 为资本产出率，由于 V 假定不变，那么储蓄率就决定了经济增长，即资本积累率成为决定因素。

索洛新古典经济增长理论是在其发表的《对经济增长理论的一个贡献》（1956 年）一文中，将新古典经济理论与凯恩斯经济理论结合在一起，给出了城市增长的解释：城市的经济增长依赖于生产要素的投入和生产要素的边际生产力，其中，土地、劳动、资本、技术是最为基础的生产要素。土地作为城市经济增长的空间载体，由于"土地"要素的空间区位刚性，导致其供给量是有限的，这也使得城市经济增长的成本会逐步增加。另一方面，虽然空间是有限的，但可以通过提高生产力，改进土地利用效率，完善交通体系来实现要素数量限制的替代效应。新古典经济增长模型建立在完全竞争的市场条件下，假设规模报酬不变，因而经济增长便源于资本、劳动力和技术进步三个要素的区内供给与区际流动。假设城市的生产函数如下，并进行推导（孟晓晨，1992）：

$$Y = f(K, L, T) \tag{4-1}$$

其中，Y 是经济产出，K 为资本投入，L 为劳动投入，T 为技术投入。假设土地上能容纳的资本量是一定的，那么可以把技术看作一个不变量，得出产出的增长率为：

$$y = ak + bl + t \tag{4-2}$$

式中，y 表示产出增长率，k 表示资本增长率，l 表示劳动增长率，t 表示技术常数，a 代表资本在总产出中所占的份额，b 表示劳动投入在总产出中所占的份额：

$$\alpha = mp_K \times \frac{K}{Y} \quad \beta = mp_L \times \frac{L}{Y} \tag{4-3}$$

V 为资本产出比率，即 $V = \dfrac{K}{Y}$。在完全竞争性市场中，如果资本报酬率为 r，则 r 必然等于能够平衡储蓄与投资的利息率。因此，资本存量增长率 k 将由储蓄率和要求的资本产出率给出：

$$k = \frac{s}{V} \tag{4-4}$$

其中，s 为储蓄率。劳动力将随人口的自然增长率（n）而增长。

同时，城市作为开放性系统，资本与劳动可以在区际之间流动，而其流动方向总是向着要素报酬高的地区，那么：

$$k_i = \frac{s}{V} + \sum_j k_{ji} \quad \text{其中，} \quad k_{ji} = f_1(r_j - r_i) \tag{4-5}$$

$$l_i = n_i + \sum_j m_{ji} \qquad 其中，\quad m_{ji} = f_2(W_j - W_i) \tag{4-6}$$

其中，k_{ji} 为 i 地区流入 j 地区的资本增长率，m_{ji} 为 i 地区流入 j 地区的劳动增长率，r_j 和 r_i 分别为两地利息率，W_j 与 W_i 分别为两地工资率。代回公式 4-2，如果资本与劳动的报酬率就等于他们的边际生产率，就有 $r=a$，$W=b$，从而有 $a+b=1$，则公式 4-2 可以变换为：

$$y - l = t + a(k - l) \tag{4-7}$$

$y-l$ 为劳动生产率的增长率，$k-l$ 为人均资本增长率。那么得到的方程便意味着劳动生产率是由两个部分决定的：技术进步率和人均资本增长率。所以要通过提高生产率来促进城市经济增长，必须通过改进技术或增加投资。如果存在一个完全竞争的市场，由于要素边际生产率在达到一定程度后将呈下降趋势，因而随要素供给的增加，报酬也将下降，最后就回到平衡状态，那么随着时间的不断推移，城市间在经济增长方面的差距会缩小，城市经济会收敛。但事实上，根据中国的发展实际，虽然在改革开放后取得了经济的快速发展，但同时，区域差距也在不断扩大，并未实现经济差距的收敛。虽然现在看来新古典经济增长理论的解释力是有限的，因为用人口自然增长率作为外生变量，以及生产的投入要素只有资本与劳动，将人均资本作为唯一的自变量是带有极大局限性的，索洛在 1957 年提出全要素生产率分析方法，并应用这一方法检验新古典增长模型时发现，资本和劳动的投入只能解释 12.5% 左右的产出，另外 87.5% 的产出归结为一个外生的黑箱要素——"索洛余值"。

1986 年，罗默在《政治经济学杂志》上在发表他的论文《收益递增经济增长模型》中把技术在经济增长中内生化。罗默指出除考虑经济增长的两个因素即劳动与资本外，还应加进第三个因素即知识，在"知识溢出"（Spillover Effect）模型的分析中认识到，知识能提高投资收益，因而会带来区域长期收益的增长，因而认为知识也是重要的生产要素之一。内生经济增长理论突破了新古典增长理论单纯论述劳动与资本的局限性，突出智力投资，强调知识外溢，专业化的人力资本，有意识的劳动分工以及研究和开发，直至将政府作用内生化，扩展了新古典经济增长理论对于经济增长根源的认识。其中较有代表性的是 AK 模型，即 $Y=AK$，A 是反映一定技术水平的常数，K 代表资本（包括人力资本、知识和公共设施在内的广义资本），它揭示了产出与资本存量的线性递增关系，从而否定了资本收益递减的假定。

20 世纪 70 年代中期以来以科斯为代表的"新制度经济学"（New Institutional Economics）在经济学理论中的影响力日益增加，诺斯等新制度经济学的代表学者考察制度变迁对经济增长的影响，认为对经济增长起决定作用的是制度因素及其创新，而在制度因素中产权制度的作用最为重要，导致制度变化的核心动力是产权的界定与变化，政府通过制度创新，使产权结构更具效率是实现经济增长的重要途径。他们认为传统经济学分析经济发展时，假定市场是完全信息、产权明晰和无成本运行的，从而忽略了交易费用的存在，但诺斯认为正是由于交易费用的存在，才出现了某些用于降低这些费用的不同的制度安排，经济增长与作为组织人类关系、经济关系和社会关系的权力关系是紧密联系的，制度因素是经济发展的内生变量之一。提供适当激励的有效制度，是促使经济增长的决定性因素，制度变迁比技术变迁对经济增长起着更为优势的作用，在没有技术变化的前提下，通过制度创新也能提高劳动生产率并促进经济的有效增长。

综上所述，从以上几个各时期主流的经济增长模型看，经济学家开始注意到的经济增长的因素越来越多，从开始的只注重资本，到资本和劳动的相互替代，再到注意技术进步，再到人力资本与知识外部性，新近又将制度要素纳入经济增长过程中，不断发展。至此，在经济增长理论的研究领域中，经济增长的要素可以被归纳为资本、劳动、知识与技术、制度四种，也说明城市空间演化的宏观经济绩效的提高依赖于资本投入空间强度的提高，劳动投入空间密度的提高，知识扩散与技术进步，制度创新四个方面。

4.1.3 经济地理学对城市经济增长的集聚机制解释

经济地理学以研究经济活动的地域系统为核心内容，专注于区域经济体的空间组织与演化，经济地理学以 20 世纪 90 年代克鲁格曼（Krugman）的"空间经济学"为分界点，之前可以称为"传统经济地理学"，之后常被学术界称作"新经济地理学"（也称"空间经济学"）。传统经济地理学和新经济地理学中，对于区域经济增长理论有着不同的观点，对于城市经济增长的地域模式的产生机制，其认识也有差异。

传统经济地理学中，把城市经济增长归为资源禀赋和区位优势两个方面，并认为产业集聚的主要原因是不同区域之间经济地理因素的差异（金煜等，2006），假设区域之间如没有基本差异的情况下，运输成本将导致经济活动在空间上的均质化分布，如屠能（Thünen，1966）、克里斯塔勒（Christaller，1933）、勒施（Lösch，1940）、贝克曼（Beckmann，1986）、阿朗索（Alonso，1964）等人的模型中，都是外生的，因而无法清楚明晰地解释现实中经济活动的集聚现象，也没有清楚地说明外部经济由何而来，它一开始就假定有市场大小不同的城市的存在，但并没有说明为什么会出现这样的差异，特别是为什么原本非常相似的国家、地区或城市会发展出非常不同的生产结构；它也并没有说明为什么一个部门的厂商趋向于群集在一起，导致区域专业化（Puga，1996）。该理论能解释像我国东北地区依托资源优势和港口区位发展成重工业基地的集聚现象，但对于东南沿海地区资源相对贫乏，区位优势不明显等区域在改革开放后迅速发展的事实缺乏解释力；同时，在资源条件均质的区域也会产生产业的不均衡集聚形态，如浙江省内的金华与义乌具有相同的资源优势，甚至作为地级市中心的金华，拥有政策上与资源配置上的相对优势，但就产业集聚和经济增长方面仍不及其行政辖区下的义乌市（县级市）。因而，单从传统经济地理学角度，将资源初始禀赋与区位优势好的城市理解成宏观经济效率高的城市是不全面的。

新经济地理学与传统经济地理学的一个最显著的差别，在于前者采用不完全竞争、报酬递增和多样化需求假设，而后者采用完全竞争、报酬不变（或报酬递减）和同质需求的新古典假设（刘安国等，2005）。新经济地理学提出的三个命题对传统经济地理学未能解释的现象提供了启示：一是用收益递增和"冰山成本"来解释城市经济增长动力机制，由于城市中较高的工资和多样化的商品使得人口不断向这里集聚，而只要运输成本不高于地区间贸易的屏障，那么城市能为企业的产品提供更大的市场从而使得企业向这里集聚，空间聚集是导致城市形成和不断扩大以及经济增长的基本因素；二是不完全竞争模型的应用，当某个地区的制造业发展起来之后形成工业地区，而另一个地区则仍处于农业地区，两者的角色将被固定下来，各自的优势被"锁定"，从而形成核心—外围关系；三是"路径依赖"和"历史事件"，在集聚的初始阶段历史偶然因素将起非常重要的作用，在报酬递增机制下，随机产生的经济活动选择了特定路径，除非发生大的反方向扰动，否则，这一选择可能将被锁定，经济将继续保持在先前的路径上运行（Arthur，1994）。可见，新经济地理学对于城市经济增长的观点对传统经济地理学进行了补充，也给出了初始禀赋与区位优势并不是经济增长的决定性因素的可能解释。

4.2　城市空间演化的规模经济绩效分析框架

4.2.1　分析框架

通过对经济增长理论与空间组织机制相关研究的回顾，本研究根据城市空间增长的宏观经济效率的研究目的，在前人理论的基础上构建了基于"要素投入—空间机制—政策效应"的分析框架：①城市经济增长首先依赖于第一性经济基础（First Nature Economic Base），即资源禀赋，它决定了要素投入的初始基础，它是必需的与给定的，但不是决定性的；②而第二性经济基础（Second Nature Economic Base），即拥有自由区位决策的企业集群，也就是"集聚经济"，它的动态变化是要素投入转化为经济产出的关键，是各种要素在区际流动和重组的空间机制，是以自组织特征为主的；③政策与制度是要素投入、流动的被组织机制，通过控制要素流动中的交易费用以起到资源配置的效应。

根据传统经济地理学的相关理论，自然资源与区位优势是初始禀赋中最为关键的因素，自然资源是经济增长中的重要投入要素，是一国的天然财富，具有初始禀赋相对优势的区域，可以通过出口提高资本积累和购买力，从而提升该区域经济体的空间经济产出效率。但另一方面，经济学中有一个著名的"资源诅咒"命题，即拥有自然资源的富裕程度与当地经济增长水平呈负相关关系（Matsuyama，1992；Sachs，Warner，1997；Gerlagh，Papyrakis，2004；Cooke et al.，2006）。"资源诅咒"的作用机制大致可以分为两种：一种为产业部门传导机制，由于依靠资源发展的产业（以第一产业为主）的增长会削弱其他产业的发展，而原料的价格又低于制造业，加上很多国家（地区）对原料进口实行保护，使得资源丰富的国家（地区）增长反而逐渐停滞（Sachs and Warner，1997）；另一种为政府干预传导机制，拥有资源就像是一国的"天然租金"，在一定程度上会导致该国政治寻租现象增多，人们大多愿意从事非生产性活动，从而人力资本积累会不断减少（丁菊红等，2007），同时产权安排的不合理会导致政府出现寻租行为和政府干预现象，进而影响劳动力和资本作用的发挥（徐康宁等，2006）。我国中西部地区比东部沿海地区的自然资源丰富，但东部的经济发展水平要高于中西部，而从政府干预角度看，东部地区的开放进程快于中西部，政策的引导差异也十分明显，出于"资源禀赋—政府干预—经济增长"的传导机制，在实证研究中必须同时考虑初始禀赋与政府干预（政策效应）两个方面。

集聚经济指初始禀赋以及后续流动的其他要素在城市内部的一种组织形式，企业和人口在城市的集聚有利于交易成本的节约、设施与信息的共享，以及竞争带来的创新激励等等诸多益处，这样使得城市区域内的经济增长速度和质量得以显著提高。（Krugman，1991）提出的城市模型的核心积聚力量是消费者对商品的多样性偏好、地区之间运输成本以及厂商内部规模经济同时构成的金融外部性（Pecuniary Externalities），其作用的最终结果是形成经济活动的非均衡分布，出现经济活动的"中心—边缘"格局。然而，新经济地理学模型所反映的集聚机制却忽视了如厂商、企业之间的外部规模经济效应（陈良文等，2007），城市作为劳动力、资本等生产要素高度密集的空间载体，具有显著的规模报酬特征，其作用来源于三个层次：①范围经济（Economic of Scope），即企业内部的规模经济，指总产量的提高可降低平均成本；②企业外部、行业内部的规模经济，根据马歇尔外部性（Marshallian Externalities）的研究（Marshall，1920），同一行业的企业在特定地区的集聚，由技术溢出、交易成本下降等效应引起的平均成本节约；③企业外部、行业之间的规模经济，也称雅各布斯外部性（Jacobs Externalities）（Jacobs，1961），由于在城市集聚的各行业通过其前向和后向联系，能使多个行业的成本降低。如珠三角都市圈、长三角都市圈和京津唐都市圈是目前我国各种经济增长要素最为集中的区域，也同时是经济发展速度最快和效率最高的区域，在这些都市圈内部存在着明显的集聚经济效应。

政策与制度对经济增长的影响效应，微观上通过组织结构和产权安排等方式改进交易方式，降低交易成本，提高了经济发展中的交易效率；宏观上通过对其他要素的配置方式、布局模式的改变来起作用。在经济学家库兹涅茨（Kuznets）的诺贝尔奖获奖报告《现代经济增长：研究结果和意见》中，提出："经济增长是不断扩大地供应它的人民所需的各种各样的经济商品的生产能力，有着长期的提高，而生产能力的提高是建立在先进的技术基础上，并且进行先进技术所需的制度上和意识形态上的调整。"传统的古典经济学和新制度经济学都把制度作为经济增长的重要变量，这就说明了政策和制度安排在经济增长效率中至关重要的作用。在我国由于政府一直以来在资源配置中占据着主导地位，因而政策与制度对经济增长的效应就显得特别突出，如早期我国的工业发展基本上都是由中央统一布局的，也因此诞生了中国第一批大城市；而1978年实施的改革开放政策，则是通过东部沿海地区的快速发展，使中国的整体经济增长进入了快速轨道。

4.2.2 技术方法

1）空间密度分析

研究通过采用"Kernel平滑"或"KDF（kernel density function）分析"来处理空间上缺失信息对分析的影响。KDF方法通过估计给定搜索半径内的所有表面数据来估计事件的发生强度。在计算过程中，越靠近目标点的搜索区域的点就会被给予比在边缘的点更高的权重（McCoy and Johnston，2001）。分析的结果是一个平滑分布的数值格局，能在研究区域中，有效地建构空间发生几率地图和探索集聚的现象（Berke，2004；Lai et al.，2004）。KDF方法不需要给定每个位置的数值，因此必须用到例如曲线（Spline）和Kriging插值等平滑估计方法。因此，KDF的这个平滑特征特别有利于经验分析，在经验分析中单独的观测值往往表现在它们的地理位置上（X坐标值和Y坐标值）。从本质上讲，密度分析是一个根据离散样点进行表面内插的过程，其结果可以用来平滑地识别并表示样本在研究区域内的集聚与分散情况。在这种情况下，KDF方法利用相邻位置事件的值，使得将单独的事件密度进行表面连续分析成为可能，不需要该项目事件的其他特殊信息（Boris，2009）。KDF的计算方法基于二次核密度的计算功能，具体可见西尔弗曼（Silverman，1986）。本研究借助Arcgis 9.2空间分析平台，实现基于KDF的空间密度分析，主要用于对城市的空间经济产出和城市经济发展中包括土地资源在内的要素规模效率的空间分布格局的识别。

2）空间相关分析

空间自相关分析（Spatial Autocorelation Analysis）中的全局自相关分析将 Moran's I 检验作为测度变量空间相互依赖水平的指标（Robert，2003；贺灿飞等，2007；陈刚强等，2008），指相邻的单位有一个变量相似的价值观，可以解释空间集聚和离散的程度（Longley et al.，2001；马荣华等，2007），公式如下：

$$I(d) = \frac{N \sum\limits_{i=1}^{N} \sum\limits_{j=1,j\neq i}^{N} W(i,j)(x_i - \overline{x})(x_j - \overline{x})}{\left[\sum\limits_{i=1}^{N} \sum\limits_{j=1,j\neq i}^{N} W(i,j)\right] \sum\limits_{i=1}^{N} (x_i - \overline{x})^2}, \quad \text{其中} \ \overline{x} = \sum\limits_{i=1}^{N} x_i \Big/ N \qquad (4-8)$$

x_i 是单元 i 的参数变量；$W(i,j)$ 为空间权重矩阵，如果两个单元相邻那么 $W(i,j)=1$，否则 $W(i,j)=0$。Moran's I 取值范围在 $-1 \sim 1$ 之间，当 $I(d)<0$ 时代表空间负相关，$I(d)>0$ 时为空间正相关，$I(d)=0$ 代表空间不相关，值越大集聚程度越大。本研究利用空间自相关分析对杭州城市服务业用地在空间上的集聚与分散程度进行研究（吴一洲等，2009）。

3）面板数据模型

在实际案例的研究中，经常需要同时分析和比较将横截面观测值与时间序列观测值结合起来的数据，这种数据结构被称为面板数据（Panel Data），这种数据结构与纯粹的横截面数据和时间序列数据有着显著的差异。面板数据因同时含有时间序列数据和截面数据，所以其统计性既带有时间序列的性质，又包含一定的横截面特点。因而，以往采用的计量模型和估计方法就需要有所调整。具体模型计算方法如下：

y_{it} 表示因变量在横截面 i 和时间 t 上的数值，其中，$i=1，2，K，N$（表示有 N 个截面），$t=1，2，K，T$ 为时间指标，而 x_{it}^j 为第 j 个解释变量在横截面 i 和时间 t 上的数值，其中 $j=1，2，K，K$（表示有 K 个解释变量）。则第 i 个横截面的数据为：

$$y_i = \begin{pmatrix} y_{i1} \\ y_{i2} \\ M \\ y_{iT} \end{pmatrix} \qquad (4-9)$$

$$X_i = \begin{pmatrix} x_{i1}^1 & x_{i1}^2 & K & x_{i1}^K \\ x_{i2}^1 & x_{i2}^2 & K & x_{i2}^K \\ K & K & K & K \\ x_{iT}^1 & x_{iT}^2 & K & x_{iT}^K \end{pmatrix} \qquad (4-10)$$

$$\mu_i = \begin{pmatrix} \mu_{i1} \\ \mu_{i2} \\ M \\ \mu_{iT} \end{pmatrix} \qquad (4-11)$$

其中对应的 μ_i 为横截面 i 和时间 t 的随机误差项。另有：

$$y = \begin{bmatrix} y_1 \\ y_2 \\ M \\ y_N \end{bmatrix} \tag{4-12}$$

$$X = \begin{bmatrix} X_1 \\ X_2 \\ M \\ X_N \end{bmatrix} \tag{4-13}$$

$$\mu = \begin{bmatrix} \mu_1 \\ \mu_2 \\ M \\ \mu_N \end{bmatrix} \tag{4-14}$$

$$\beta = \begin{bmatrix} \beta_1 \\ \beta_2 \\ M \\ \beta_K \end{bmatrix} \tag{4-15}$$

其中，y 和 μ 都是一个 $N \cdot T \times 1$ 的向量；X 是一个 $N \cdot T \times K$ 的矩阵。根据主要的数据结构，可以表示为以下矩阵形式的面板数据模型：

$$y = X\beta + \mu \tag{4-16}$$

公式 4-16 表示了一个最基础的面板数据模型。根据对 β 和随机误差项 μ 的不同假设，可以变化出不同的面板数据模型。可以忽略数据中每个截面个体所可能有的特殊效应，假设 μ：$iid(0, \sigma^2)$，从而将模型变成为截面数据堆积的形式。由于面板数据中含有横截面数据，因此可能个体会存在特殊效应，并对模型的估计方法产生影响。如不同个体误差项存在不同分布形态的情况下，OLS 估计量虽然是一致的，但却不是有效估计量，因此要采用 GLS。一般为了分析每个个体的特殊效应，对随机误差项 μ_{it} 的设定为：

$$\mu_{it} = \alpha_i + \varepsilon_{it} \tag{4-17}$$

其中，α_i 代表个体的特殊效应，反映不同个体的差别，一种假设 α_i 是固定的常数的模型，被称之为固定效应模型（Fixed Effect Model），另一种假设 α_i 不是固定的常数的模型，被称之随机效应模型（Random Effect Model）。

4.3　城市空间演化的经济增长差异及其影响机制

4.3.1　空间经济增长差异的特征性事实：区域政策变迁的视角

在一定历史时期内发展中国家由于政治、经济、社会、安全等多方面因素的考虑，必须适当对资源进行集中配置，采取不平衡的区域发展策略，控制地域差距，以获得良好的整体经济绩效。自 1949 年以来，中国的区域政策经历了多次变革：计划经济时期，更多考虑的是国家安全和社会主义公平原则的双重约束，"一五"时期以东北及上海工业基地等沿海地区为重点，而从"三五"、"四五"时期开始，则是以中西部"三线"建设为重点，整体区域政策向中西部倾斜，总体上看，改革开放前国家的区域政策还是以区域均衡发展为主的，大部分地区以重工业为主体，微观层面的效率相对缺乏。

改革开放后，在从计划经济体制向市场经济体制转轨过程中，逐步开始发挥市场在资源配置方面的基础性作用。十一届三中全会以后，国家实施了沿海地区率先发展的政策，特别是对珠三角地区实施了充分的放权改革，以市场为主导来调节经济的运行，迅速提高了该地区的要素集聚能力，珠三角地区也因而从禀赋基础相对贫乏的状态成为全国发展最快的地区之一。20世纪90年代后，又针对上海和长三角地区进行了沿海地区经济发展战略的部署，全国要素配置进一步向东部沿海地区集聚，在取得了显著的东部地区发展绩效后，使得东部沿海地区与内地的差距开始拉大。在此背景下，加之西部地区市场潜力的缺乏，1999年提出了西部大开发的战略构想，从政策优惠、财政支持、基础设施投入、环境保护等方面进行了大规模的要素配置与要素流动的支撑体系建设。十六届三中全会后，一方面由于区域非均衡发展策略的需要，另一方面，由于地缘政治[①]的重要战略地位，振兴东北老工业基地开始成为国家新的区域政策与发展重点，与西部相比，东北地区并不缺乏基础性资源条件，以体制上的政策为主，资源要素的配置为辅，同时，国家又对珠三角的发展提出了"泛珠三角"[②]的新战略格局。中国的区域政策经过了多次调整，在很大程度上促成了全国市场经济体制与全国统一市场的演化和形成，令东部沿海地区成为全国经济最为发达的地区，但另一方面，对于西部区域的政策调整的效果却没有东部沿海地区来得显著，而东西部之间的差距还是在逐步扩大。

图4-1中分别绘制了1985年、1997年和2007年城市空间经济产出密度（土地经济密度，即地均非农产业产值）的空间分布形态，从中可以看出，自1985年以来，城市空间经济产出的高强度区均位于东部沿海地区，且对三个时期的空间集聚指数Moran's I的计算结果均达到了在1‰显著性水平上的空间集聚形态特征（1985，Moran's index＝0.12，z score＝12.52***；1997年，Moran's index＝0.12，z score＝12.05***；2007年，Moran's index＝0.12，z score＝11.87***[③]），这与我国多年来的区域政策导向具有明显的耦合性：东北，以上海为核心的东部沿海地区，以深圳为核心的东南沿海地区一直在国家的空间战略中占有重要的地位。但通过三个时期的对比分析，发现其中也存在一些局部差异，体现出空间形态的变化趋势，具体表现在：

（1）整体上看，1985年与2007年相比，集聚形态有所加强，1985年更多呈现的是点状分散格局，而2007年则形成了明显的连绵带状特征（即发生了溢出作用）；

---

① 从地缘政治看，具有重要战略地位的东北地区长期没有得到足够的重视。近年来，中印关系、西藏问题等渐趋平缓，中国与西部周边国家保持长期稳定关系局面已经明朗，而朝鲜半岛的紧张局面今后将不时地牵动中国的神经。此外，中国经济的进一步发展，需要俄罗斯和东亚地区能源、金属、木材等资源的配合，这两方面都需要一个强大而稳定的东北。

② "泛珠三角"实际上就是沿珠江流域的省份合作，共同发展。通常叫"9＋2"，它包括广东、福建、江西、广西、海南、湖南、四川、云南、贵州等9个省（区），再加上香港和澳门。这"9＋2"面积占了全国的1/5，人口也占了全国的1/5，人均GDP占了全国的1/3。

③ "＊＊＊"表示达到1%显著性水平，"＊＊"表示达到5%显著性水平，"＊"表示达到10%显著性水平。

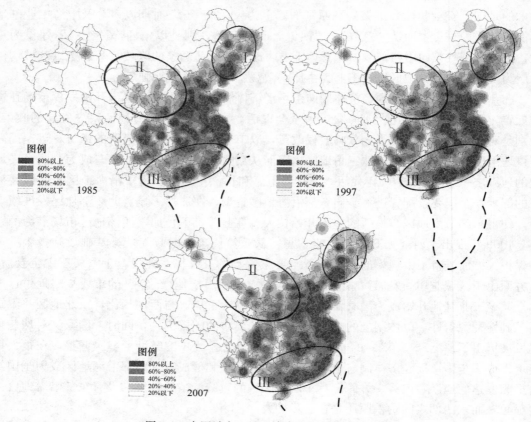

图 4-1　中国城市土地经济产出空间密度分析图

（2）区域Ⅰ（东北地区），出现了由北向南集聚的趋势，1985 年的黑龙江高值点在 2007 年中已经消失，经济重心向辽宁和吉林偏移；

（3）区域Ⅱ（甘肃、内蒙古等中部地区），出现了由东向西的"蔓延型溢出"特征，该区域内部的集聚形态由点状逐步向带状过渡，说明空间经济产出的区域内差异在逐步缩小；

（4）区域Ⅲ（珠江三角洲及南部沿海地区），也出现了由点状集聚向面状（带状）集聚的特征，广西、福建与广东之间的差异也有所缩小。

因而，从三个时期的分析图对比可以得出三点结论：①东部沿海地区是我国空间经济产出的最高的区域；②空间经济产出的空间格局呈现由点状向面状、带状集聚形态的转变趋势；③空间经济产出具有显著的空间相关性和邻域辐射效应。

4.3.2　城市空间经济产出的影响模型构建

在前面的研究中建立了"要素投入—空间机制—政策效应"的分析框架，从初始禀赋、集聚经济和政策效应三个方面对空间经济产出的影响作了分析，在本部分，研究将根据需要检验的三个维度影响因素的作用，构建面板数据模型，形式如下：

$$Y_{it} = \alpha_0 + \alpha_1 X1_{it} + \alpha_2 X2_{it} + \alpha_3 X3_{it} + \varepsilon_{it}$$ （4-18）

其中，Y_{it} 表示的是各年份各地级市的土地经济密度，这是衡量城市空间经济产出效率的变量，一个城市的土地经济密度高，就说明这个城市的空间经济产出效率好。$X1$ 表示该城市的初始禀赋影响因素的向量，X2 表示该城市中集聚经济水平影响因素的向量，X3 表示政策效应因素的向量。模型中的其余字母表示常数项、变量系数和残差。分析所采用的数据主要来源于《中国城市统计年鉴》和《中国统计年鉴》，接下来，将对所选取的解释变量的理论基础作简要的解释。

1）初始禀赋

本研究主要选取了三个表示初始禀赋的变量：城市拥有资源数量（resource）、拥有劳动力的数量（labor）。区域内自然与劳动力资源的初始禀赋直接影响着区域经济活动的类别、规模与效益（李小建，2006），在一定程度上决定了区域经济活动产生的现实可能性及增长的能力，如我国的重化工业、汽车产业等有相当部分是在东北等矿产资源条件丰富的地区发展的，而劳动力投入量也是经济增长理论和生产函数的重要成分。考虑到矿产资源分布的大尺度性，以及研究数据的可得性，本研究选取各省煤炭、石油和天然气三种主要自然资源的储量（剩余可开发量）与全国均值的比值来表征城市所拥有的资源数量（Resource）；用全社会从业人员总数与全国的平均值的比值来表征劳动力数量（Labor）。

2）集聚经济

城市范围内的递增报酬特征是城市得以产生和发展的基础，即城市集聚经济（Rosenthal and Strange，2004）。关于城市集聚经济的来源和性质，国外文献中早已有许多理论研究（Rahman and Fujita，1993；Fujita and Krugman and Mori，1999；Duranton and Puga，2004）。根据国内外相关研究结论，认为可以将集聚经济促进城市经济增长的动力因素归纳为以下三个方面：

（1）产业关联。企业是生产者，同时也是消费者，生产过程中的投入产出关系建立了产业链，为了达到节约成本的目标，地理空间上的接近则成了企业区位决策的重要因素。对此，本研究选择了企业数量、产业多样性与专业化水平三个变量进行衡量，具体定义如下：企业数量比值（Firm）为该城市的工业企业数与全国均值的比值；专业化水平（Specialization）采用就业在部门间的分布来衡量城市的相对专业化水平（Duranton and Puga，2000），研究定义 S_{itj} 是 t 时期 j 部门在 i 城市中的就业份额，则相对专业化指数为：$Specialization_{it} = \max_j (S_{itj}/S_{tj})$，其中 S_{tj} 为 t 时期 j 产业部门在全国所占份额；产业多样性（Diversity）采用 HHI（Hirshman-Herfindahl Index）指数的倒数进行衡量，即所有产业部门就业份额平方加总的倒数，相对多样化指数 $Deversity_{it} = 1 / \sum |S_{itj} - S_{tj}|$。

（2）交易成本，包含交通（距离）成本与摩擦成本（政策、税收、文化等）。在集聚经济层面这里主要讨论前者，新经济地理学将采用"冰山成本"的形式将交通费用引入产业集聚的分析模型，认为交通费用与贸易屏障之间的均衡关系是决定产业收益递增机制（路径依赖）产生的重要因素。本研究中用各城市对外交通量代理此变量，即城市客货运交通量与全国平均值的比值，来衡量不同城市的交通成本（Transcost）。

（3）人口集聚。克鲁格曼在研究城市多中心集聚时，考虑了人口增长的外部力和实际工资差异的内部力两种作用力，两种力的均衡与稳定性是城市发生多中心化的关键。人口集聚会促进企业的进一步集聚，一方面人口增长带来企业商品消费者购买力的扩大，消费品需求和商品价格就会上升，推动了该城市区位市场潜力的提升；另一方面则体现在人力资本水平上，企业的发展需要地区人力资本的支撑，高素质的人才集聚使得企业能够获得更多的创新收益。用人均 GDP 来衡量消费者购买力，用平均受教育年限[1]来衡量人力资本质量（Human-Capital）。

3）政策效应

政策效应是中国长期以来区域发展差异形成中的重要因素（Kanbur and Zhang，2005），其中最为重要的政策是改革开放，由此影响了一系列的社会经济变革，中国也由此进入快速发展轨道。此外，与城市空间产出密切相关的是土地政策，自 1987 年深圳市探索性地引入土地有偿使用制度以来，随着土地市场化水平的不断提高，其对土地配置效率乃至国民经济发展都产生了明显的促进作用（曲福田等，2005）。本研究选择了土地市场化程度和对外开放度两个变量进行衡量。土地市场化程度（Land-Market），其主要的测度对象是城市土地使用权的一级市场和二级市场，其中一级市场包括国有土地的划拨、招标、拍卖、挂牌、协议出让和土地租赁等方式，二级市场则包括土地的转让、出租、抵押等。参考曲福田等人（2004）的研究，将各种土地使用权交易方式的市场化权重确定如下：土地一级市场中，招标、拍卖、挂牌出让一般被认为是市场化程度较高的形式，因而权重均取 1，租赁权重取 0.5，协议出让权重取 0.3；土地二级市场中的三种主要方式均采用较为完善的市场调节方式，因而权重也为 1，以此计算各城市的土地市场化水平，并取其与全国平均水平的比值来对变量赋值。对外开放度（Open）采用地均实际利用外资强度（以城市建成区面积计算）与其全国平均水平的比值进行衡量。

4.3.3 城市空间经济产出的影响因素估计结果与分析

除估计全国 286 个城市以外，为考察系数稳健性，还对东部和中西部城市进行了分别估计。通过 Hausman 检验显著支持固定效应，另外，当观测值是大的地理单位时，不能把观测值当作一个大系统中随机抽样的结果，这时最好采用固定效应法进行估计（Wooldridge，2006）。对于全国范围内的估计来说，由于横截面个数大于时序个数，所以采用截面加权估计法（Cross Section Weights，简称 CSW）。

城市空间经济产出的影响因素估计结果　　　　　　　　　　　表 4-1

	解释变量	全部城市		东部城市		中西部城市	
		系　数	T 检验值	系　数	T 检验值	系　数	T 检验值
初始禀赋	C（常数项）	−0.312	−1.321	−0.049	−0.108	0.159	0.535
	resource	0.377***	4.276	−0.038	−0.833	0.034***	4.305
	labor	0.003	0.121	−0.061	−1.597	0.094***	2.350
集聚经济	*firm*	0.084***	6.390	0.048***	3.320	0.287***	10.102
	specialization	−0.018*	−1.705	−0.121**	−1.909	−0.005	−0.731
	diversity	−0.134	−0.604	−0.412	−1.354	−0.393	−1.297
	transcost	0.416***	32.459	0.500***	16.862	0.157***	12.959
	pergdp	0.251***	13.544	0.109***	3.107	0.454***	36.658
	human-capital	0.579***	5.574	1.112***	3.482	0.292***	3.448

----

① 居民平均受教育程度采用 6 岁及以上人口平均受教育年数表示，假定文盲半文盲、小学、初中、高中、大专以上教育程度的居民平均受教育年数分别为 0、6 年、9 年、12 年、16 年，公式为：$H = prim \times 6 + juni \times 9 + seni \times 12 + coll \times 16$，其中 *prim*、*juni*、*seni*、*coll* 分别表示小学、初中、高中和大专以上受教育程度居民占地区居民 6 岁以上人口的比重，H 表示人力资本，数据来源于《中国统计年鉴》（由于缺乏地级市数据，因而这里采用省级数据进行近似替代）。

续表

	解释变量	全部城市		东部城市		中西部城市	
		系 数	T 检验值	系 数	T 检验值	系 数	T 检验值
政策效应	*land-market*	−0.021	−1.241	−0.173***	−3.297	−0.007	−0.530
	open	0.112***	16.414	0.105***	11.111	0.055***	6.744
R-squared		0.977		0.972		0.980	
Adjusted R-squared		0.971		0.965		0.975	
DW stat		1.675		1.640		1.821	
Observations		1429		505		924	

注：＊＊＊表示达到 1％显著性水平，＊＊表示达到 5％显著性水平，＊表示达到 10％显著性水平。

计量分析结果表明本研究所选的变量对城市空间经济产出效率具有显著的解释力，回归决定系数都达到了 95％以上，同时，DW 检验值也较理想，说明变量之间未存在明显的多重共线性。接下来对估计结果进行逐项分析：

（1）初始禀赋。从全国层面上看，自然资源禀赋总体上对城市空间经济产出有着正向的作用，说明自然资源丰富的地区城市的经济产出也较高，但有趣的是，从分区域估计的结果看，自然资源禀赋对东部城市空间经济产出却起到了不显著的负向作用，而中西部城市则呈显著的正向作用，即中西部城市的空间经济产出更多依赖于自然资源。同时，劳动力变量的估计结果整体上呈不显著的正向效应，而在分区域估计中，也出现了与自然资源变量相似的情况，说明中西部城市更依赖于劳动力初始禀赋。本研究初步认为经济增长与劳动力数量关系不大，而与劳动资本（考虑了劳动力素质的劳动资本总量）的关系更为密切，相关检验在集聚经济分析部分再进行印证。因此，说明中西部城市的空间经济产出与东部相比更偏向于初始禀赋依赖性。

（2）集聚经济。集聚经济中检验的因素较多，比较复杂，下面进行逐项说明：

在产业关联方面，企业的空间集聚在全国和分区域的估计中都显著呈正向效应，说明企业的空间集聚有利于空间经济的产出增长；产业专业化水平变量在全国和分区域的估计中，对城市空间经济产出均有着负向的效应，而在中西部城市估计中不明显；而产业多样化水平的影响在三个层面的估计中都不显著。可见，在我国城市中产业的空间集中效应十分明显，但产业关联的经济效应还不显著，这也说明我国的产业集聚仍处在初步的空间集中阶段，尚未完全发挥产业集群的"化学反应"，并且在当前阶段，产业多样性比专业化更有利于经济增长。

在交易成本方面，交通费用在三个估计结果中均呈显著的正向作用，说明城市中交通费用的降低有利于空间经济产出的增长，同时，对于东部城市的作用强度要高于中西部城市，这也支持了东部集聚与溢出效应比中西部更为显著的观点，因为区域经济的溢出效应对交通费用十分敏感，而中西部城市的发展中城市间联系较东部要弱一些。

在人口集聚方面，消费者购买力与空间经济产出在三个估计结果中均呈显著的正向作用，可见，消费的多样性确实能促进企业的集聚，并带来空间经济产出水平的提高。人力资源素质的估计结果也都呈现显著的正向效应，对比之前劳动力数量的估计结果，说明人力资本素质相比劳动力数量对区域的经济发展更为重要，从回归系数也可以看出，人力资本素质对于东部城市的促进作用也要大大高于中西部城市，这是因为东部城市工业化水平相对较高，因而对人力资本素质也提出了较高的要求，而中西部城市则大都仍处于工业化的初级阶段，对劳动力的素质要求不高，其效应也就不如东部来的强。

（3）政策效应。一般来讲土地市场化水平越高，土地市场竞争越充分，则土地的经济产出强度应该更高，但出乎研究的预期，土地市场化水平的回归结果显示其对空间经济产出增长起到负向的作用，但除东部城市外，都不显著。通过对土地市场化指数计算的原始数据进行统计分析，发现我国土地市场化程度的空间分布也表现出一些与经济发展规律不相符的特征，如北京、天津和山东等发达地区的土地市场化程度处于全国的较低水平，这是因为近年来这些地区以划拨和协议出让为主的用地比重相对较高，且整个土地二级市场规模相对较小等因素导致的，2003～2007年间，北京、上海、深圳、珠海等东部沿海经济较为发达的城市，其划拨和协议出让的土地总数占到一级市场的90％以上，而同时，齐齐哈尔、遵义、三亚等中西部城市其土地市场化水平处于全国的较高水平。究其原因，虽然这些地区土地一级市场中交易的市场化程度并不是很高，但是由于该发展期内土地二级市场的交易规模普遍较大，因此使得土地市场化程度也相对较高。另一方面，对外开放政策对城市空间经济产出起到了显著的正向作用，且对于东部城市的影响要高于中西部城市，说明发展外向型经济有利于城市土地经济效益的发挥。可见，不同的政策，其作用机制不同，影响效果也不同，但政策对空间经济产出的影响效应是显著的。

4.4 城市空间演化的规模经济绩效的内涵

4.4.1 城市经济增长的要素规模经济效率概念及研究背景

伴随着改革开放在时间和地域上的深化，中国经济已经开始从较为简单、粗放的发展阶段进入到一个复杂的转型时期。理论分析和国际经验表明，该阶段经济增长的主要来源将发生重大变化，依靠要素投入支持的粗放型增长将会受到资源和环境的双重约束，要保持经济的可持续快速增长，必须提高要素的利用效率，走集约型增长的道路（吕铁等，1999）。一个地区的经济增长依赖持续不断的要素投入，而其产出效果则同时取决于要素数量、要素质量和配置效率三个方面。在不同地区，相同的要素投入会带来不同的产出效益，要素投入与产出之间存在着一个"转换效应"——"要素规模效率"，即地区的最有效要素投入规模，是某地区在一定技术水平下，实际产出与理想产出的差距，是地区投入要素的有效配置、运行状态和经营管理水平的综合体现。但我国东中西部地区在禀赋基础、集聚水平、发展模式等方面均存在较大差异性，因而需要探讨其要素规模效率及其影响因素的效应，这将对国家发展战略和政策的制定与调整具有重要的现实意义。

本部分研究目的是测度我国不同城市资本、劳动力和土地三种要素规模效率的总体情况，在对区域要素规模效率影响因素的理论分析基础上，考察城市化、工业化等基础性机制以及人力资本素质、基础设施条件等相关因素的影响效应。国内外学者对于地区的要素投入与产出效率及其变化问题一直都十分关注，对于效率的地域差异也有研究（Wang，2003；Young，2000；Chow and Lin，2002；傅晓霞等，2006a；袁堂军等，2009）。但在以往的研究中存在两个不足：一是分析选择的要素类型不同，将资本与劳动力作为两大要素进行分析，缺乏对土地要素的考虑，而大量研究表明土地在我国当前经济发展中也是重要的生产要素之一；二是都将重点放在分地区的要素贡献率的估计上，对于效率地域差异的影响因素和作用机制的分析相对薄弱，尤其缺乏定量分析的证据。

本部分研究基于2003~2005年中国286个城市的数据，从宏观层面检验各个城市要素规模效率及其影响因素的作用。首先，从要素集聚与效率变化的基础性理论出发，总结我国影响城市要素规模效率的宏观机制，提出研究的基本框架，确定驱动地区经济增长的主要要素类型；之后，利用随机前沿模型对城市投入要素类型进行权衡，在确定模型的基本形式后，测评各个城市的要素规模效率差异；然后，对其效率影响因素进行分析，探讨要素配置和效率差异形成的机理；最后，给出分析的结论。与已有的研究文献相比，研究的创新点在于：①对于区域经济增长问题，建立了基础性影响机制的理论框架，并以此展开实证分析；②针对经济增长中土地要素的作用进行探讨，并给出定量途径的证据；③对要素投入效率进行空间分析，识别其空间模式，这相比之前大量的定性推理更具可靠性。

4.4.2 城市经济增长中要素规模经济效率的理论分析

在快速城市化和工业化进程下，中国经济增长的特点是同时受经济转轨、新古典式增长和二元经济结构三方面共同影响的：宏观层面主要是计划经济体制向市场经济体制的转轨，微观层面主要是国有企业向现代企业制度转轨，其主要目标是建立开放的竞争性市场体系，从而改进资源配置效率；中国同时又是一个二元经济结构显著的国家，一是传统农业部门与现代工业部门非对称性并存，二是发展经济学中所称的隐性失业现象十分严重，三是供给约束、弹性不足、信息不充分和调整滞后等现象，使得经济运行常处于结构性非均衡状态，四是城乡要素和产品市场严重分割（吕冰洋等，2008）。因而，中国经济增长因素除了新古典主义经济学所描述的因素外，城市化、规模经济和资源要素再配置将是经济增长的重要源泉。

在这些纷繁复杂的影响因素下，本部分研究构建了一个相对概括性的城市经济增长的分析框架（图4-2）。将城市化和工业化作为最为基础的经济增长驱动力，在两者共同作用下，包含了新古典增长理论的两大关键因素——由生产技术创新和技术外部性带来的技术进步，以及资本、劳动、资源要素（特别是土地要素）投入为主的要素积累，作为表征经济增长的基本模式，此外，要素规模效率对两大关键因素起着正向或负向的影响效应，并将其分为要素配置效率提高和宏观技术演进两大部分，两者的发展状态决定了区域要素的规模报酬增长水平；国家的区域政策导向主导了一个时期的全国要素配置重点和模式，改革开放，加入WTO，市场化价格体系的建立促进了要素流动环境改善，而区域基础设施建设等要素流动的支撑体系则改善了区域增长与创新环境，从而提高了要素的配置效率；另一方面，劳动分工演进，管理水平的提高、激励制度的改善，提高了区域专业化水平，降低了交易效率，研究将这些因素归结至宏观技术效率演进的范畴。

另一方面，出于对任何区域或国家的经济增长都是受各种主体、各种机制、各种因素交织影响的事实考虑，如将这些因素全部考虑，研究就会变得繁杂而不具可行性，基于此，本部分研究将着重从以下几个方面来检验地域差异与相关因素对要素规模效率的影响效应：

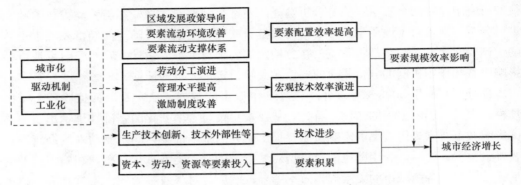

图 4-2　区域经济增长效率的宏观机制分析框架

（1）城市化、工业化——要素规模效率演化的基础性机制。城市化和工业化带来的总和交易效率提高可能影响生产要素、产品的跨地区流动，也可能影响"经济人"自利决策的成本和约束条件，还可能影响这些要素的经济活动区位分布，其结果必然推动或阻碍一个地区的经济发展。工业化通过推动交通技术、交易技术、生产技术和设备的生产效率，从而提高经济体的技术效率；而城市化则通过将交易、生产活动集中在较小地理范围内获得了交易成本节约，从而更进一步推动个人层次的劳动分工或厂商层次的规模经济效率（赵红军等，2006）。城市化方面，很早就有学者认识到城市化在其中的重要作用，并将城市化内生到经济增长模型中（Henderson，1974；Lucas，1988；Abdel-Rahman and Fujita，1990；Duranton and Puga，2000），城市化水平已成为内生增长理论中的一个重要因素。国内外学者选择不同国家的样本案例进行实证研究，表明了城市化水平和技术创新能力高度相关，并显著集聚在已城市化地区（Higgs，1971；Jaffe，1993）。另外，城市化区域内的互补性、弱可分性和技术相互依赖等因素有利于技术、知识的传播和获得（Nelson，1993），可见，城市化地域是引起效率提高的各种外部性产生的主要场所。工业化方面，村田发现发展中国家工业化进程中存在两种"循环累积"关系（Murata，2002），使要素规模效率不断趋于提高：①伴随着工业化、产业规模效应的发挥和分工深化，共同推动工业产品价格下降，以此引导农业部门中的技术效率提高，随即劳动力供给量和劳动力供给弹性相应地增加，又进一步推动了工业化；②规模效率的提高推动工业化进程，从而提高收入水平，消费总量中用于工业最终产品消费的份额上升，这又推动产业集聚区的中间产品种类不断增加，工业化进一步向专业化发展。但另一方面，也有研究证明了工业化水平与要素消耗强度呈现倒"U"字形关系（吴巧生等，2005），同时，城市化和工业化水平较高的地区与较低的地区都可能拥有较高的要素配置协调性，前者是技术进步下，效率规模效率提高带来的绩效，而后者则是由于处于低水平自组织发展的稳定状态（吴一洲等，2009），其形成的内在机制区别很大。可见，城市化发展与产业增长进程中技术进步对资源依赖程度的替代作用并不是直线上升的，而是在不同时期其影响效应会不同。

（2）规模报酬递增——要素规模效率的集聚经济解释。亚当·斯密在研究劳动分工对经济增长的作用时就提出了规模报酬递增的重要性，已有的大量实证研究也证明了规模报酬递增普遍存在于各个空间尺度，如国家、城市和企业（Krugman，1980；Davis，1998；杨学成，2002）。本研究侧重宏观层面影响要素的研究，故只对第二层次和第三层次的集聚经济因素进行分析，即对地域专业化与产业多样性影响的分析，在定量表征方面，专业化与多样性在数值上近于相反，因而本研究选取多样化指标进行研究。从上述理论分析可知三个层次的集聚经济都起到了提高效率的作用，但根据已有的研究，发现在当前专业化与多样性对于效率的影响并不一致（李金滟等，2008）。

（3）人力资本、人口素质的效率绩效。根据新经济增长理论，高质量经济增长主要来源于人力资本的有效作用，杨立岩等（2003）在其建立的经济增长模型中也证明，经济增长率是由基础科学知识增长率或从事研发人员的数量决定的。目前，中国在提高经济增长质量的一系列举措中，都不能脱离人力资本积累这一基本因素，而人口素质又是人力资本和创新活动的基础。人口素质、人力资本空间集聚与创新活动水平三者具有一定的关联性，人口素质决定了人力资本的平均水平，人力资本空间集聚是人口素质与劳动力在空间上的分布密度，创新活动则同时受人口素质和人力资本空间集聚的影响，进而提高要素规模效率。另外，也有一种观点认为人力资本具有"承载力"的概念，即人力资本存量应与其他各种生产要素投入量保持一定的比例关系（刘军等，2004），如果人力资本投入相对过剩，会造成人力资本的边际收益递减。

（4）区域基础设施规模——要素规模效率的空间交易成本解释。新经济地理学对内生空间集聚的解释认为，空间集聚所导致交易成本的节约，会使得厂商层次的规模报酬递增通过产业的前后向联系转化为市场范围的规模经济，并带来区域内实际工资的增加和经济增长。空间集聚导致经济增长的损耗变小，有利于企业、人力资本和技术研发过程在区域内的进一步集聚，进而提高区域的整体经济绩效和要素利用效率。因跨地区经济联系所发生的交易成本中，交通运输成本是最主要的交易成本，是空间形态结构或者说空间规划可控的交易成本因素。但另一方面，区域基础设施的作用存在"门槛"效应，即只有区域内或区域间的基础设施达到一定的规模后，才能显著促进区域的经济增长绩效，在此之前其效应并不明显。

（5）区域政策对于要素规模效率的影响。产业集聚的形成和发展既是一个"自组织"的市场选择过程，也是一个"被组织"的政府干预过程，这取决于实际经济发展的条件和需要：东部地区由于改革开放与沿海的对外联系优势，市场发展较为快速，民营经济活跃，更多地体现出"自组织"的特征；而中西部因为地域区位条件的限制等原因，国有经济比重大，较多依赖国家的要素投入，更多地体现出"被组织"的特征。资源约束已经对东部地区的经济发展产生了阻滞作用，而中西部地区资源条件优越，人力、物质资本相对缺乏，因而需要制定区域政策来协调区域经济的均衡发展。初步的判断是中西部地区虽然要素投入量增大了，但要素规模效率的提高没有东部快，因而区域政策的效果不显著，本研究拟将地域差异变量引入分析模型，考察地域差异在不同时期对要素规模效率的影响情况。

4.5　城市经济增长的要素规模经济绩效实证

4.5.1　实证模型的选择：随机前沿分析模型

评测要素投入产出效率的主流方法有非参数方法和参数方法。非参数方法以法雷尔（Farrell，1957）和阿弗里亚（Afriat，1972）为代表，常用数据包络分析（Data Envelopment Analysis，简称 DEA）方法和基于 DEA 的 Malmquist 指数法，由于该方法采用线性规划原理，构造生产前沿面来计算效率指数，避免了主观设定函数的影响，但没有考虑测量误差的存在而具有不足之处。参数方法以由艾格纳等人（Aigner et al.，1977）与穆森和布勒克（Meeusen and Broeck，1977）提出的随机前沿分析（Stochastic Frontier Analysis，简称 SFA）方法为代表，通过评价对象产出与最优前沿面之间的差距来判别要素投入与产出水平的有效率程度。早期的研究中，随机前沿模型主要应用于横截面数据，是指在同一个时点上对不同研究对象观察所得到的数据，随后巴蒂斯和科埃利（Battese and Coelli，1992，1995）等逐渐发展为使用具有时间维度的面板数据，因而能作出更为准确的估计，同时，面板数据的参数误差小，对资料和残差的要求低，适用范围广。

如图 4-3 所示本研究将各个城市看作是投入一定要素进行生产的部门，要素投入总量及合理利用决定了地区的产出量。借鉴生产率分析中的技术效率概念，一个地区的实际产出与潜力产出，即最大产出的一致性便是"要素规模经济效率"，这里的最大产出为生产可能性边界（Production Frontier），指在一定要素投入下所能达到的最大产出所形成的曲线。图中表示了城市 1 和城市 2 的投入和产出，也图示了城市随机前沿面模型的确定成分，横轴表示城市生产要素的投入量，纵轴表示城市的总体产出量。城市 1 在投入水平 X_1 的条件下得到产出 Y_1，城市 2 在投入水平 X_2 的条件下得到产出 Y_2（在图中以点表示）。如果没有技术无效率效应，即 $u_A=0$，$u_B=0$，则城市 1 和城市 2 的前沿面产出分别为：

$$Y_1^* \equiv \exp(\beta_0 + \beta_1 \ln X_1 + v_1) \tag{4-19}$$

$$Y_2^* \equiv \exp(\beta_0 + \beta_1 \ln X_2 + v_2) \tag{4-20}$$

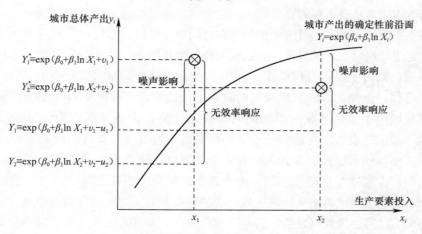

图 4-3　城市随机生产前沿面图示

SFA 在过去前沿面模型的基础上作了改进，将误差项分成了两个部分：一部分为对称分布的随机误差，表示随机扰动的影响；另一部分为效率残差，体现了与最优前沿面的差距，表示个体冲击的影响，是一个单边分布的随机变量，也是一个非负误差项，而这样的偏差是由于各种影响因素造成的，此两个误差彼此独立。本研究旨在讨论两个基本问题：第一，各个城市的要素规模效率如何？第二，如果存在要素投入的非效率（效率残差），那么它又受到那些因素的影响？因而认为选用 SFA 方法适合本研究的目的，本研究采用的是面板数据，即在截面数据上再加上了时间维度，其基础模型如下：

$$Y_{it} = X_{it}\beta + (V_{it} + U_{it}), \quad i = 1,2,\mathrm{L},n; \quad t = 1,2,\mathrm{L},T \tag{4-21}$$

Y_{it} 表示第 i 个对象在 t 时刻的总产出，X_{it} 表示第 i 个对象在 t 时刻的投入价格和产出的 $k \times 1$ 向量矩阵，β 表示未知参数向量矩阵，V_{it} 和 U_{it} 分别表示随机误差项和要素投入无效率项。V_{it} 是假定服从 $N(0, \sigma_v^2)$ 正态分布的随机变量，与 U_{it} 相互独立，U_{it} 表示非负的随机变量，是一个单边误差项，通常用来计算生产中要素投入无效率，这里假设 U_{it} 服从非负载尾正态分布（Truncated Normal），即：$U_{it} \sim N^+(0, \sigma_u^2)$。计算区域要素规模效率的方法是计算评价单元产出与相应的随机前沿面产出的比值，公式如下：

$$TE_{it} = \frac{Y_{it}}{\exp(X_{it}\beta + V_{it})} = \frac{\exp(X_{it}\beta + V_{it} - U_{it})}{\exp(X_{it}\beta + V_{it})} = \exp(-U_{it}) \tag{4-22}$$

在 SFA 方法中，由估计出的方差参数 σ_u^2/σ^2，$\sigma^2 = \sigma_u^2 + \sigma_v^2$ 是否显著，可以推断出要素投入无效率项对产出是否具有显著的影响。为了判断函数是否有效，我们设立假设 H_0：$(\sigma_u^2/\sigma^2) = 0$；$H_1$：$(\sigma_u^2/\sigma^2) \neq 0$，如果 σ_u^2/σ^2 的零假设被接受，则意味着函数无效。σ_u^2/σ^2 的取值为 $0 \sim 1$，当 σ_u^2/σ^2 趋近于 1 时，说明偏差主要由要素投入无效率项决定；当 γ 趋近于 0 时，说明偏差主要由随机误差决定。对 σ_u^2/σ^2 的零假设检验可通过对模型的单边似然比检验统计量 LR 的显著性检验实现。

为了进一步解释对象间的要素规模经济效率差异，测度各影响因素的相关效应，巴蒂斯和科埃利（Battese and Coelli，1995）在上述模型中引入了非效率函数，如下式：

$$U_{it} = \delta_0 + Z_{it}\delta + W_{it} \tag{4-23}$$

其中，Z_{it} 为影响要素投入非效率的因素，δ_0 为常数项，δ 为影响因素的系数向量，若系数为负，说明其对效率有正的影响，反之，则为负的影响，W_{it} 为随机误差项。

4.5.2　模型构建与变量选择

由于中国国情的特殊性，近年来的经济高速增长在很大程度上得益于劳动力、土地等要素成本低廉的贡献（国务院发展研究中心课题组，2007），土地在我国经济增长中扮演着重要角色，是工业化和城市化的"助推器"，是地方政府财政收入的重要来源，也是银行资金流动、城市基础设施及房地产投融资的重要工具（蒋省三等，2007）。尽管新古典经济增长理论的分析中考虑了资本、劳动力和技术进步对区域经济增长的作用，但是作为经济增长中的一个关键要素——土地，却没有被纳入其中。目前，已有部分国外学者建立了土地与经济增长之间的模型，来探讨土地与经济增长之间的理论关系，如尼科勒斯（Nicholes，1970）将土地纳入了经济增长模型，深刻揭示了土地要素在经济增长中的作用，施蒂格利茨（Stiglitz，1974）将不可再生资源加入到基于外在技术进步的单部门最优增长模型中。因而，在模型选择方面，本研究选择将土地要素纳入模型。

在模型的比较中，使用广义似然比检验（Generalised Likelihood-Ratio Test），其统计量的计算公式为：$LR = -2\{\ln[L(H_0)] - \ln[L(H_1)]\}$，$L(H_0)$ 和 $L(H_1)$ 分别是零假设和备择假设的似然函数值，如果零假设成立，那么检验统计量 LR 服从卡方分布，自由度为受约束变量的数目。

估计随机前沿模型时，考虑到 C-D 函数形式更适合研究宏观经济增长（Chow and Lin，2002），因而，本研究选择运用随机前沿的超越对数生产函数（Translog Production Function）

来表示生产技术的前沿。传统的柯布—道格拉斯生产函数和 CES 生产函数都是技术中性和不变规模报酬的性质，而超越对数生产函数通过泰勒级数展开式进行二次逼近（Christensen，1971），要素并不具有齐次性，包含了规模报酬递增或者递减效应，而且，要素之间的替代弹性也是可变的，是一种易估计和包容性很强的变弹性生产函数模型，在结构上属于平方反应面（Quadratic Response Surface）模型，可以较好地研究生产函数中投入要素的相互影响、各种投入技术进步的差异及技术进步随时间的变化等，其基本形式如下式所示：

$$\ln y_{it} = \beta_0 + \sum_n \beta_n \ln X_{nit} + \frac{1}{2} \sum_n \sum_m \beta_{nm} \ln X_{nit} \ln X_{mit} + (V_{it} - U_{it}) \qquad (4-24)$$

其中，β 为未知参数向量，n 和 m 为第 n 个和第 m 投入变量，V_{it} 和 U_{it} 分别表示随机误差项和要素投入无效率项。

为了估计区域经济增长过程中，各种重要外部因素对要素规模效率的影响效应，研究将城市经济增长宏观分析框架内的一些关键影响要素进行了控制，具体见下式：

$$u_{it} = \delta_0 + \delta_1 Res + \delta_2 Firm + \delta_3 Urb + \delta_4 Ind + \delta_5 Pgdp + \delta_6 Spe$$
$$+ \delta_7 Div + \delta_8 Edu + \delta_9 Sci + \delta_{10} Intran + \delta_{11} Extran + \delta_{12} Open \qquad (4-25)$$

主要变量包括城市资源禀赋（Res）、企业空间集聚水平（$Firm$）、城市化水平（Urb）、工业化水平（Ind）、居民消费水平（$Pgdp$）、专业化水平（Spe）、多样化水平（Div）、人口素质水平（Edu）、科技研发投入（Sci）、内部空间效率（$Intran$）、外部空间效率（$Extran$）、对外开放程度（$Open$）等。其中，城市化水平、工业化阶段、专业化水平等等都不能通过年鉴等官方数据直接获得，因此，研究对变量的计算方法进行了选择，具体变量的定义见表 4-2 中变量 5～16 所示：

要素规模效率随机前沿分析模型的变量定义汇总表　　　　　表 4-2

编　号	维　度	变　量	符　号	定　　义
		效率方程变量		
1	产出变量	城市总产出（亿元）	Y	各城市历年非农产业生产总值
1	要素投入变量	城市资本投入（亿元）	K	各城市历年固定资本存量，按永续盘存法核算
2		城市劳动力投入（万人）	L	各城市历年全社会从业人员数
3		城市土地投入（km²）	R	各城市历年建成区总面积
		效率影响因素方程变量		
5	初始禀赋	城市资源禀赋	Res	各城市矿产资源储备量与所有城市平均水平的比值
6		企业空间集聚	$Firm$	各城市历年工业企业数与所有城市平均水平的比值
7	集聚经济	城市化水平	Urb	各城市历年非农人口占总人口比例
8		工业化水平	Ind	各城市历年二、三产业产值的比重
9		居民消费水平（元/人）	$Pgdp$	各城市历年人均 GDP 与所有城市平均水平的比值
10		专业化水平	Spe	基于就业分布的历年产业相对专业化指数
11		多样化水平	Div	基于就业分布的历年产业相对多样性指数
12	劳动力素质	人口素质（年）	Edu	各城市历年人口平均受教育年限来表征
13		科研投入（万元）	Sci	各城市历年政府科研经费投入与该年所有城市平均水平的比值
14	空间成本	内部空间成本	$Intran$	各城市历年城市道路总面积与该年所有城市平均水平的比值
15		外部空间成本	$Extran$	各城市历年客货运总量与该年所有城市平均水平的比值
16	开放政策	对外开放程度	$Open$	各城市历年利用外资与地区生产总值的比值表示

模型采用的基础数据来源于2003～2007年各期的《中国城市统计年鉴》、《中国统计年鉴》，其中部分变量的计算方法说明如下：

(1) 城市资本投入（K）：采用各年年末的物质资本存量进行表征，由于缺少每个城市的相关计算数据，本研究先参考张军等（2004）的计算方法，在估计一个基准年后运用永续盘存法按不变价格估计中国省际各年末的物质资本存量，具体公式如下：$Q_{it}=Q_{it-1}(1-\delta_{it})+I_{it}$，其中，$it$ 指第 i 个省区第 t 年，I 为当年投资量，δ 为经济折旧率，Q 为基准年资本存量，然后按照各个城市 GDP 占全省的比例来估算城市的物质资本存量。

(2) 城市资源禀赋（Res）：由于资源的概念涉及范围甚广，考虑到数据的可得性，研究选取了各省的主要能源储备值，包括煤炭、石油和天然气三大类，这也是经济发展中消耗量最大的基础资源。另一方面，由于缺少对应的城市资源储备量统计数据，以及资源的分布具有明显的区域性，故采用城市所在的省际层面三大资源储备量近似表示。

(3) 专业化水平（spe）与多样化水平（div）：因为不同城市的专业化在不同的部门实现，要比较城市间的专业化程度就要通过比较每个城市中份额最大的就业部门，本研究采用就业在部门间的分布来衡量城市的专业化水平（Duranton and Puga，2000），研究定义 S_{itj} 是 t 时期 j 部门在 i 城市中的就业份额，则针对个体城市的专业化指数为：$ZI_{it}=\max_j(s_{itj})$，为获得不同城市间的专业化的横向比较，则需要计算其相对专业化水平，因而，定义相对专业化指数为：$Spe_{it}=\max_j(S_{itj}/S_{tj})$，其中 S_{tj} 为 t 时期 j 产业部门在全国所占份额。多样化水平采用 Hirshman-Herfindahl Index（HHI）的倒数表示，HHI 指数计算了所有部门就业份额平方的加总，由此衡量的多样化指数为：$Div_{it}=1\big/\sum|S_{ij}-S_j|$。

(4) 人口素质（edu）：用居民平均受教育程度表示。傅晓霞等（2006b）来衡量地区人力资本水平，指标采用6岁及以上人口平均受教育年数，假定文盲半文盲、小学、初中、高中、大专以上教育程度的居民平均受教育年数分别为0、6年、9年、12年、16年，公式为：$H=prim\times6+juni\times9+seni\times12+coll\times16$，其中 $prim$、$juni$、$seni$、$coll$ 分别表示小学、初中、高中和大专以上受教育程度居民占地区居民6岁以上人口的比重，H 表示人力资本，数据来源于《中国城市统计年鉴》（2004～2008年）。

(5) 其他相关变量解释见表中叙述。

4.5.3　实证结果及其机理探析

本部分运用随机前沿生产函数的两阶段模型，对城市要素的规模经济效率及其影响因素进行分析，采用优选的模型对全国286个城市2003～2007年间的效率进行估计。首先对模型的估计结果进行总体考察，然后对效率的影响因素、时变规律和地域差异展开逐项分析。随机前沿超越对数生产函数估计模型如下：

$$\ln Y_{it}=\beta_0+\beta_1\ln K_{it}+\beta_2\ln L_{it}+\beta_3\ln R_{it}+\frac{1}{2}\beta_4(\ln+K_{it})^2$$

$$+\frac{1}{2}\beta_5(\ln L_{it})^2+\frac{1}{2}\beta_6(\ln R_{it})^2+\beta_7(\ln K_{it})(\ln L_{it})$$

$$+\beta_8(\ln L_{it})(\ln R_{it})+\beta_9(\ln K_{it})(\ln R_{it})+(V_{it}-U_{it}) \quad (4\text{-}26)$$

表4-3给出了在考虑影响因素情况下基于超越对数生产函数随机前沿模型的估计结

果，其中模型1为对全国286个城市的估计结果，模型2为对东部101个城市的估计结果，模型3为对中西部185个城市的估计结果，从估计结果中可以看出这3个模型的γ均达到了1%的显著性水平，表明要素投入非效率是要素规模效率未达前沿面产出水平的重要原因。但根据分地区的估计结果：全国和中西部两个模型的γ值都达到了0.8以上，说明前沿函数的误差主要来源于随机变量，即影响因素的效应相对显著；相比之下，东部城市的γ值较低，为0.457，表面实际产出与理想产出的差距主要来自不控制因素造成的噪声误差，这里研究认为可能是东部城市在影响因素的地域差异上并没有中西部城市那么明显，因此主要由要素投入的自身优化配置程度决定，外部因素的影响相对较小。

城市要素规模效率的估计结果　　　　表4-3

	模型1（全国）		模型2（东部）		模型3（中西部）	
	系　数	T检验值	系　数	T检验值	系　数	T检验值
常数项	10.068***	47.113	9.389***	38.040	10.117***	42.331
$\ln K$	0.487***	6.074	1.091***	9.535	0.438***	4.821
$\ln L$	0.630***	4.831	2.001***	10.823	0.222	1.653
$\ln R$	0.936***	7.326	−0.738***	−4.227	1.238***	7.962
$1/2\ [\ln K]^2$	0.031**	2.115	0.115***	4.508	−0.021	−0.965
$1/2\ [\ln L]^2$	−0.193***	−5.979	−0.090	−1.600	−0.136***	−3.571
$1/2\ [\ln R]^2$	−0.131***	−4.086	0.192***	4.184	−0.179***	−4.943
$[\ln K]\ [\ln L]$	−0.048	−1.239	−0.233***	−3.482	−0.011	−0.260
$[\ln K]\ [\ln R]$	−0.055	−1.558	−0.220***	−4.090	−0.002	−0.049
$[\ln L]\ [\ln R]$	0.251***	5.439	0.081	1.230	0.221***	4.225
常数项	3.745***	12.978	3.476***	9.244	2.233***	4.967
Res	0.089***	11.755	0.128***	9.066	0.027***	3.006
$Firm$	−0.055***	−3.158	−0.086***	−7.469	−0.300**	−2.382
Urb	0.196***	3.893	−0.093*	−1.838	0.660***	10.573
Ind	−1.173***	−7.602	−1.005***	−4.622	−1.234***	−7.193
$Pgdp$	−0.251***	−14.482	−0.096***	−5.381	−0.557***	−17.397
Spe	−0.224***	−7.737	−0.745***	−14.171	−0.095***	−4.512
Div	−0.786***	−4.823	−0.230*	−1.945	0.327	0.830
Edu	0.000	−0.025	−0.082***	−2.851	0.038*	1.819
Sci	−0.006***	−8.059	−0.002**	−2.349	−0.045***	−9.224
$Intran$	−0.536***	−4.206	0.102	1.085	−0.890***	−3.504
$Extran$	0.000	−0.994	0.000	−0.340	0.000	1.023
$Open$	−0.294	−1.094	−1.062***	4.638	−2.023***	−4.360
$sigma\text{-}squared$	0.071***	24.595	0.026***	14.184	0.061***	19.050
γ	0.896***	15.336	0.457***	7.749	0.802***	8.967
log	−114.669		216.786		11.232	
LR	793.699		418.906		735.320	

注：*、＊＊和＊＊＊分别表示显著性水平为10%、5%和1%。

1）城市初始禀赋对效率的影响

城市资源禀赋（Res）变量在三个模型中均为正，且都达到了1%的显著性水平，说明城市自然资源禀赋对城市要素效率具有显著的负向作用。而企业集聚（*Firm*）变量在三个模型中均为负，且也都达到了 1‰ 的显著性水平，说明城市企业集聚越高，其要素效率越高。通过对城市初始禀赋的考察，发现城市发展对自然资源禀赋的依赖度并不高，但对企业等经济资源禀赋的依赖却十分显著。

2）集聚经济对效率的影响

城市化水平（*Urb*）变量在模型 2 中为负，且显著，但在模型 1 和模型 3 的估计中呈现显著为正，检验结果表明城市化水平对区域要素规模效率的提高在东部具有正向作用，但在中西部却呈负向作用。根据城市化发展"S"形曲线的国际经验，因而研究认为中西部城市整体处于相对较缓的"S"形中下部区域，该时期以"农村城市（城镇）化"取代"城市化"的倾向（陈兴渝，1999），导致我国城市规模普遍偏小，集聚能力不足，人口与生产力布局在空间上进一步破碎化，并导致了增长方式粗放，土地集约利用度低等问题，在初期以粗放的方式进行的要素积累模式使城镇体系结构呈现低度化特征，虽然城镇化不断发展，但对要素规模效率的作用仍不明显；东部城市城镇化水平相对较高，开始从农村城市化转向城镇城市化，区域中心城市和中心镇的集聚作用开始增强，规模报酬递增机制使要素规模效率得以提高。

工业化水平（*Ind*）变量在三个模型中都显著为负，表明其对城市要素效率产生正面的影响。根据钱纳里（1989）统计的西方成熟工业化国家和新型工业化国家在工业化不同阶段中要素贡献作用的研究，从工业化初期到后期，资本、劳动力和土地三种实物要素，对于产出的贡献率分别下降了 20.4％、55.9％和 100％，而相应地，技术进步的贡献率增长了近 300％，即物化在资本中的知识（技术）能抵消资本的边际收益递减。随着工业化阶段的不断演进，新技术对生产要素的渗透和扩散，改善了生产要素的内在功能，提高了其利用效率，这也是规模报酬递增的重要因素。

居民消费水平（*Pgdp*）在三个模型中都显著为负。说明随着城市经济的增长，居民消费水平的提高对于多样化产品的需求就得到了放大，企业在该城市就能获得更大的市场，就越依赖于企业的发展。专业化水平（*Spe*）变量在三个模型中都为正，且显著，表明专业化对于城市要素产出效率有着正面面影响。劳动分工引致的要素质量与数量的内源性成长积累机制能使实物要素利用效率不断突破现有的技术限制，从而起到正向的促进作用。多样化水平（*Div*）变量在模型 1 中显著为负，而在分区域估计的模型 2 和模型 3 中并不显著，从估计系数上看，在全国层面其影响要大大高于专业化水平的影响。因此研究认为这里存在专业化外部性（马歇尔外部性[①]）和多样化外部性（雅各布斯外部性[②]）的权衡，与李金滟等（2008）的实证结论一致，根据其对专业化指数和多样化指数与城市集聚作用的回归分析，雅各布斯外部性对于城市集聚的作用是显著的，因为就中国现阶段而

[①] 专业化集聚经济理论最早应回溯到马歇尔的"产业区观点"，即"当一个产业为自身选择了一个区位，它就倾向于在该区域停留很长时间，因为人们同相邻的地区彼此采用同样的熟练的贸易所获得的优势是如此之大"，其描述了专业化城市产生的原因，即特定产业地方化的外部性导致的集聚效应有利于经济增长。

[②] 新经济地理文献中提到的雅各布斯外部性（Jacobs，1969），强调知识能够在互补的而非相同的产业间溢出，因为一个产业的思想发展能够在另一个产业内应用。互补的知识在多样化的企业和经济行为人之间的交换能够促进创新的搜寻和实践。因此，多样化的地方生产结构导致了递增收益并且产生了城市化或多样化外部性（Diversification Externalities）。

言，无论从市场的发展还是企业所能提供的就业机会而言，多样化区域都有明显优势，因此消费者更愿意集聚在多样化的区域中：生产者集聚与消费者集聚在新经济地理文献中是一种正向的自我强化机制（Krugman，1991）。如果企业生产者从技术选择角度偏好多样化城市，而消费者从多样性需求角度偏好多样化城市，那么显然多样化更有助于吸引资本和劳动，在城市集聚中作用更为显著，从而影响到规模经济效率。

可见，从城市化水平、工业化水平、居民消费水平、产业专业化和多样性等角度的估计结果基本一致，即能够得到集聚经济对于城市规模经济效率起到了显著促进效果的结论。

3）劳动力素质对效率的影响

人口素质（Peo）变量在模型2中显著为负，表明对于东部区域的城市要素效率有着正向的影响，但全国和中西部城市的估计结果中却不显著。这说明东部城市的高人口素质起到了对经济发展效率的显著促进作用，而在全国大量的中西部城市中，人口素质对于规模经济效率的作用仍不明显，如内蒙古、西藏等省区的人口素质基础水平较低，中西部地区尽管有着数量庞大的人口和丰富的人力资源，但是是低质量的（赵秋成，2000），即近年来经济高速发展是非劳动力素质拉动的。科研投入（Sci）在三个中均显著为负，说明城市科研投入对要素效率有正面的效应。近年来随着新型工业化的推进，与高技术产业的发展，显著提高了城市的生产效率，但同时技术集聚度高于经济，两者的集聚度随时间增强，地理分布高度一致，这也是导致局部集聚和东西部发展不均问题的原因之一（符淼，2009）。

4）空间成本对效率的影响

内部空间成本（Intran）在模型1和模型3中都显著为负，而在模型2中并不显著，即城市内部的道路建设水平削弱了城市内部地理距离带来的交易成本摩擦，提高了要素流动环境及其效率，特别是"西部大开发"战略中对于中西部基础设施建设的大力投入。而外部空间成本（Extran）在三个模型中对效率均未有显著的影响，可能是由于我国区域发展中城市之间和区域之间的联系仍处于初步阶段，由区域一体化带来的收益尚不显著，即对外部空间成本的敏感度不高。

5）政策制度对效率的影响

对外开放程度（Open）变量在三个中均为负，且较为显著，在国家率先发展和开放战略引导下，市场经济体制和所有制结构的改革起到了明显提高城市规模经济效率的作用。另一方面，可能是由于东部城市的开放政策实施较早，且区域内部差异较小，因而对于效率影响的系数相对中西部地区要小。

4.5.4 要素效率的描述性统计特征分析

根据选择的模型得到2003～2007年各城市的效率估计结果，表4-4和表4-5是对估计结果所作的描述性统计。从效率值范围（Range）和标准差（Std. Deviation）看：全国层面上，总体效率值范围呈增大趋势；分区域层面上，中部和西部城市呈增大趋势，而西部城市则相反，说明东部和中部城市样本的效率值离散程度在不断扩大，即区域内部差异在不断增大，而西部区域的城市之间的差异在逐步缩小。从效率值的最大值（Max）、最小值（Min）和均值（Mean）看，不论在全国层面还是在分区域层面都是不断上升的，说明随着时间的推移，各地发展水平逐步提高，城市的总体效率水平趋于上升。从效率估计值的偏离系数（Skewness）与峰度系数（Kurtosis）看，偏离系数除分区域估计的中部区域的城市是逐步增大以外，其余全国估计结果和东、西部城市估计结果都是逐步变小的，同时，峰度系数则正好相反，说明除中部城市的效率值存在集簇分布的趋势外，效率值的整体分布趋于均衡化。

2003～2007年城市要素规模效率估计值的描述性统计结果比较　　表 4-4

	N	Range	Min	Max	Mean	Std. Deviation	Variance	Skewness	Kurtosis
2003	286	0.78	0.07	0.85	0.2106	0.10752	0.012	2.781	11.667
2004	286	0.82	0.08	0.90	0.2315	0.11555	0.013	2.727	10.838
2005	286	0.88	0.09	0.96	0.2529	0.12860	0.017	2.875	10.872
2006	286	0.87	0.09	0.96	0.2673	0.12715	0.016	2.573	8.949
2007	286	0.88	0.11	0.98	0.2900	0.13609	0.019	2.647	9.315

2003～2007年城市要素规模效率估计值的分区域描述性统计结果比较　　表 4-5

	N	Range	Minimum	Maximum	Mean	Std. Deviation	Variance	Skewness	Kurtosis
东部城市									
2003	101	0.731	0.101	0.832	0.251	0.107	0.011	2.247	8.409
2004	101	0.776	0.111	0.887	0.278	0.119	0.014	2.277	7.455
2005	101	0.844	0.120	0.964	0.302	0.145	0.021	2.548	7.527
2006	101	0.838	0.126	0.964	0.320	0.149	0.022	2.321	5.899
2007	101	0.840	0.143	0.983	0.349	0.164	0.027	2.360	5.853
中部城市									
2003	124	0.513	0.070	0.583	0.190	0.080	0.006	2.122	6.378
2004	124	0.561	0.079	0.640	0.207	0.080	0.006	2.114	7.493
2005	124	0.662	0.086	0.748	0.226	0.088	0.008	2.404	10.024
2006	124	0.758	0.094	0.852	0.241	0.094	0.009	2.703	13.654
2007	124	0.813	0.108	0.921	0.263	0.101	0.010	2.704	13.878
西部城市									
2003	61	0.756	0.089	0.845	0.186	0.136	0.018	3.869	16.559
2004	61	0.791	0.105	0.896	0.205	0.145	0.021	3.567	14.224
2005	61	0.812	0.114	0.926	0.226	0.145	0.021	3.520	14.267
2006	61	0.740	0.117	0.857	0.234	0.120	0.014	2.853	11.490
2007	61	0.717	0.122	0.839	0.248	0.115	0.013	2.840	11.397

许多对于我国地区经济差异的研究也表明经济增长方式对地区经济效率和地区差异的影响越来越大（傅晓霞等，2006c），城市初始资源禀赋方面中西部要显著优于东部，但由于集聚经济、人口素质、空间成本与政策效应等方面的差异，使得整体上我国中西部城市的效率水平低于东部沿海城市。中国现阶段中西部城市的发展中，不单是其要素投入不足的问题，而是投入要素的产出质量偏低，城市化的集聚效应不充分，市场化仍不够深入，引致要素配置效率不够高，加之自主创新能力和人口素质不高，对国外先进技术的吸收能力不强，使得地域差异区域不断扩大。

4.5.5 城市要素规模经济绩效的空间模式识别

1）总体绩效空间格局：东南沿海高，中西部内陆低

研究基于 GIS 空间分析平台，将通过前沿分析获得的效率结果在空间上进行表达，通过比例渐变（Graduated Symbol），采用等量分类法（Quantile）将效率值按每 20％ 的区间划分为 5 个等级，最终得到图 4-4。从图中可以看出，效率值位于前两个区间，即前 40％ 数量的地级市单元大部分都分布在东南沿海地区；其次是环渤海区域，以及东北部分城市。而与之形成鲜明对比，我国中部地区，许多城市的效率均不高。从效率的总体空间格局上看，与我国区域政策的布局高度一致，即从东南沿海向内陆梯度递减。可见，政策效应对于城市要素投入效率有着显著的促进作用，有利于要素的优化高效配置，也说明制度环境与治理结构的组织规则对于要素配置层面的显著效应。

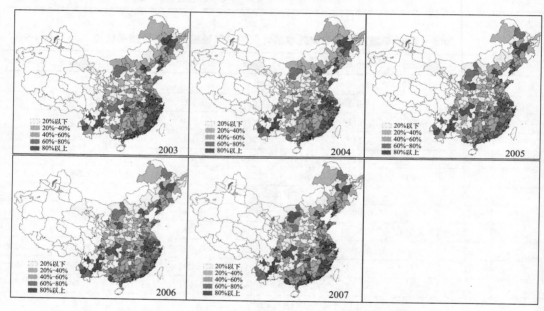

图 4-4　2003～2007 年全国 286 个地级市效率值空间分布图

2）绩效空间模式：绩效空间极化显著，呈现区域集聚形态

对于效率空间模式的研究，利用空间统计分析中的 Getis-Ord General G 指数进行测度，以识别高低集聚的程度（Getis，1992），总体空间相关的 General G 统计公式如下：

$$G = \sum_{i=1}^{n} \sum_{j=1}^{n} w_{i,j} x_i x_j, \quad \forall j \neq i \tag{4-27}$$

其中，x_i 和 x_j 是单元 i 和单元 j 的属性值，$w_{i,j}$ 为单元 i 和单元 j 之间的空间权重，n 表示所有分析单元的数量。本研究中采用特定距离带模式（Fixed Distance Band）进行空间关系的衡量，即采用特定影响距离来考虑周边单元的影响，超出该距离则被视为对分析单元无影响。该统计量的 z_G 值计算公式如下：

$$z_G = \frac{G - E[G]}{\sqrt{V[G]}} \tag{4-28}$$

$$其中，\quad E[G] = \frac{\sum\limits_{i=1}^{n}\sum\limits_{j=1}^{n} w_{i,j}}{n(n-1)}, \quad \forall j \neq i \tag{4-29}$$

$$V[G] = E[G^2] - E[G]^2 \tag{4-30}$$

2003～2007 年中国城市效率的 Getis-Ord General G 统计结果 表 4-6

年　份	Z Score	1%显著性	5%显著性	10%显著性
2003	4.09***	2.58	1.96	1.65
2004	4.08***	2.58	1.96	1.65
2005	4.35***	2.58	1.96	1.65
2006	4.93***	2.58	1.96	1.65
2007	4.99***	2.58	1.96	1.65

从上表中的 Getis-Ord General G 指数计算结果看，2003～2007 年城市要素效率均呈现空间集聚现象，且都达到了 1%的显著性水平，说明存在强烈的空间极化格局，即呈现高值与高值集中，低值与低值集中的趋势。从集聚水平上看，指数从 2003 年的 4.08，随着时间的推移，到 2007 年已经上升到了 4.99，说明空间集聚的现象越来越突出，程度越来越大。

热点分析采用 Getis-Ord Gi* 统计量对每个单元进行计算，该方法通过分析每个单元周边单元的情况，只有当该单元和其周边单元都具有较高的 z 值时，才会被识别为热点。Getis-Ord local statistic 的具体计算公式如下：

$$G_i^* = \frac{\sum\limits_{j=1}^{n} w_{i,j} x_j - \overline{X}\sum\limits_{j=1}^{n} w_{i,j}}{S\sqrt{\dfrac{\left[n\sum\limits_{j=1}^{n} w_{i,j}^2 - \left(\sum\limits_{j=1}^{n} w_{i,j}\right)^2\right]}{n-1}}} \tag{4-31}$$

$$其中，\quad \overline{X} = \frac{\sum\limits_{j=1}^{n} x_j}{n}, \quad S = \sqrt{\frac{\sum\limits_{j=1}^{n} x_j^2}{n} - (\overline{X})^2} \tag{4-32}$$

图 4-5 为 Getis-Ord Gi* 统计量计算结果，图中对城市效率的空间极化形态进行了识别，从分析结果中可以清楚地看到热点主要出现在四个区域，包括了区域Ⅰ（长三角地区）、区域Ⅱ（珠三角地区）、区域Ⅳ（环渤海周边的葫芦岛、秦皇岛市）、区域Ⅵ（西南省区，如昆明、玉溪、攀枝花等），这些区域是效率高值的集聚区域；冷点主要出现在两个区域，包括区域Ⅲ（我国中部黄河流域的大部分城市）、区域Ⅴ（鹤岗、双鸭山、佳木斯等东部边境城市），这些区域是低值集聚的区域。

虽然分析的时间周期较短，只有 5 年，但也可以从效率的时空演化角度看出明显的变化：①区域Ⅰ和区域Ⅱ在 2003～2004 年间在空间上是相连的，"长带状"地分布在我国东南沿海，而到了 2005～2007 年间处于带状中部的福建省部分城市却退出了高值集聚区，由此，区域Ⅰ和区域Ⅱ就呈现了长三角和珠三角两大区域的发展格局；②区域Ⅲ则经历了低值集聚区逐步缩小的过程，如在 2003～2004 年间处于 20%最低值区间的城市单元一共有 45 个，而到了 2007 年下降到 37 个，极低值区域不断缩小；③新的高值区出现，区域

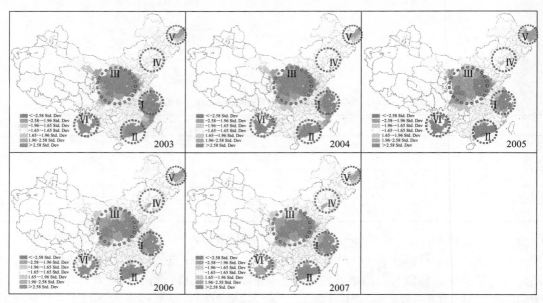

图 4-5　2003～2007 年全国 286 个地级市效率值空间分布图

Ⅳ在 2003～2004 年间并未出现高值集聚现象，但到了 2005 年以后，出现了秦皇岛和葫芦岛两个高值区，说明环渤海区域的效率整体在不断上升。从极高值和极低值范围的缩小，新高值区范围的扩大，可以看出，与经济发展格局类似，整体上效率值在空间上是呈现极化与区域集聚形态的。

3）绩效变化热点：大都市核心与外围区剧烈变动

基于 GIS 平台，研究计算了 2003～2007 年间各个城市的效率变动值，并按照等量分类法，按每 20％的区间分成五类，并在空间上进行表达，结果如图 4-6 所示。从图中可以

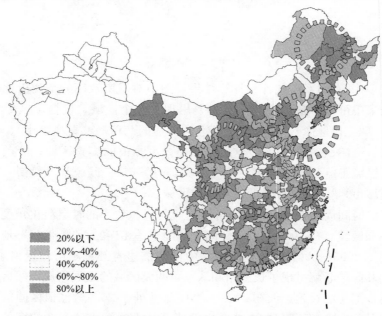

图 4-6　2003～2007 年全国 286 个地级市效率变动水平空间分布图

看出，效率变动最为剧烈的区域主要分布在环渤海城市群、长三角城市群以及珠三角城市群，特别是位于北京、天津、大连、上海、杭州、南京、广州等区域中心城市周边；另外，如呼伦贝尔、鄂尔多斯、哈尔滨、长春等部分资源型城市，近几年的效率提升也很明显。随着我国由小城镇和中小城市发展为主阶段进入到都市区（圈）发展阶段，区域经济的发展越来越呈现出核心溢出与集聚并存的态势，核心城市的产业转移与人口扩散带给周边城市大量的输入要素，整体空间产出效率得以提升。而资源型城市近年来强调转型发展，多元化的产业结构有利于经济的持续发展，也使这些城市逐步摆脱依赖资源发展经济的单一型模式，要素配置与产出水平因此得以优化。

4.6 本章小结

本部分研究主要考察了转型时代城市空间演化的规模经济绩效，得出的主要结论如下：

（1）城市空间演化的原动力是经济驱动，从对各时期主流的经济增长模型的分析结果中发现，经济学家开始注意到的影响经济增长的因素越来越多，从开始的只注重资本，到资本和劳动的相互替代，再到注意技术进步，再到人力资本与知识外部性，新近又将制度要素纳入经济增长过程中，不断发展。至此，在经济增长理论的研究领域中，经济增长的要素可以被归纳为资本、劳动、知识与技术、制度四种，也说明城市空间演化的宏观经济效率的提高依赖于资本投入的空间强度的提高，劳动投入空间密度的提高，知识扩散与技术进步与制度创新四个方面。

（2）本部分研究构建了基于"要素投入—空间机制—政策效应"的分析框架。首先，假设城市经济增长依赖于第一性经济基础（First Nature Economic Base），即资源禀赋，但不是决定性的；其次，第二性经济基础（Second Nature Economic Base），也就是"集聚经济"的动态变化是要素投入转化为经济产出的关键，是各种要素在区际流动和重组的空间机制；第三，政策与制度是要素投入、流动的被组织机制，通过控制要素流动中的交易费用以起到资源配置的效应。

（3）本部分研究考察了转型时代城市空间演化的多维结构效应的规模经济产出格局的特征，通过空间分析与计量经济分析总结如下：东部沿海地区是我国空间经济产出的最高的区域；空间经济产出的空间格局呈现由点状向面状、带状集聚形态的转变趋势；空间经济产出具有显著的空间相关性和邻域辐射效应。

（4）在转型时代城市空间演化中规模经济的影响因素分析中，发现：①从全国层面上看，自然资源禀赋总体上对经济产出总量有着正向的作用，但中西部城市的经济产出与东部相比更偏向于依赖初始禀赋；②在我国城市中产业的空间集中效应十分明显，但产业关联的经济效应还不显著，这也说明我国的产业集聚仍处在初步的空间集中阶段，尚未完全发挥产业集群的"化学反应"，并且在当前阶段，产业多样性比专业化更有利于经济增长；③城市中交通成本的降低有利于空间经济产出的增长，同时，对于东部城市的作用强度要高于中西部城市，这也支持了东部集聚与溢出效应比中西部更为显著的观点；④消费的多样性能促进企业的集聚，并带来空间经济产出水平的提高，同时，人力资源素质对于东部城市的促进作用也要大大高于中西部城市，这是因为中西部城市大都仍处于工业化的初级阶段，对劳动力的素质要求不高，其效应也就不如东部来得强；⑤不同的政策，作用机制不同，影响效果也不同，但政策对空间经济产出的影响效应是显著的。

（5）通过总结城市空间演化中规模经济影响的宏观机制，研究构建了基于以下五个方面的要素规模效率实证框架：城市化、工业化——要素规模经济效率演化的基础性机制；规模报酬递增——要素规模经济效率的集聚经济解释；人力资本、人口素质的效率绩效；区域基础设施规模——要素规模效率的空间交易成本解释；区域政策对于要素规模经济效率的影响。利用随机前沿超越对数生产函数对 2003～2007 年中国 286 个地级市数据进行了实证研究。

（6）根据随机前沿函数对效率的影响因素估计结果：①初始自然资源禀赋对要素规模经济效率的提高具有负面影响，在我国自然资源型城市的要素效率并不高，而具有经济要素禀赋的城市则效率更高；②集聚经济带来的人口和经济要素在空间上的集中，会产生产业链接化、消费市场扩大等效应，对城市要素效率起到了显著的推动作用；③空间成本对效率也有影响，但当前仍表现为对区域内部空间成本较区际成本更敏感；④而政策效应也体现在东部城市与中西部城市要素规模经济绩效的差异上。

（7）研究对各城市单元的区域要素规模经济绩效进行了测度，考察了不同时期不同地域城市要素投入产出与其生产前沿面的差距，总结其变化趋势与识别其地域差异模式，发现提高城市要素规模经济效率的总体目标是一致的，但不同地域城市的实现路径需要差别化，对于中西部地区城市的关键是改变资源型发展模式，增强集聚能力与加强人力资源建设，深化实施改革开放政策；而东部地区城市则是要转变经济增长方式，向高技术和集约化的新型工业化模式转型。

根据本部分得到的结论，研究认为自然资源禀赋对绝对产出和效率的不同影响效应，制度因素的空间差异性，集聚经济的显著性作用等等，都表明了转型期影响中国城市空间演化因素的复杂性，经济层面的分析只是其中的一个方面，对于转型时代城市空间演化绩效的理解，还应从其空间结构演化（自组织角度）和规划调控（被组织角度）进行考察。

5 资源配置绩效Ⅱ：城市空间演化的内外部结构绩效

5.1 城市功能转型与内部空间演化的理论研究背景

20世纪50年代以来，随着经济全球化的发展趋势，导致了一批世界城市的崛起，世界城市最显著的特点之一，就是形成了以生产服务业为主体的产业结构，从而对世界经济产生重要影响（Sassen，1991；顾朝林，1999）。伴随着向服务业和金融业转移的全球经济结构转型，赋予城市作为某些特定生产、服务、市场和创新场所的一种全新的重要性，企业更多地走向由财政金融、生产决策和商业活动获取收益的转变，即现代服务业特别是生产性服务业由此获得迅速发展，同时，城市空间结构也出现了剧烈的变革，城市功能的转型引致了城市功能空间的演替。在此背景之下，对于现代服务业的空间载体——服务业用地（特别是商务写字楼）的研究也不断涌现，国外的相关研究经历了从理论假设到实证检验，再到组织机制的过程分析：20世纪20年代提出租金—运输"折中"模式；60～70年代注重讨论办公活动的关联性，按生产工序划分办公活动的层次，并确定不同层次办公活动的区位倾向；80年代建立办公活动空间分布数量预测模型；并进一步探讨电子通信技术进步、生产组织演化和社会经济制度对办公区位的影响以及办公活动空间分布格局的阶段模式（李翠敏等，2005），其中具有代表性的研究有丹尼尔斯（Daniels，1975，1991）、巴农（Banon，1979）等对办公楼区位的研究，贾德（Gad，1979）、克拉普（Clapp，1980，1992）、阿彻（Archer，1981）、伊勒瑞斯（Illeris，1996）等对其空间差异及影响因素的研究，陶赫尔（Taucher，1984）等对办公楼空间均衡结构的研究。相较之下，国内相关研究较少，侯学钢等（1998）以上海市为例探讨了生产服务业、办公楼和城市空间结构三者的联系；张文忠（1999）从经济区位论的角度出发，研究了服务业的类型及其区位，并从中心地理论、地租理论等方面分析了服务业布局的依据；阎小培等（2000）对广州写字楼分布格局的变化特征进行了讨论；甄峰等（2008）对南京城市生产性服务业的空间分布进行了研究。

可见，国外学者对写字楼使用企业的空间区位特征研究较为成熟和系统，近年来关注重点开始转向办公郊区化、区位周期性演变等现象和规律的研究；而国内尚未形成一个成熟的研究范式，还主要侧重于对写字楼的空间分布与影响因素的研究，对写字楼的专业化趋势及其形成演化机制的探讨也比较缺乏，研究较为浅显。随着转型期城市现代服务业的兴起以及信息经济的发展壮大，写字楼经济也逐渐成为城市经济发展和城市文明的象征，但是中国城市在长期的计划经济体制下，大都形成了以工业为主导的产业结构及相应的城市空间结构，改革开放以来中国城市的产业结构及其空间结构发生了巨大变化，城市空间结构发生了新的变化趋势（Ning，1995），当前中国城市发展正处于转型时期：一方面，市场机制逐步发挥作用；另一方面，政府仍然是经济发展的决策者，这使中国城市内部空间结构显示出与西方国家城市迥然不同的特征（宁越敏，2000）。

基于以上分析，本部分研究目的是：①通过对实地调研的数据进行空间分析，进而探索城市功能转型背景下城市的空间结构特征；②在空间分布特征和演化历程分析的基础上，尝试对当前在政府引导与市场配置双轨作用下的城市新兴功能空间格局的形成机制进行总结。本部分研究旨在加强对城市新兴产业空间区位及其用地特征，并对其形成机制进行研究，为科学引导城市功能与空间结构的协调发展提供依据。

5.2 城市内部空间结构演化的实证：杭州案例

5.2.1 数据来源及研究方法

1）数据类型及来源

研究数据的采集时间为 2008 年 6～9 月，研究案例为杭州市主城区范围，包括上城区、下城区、西湖区、江干区、拱墅区、滨江区六个城区的服务业用地（以写字楼为代表）现状情况进行了实地踏勘形式的详细调研，共调研写字楼用地样本 549 个，收集的信息主要包括：详细地址、写字楼名称、功能类型、占地面积、建筑面积、建筑层数、内部企业类型等。信息采集和空间分析的基础底图为 2008 年杭州市 1：1000 现状地形图，并参照 2009 年杭州交通地图对写字楼样本进行空间上的定位。图像和数据处理采用 Arcgis 9.2、CAD 2004 等软件。

2）研究方法Ⅰ：空间密度分析

本研究采用由西尔弗曼（Silverman，1986）提出的 KDF（Kernel Density Function）密度分析法（具体见 4.2.2 节相关内容），借助 Arcgis 9.2 平台实现对杭州主城区服务业的空间分布形态的分析。

3）研究方法Ⅱ：区位熵分析

所谓熵，就是比率的比率，区位熵又称专门化率，在衡量某一区域要素的空间分布情况，反映某一产业部门的专业化程度，以及某一区域在高层次区域的地位和作用等方面是一个很有意义的指标。在产业结构研究中，运用区位熵指标主要是分析区域主导专业化部门的状况（Miller et al.，1992），本部分研究采用区位熵指标来分析写字楼中的企业功能类型的地域专业化程度，其值越高则该服务业类型在该区域的专业化程度越高，公式如下：

$$N_{K-A} = n_{K-A}/n_K \qquad (5-1)$$

其中，N_{K-A} 为区域 K 中服务业类型 A 的区位熵，n_{K-A}＝区域 K 中服务业类型 A 的企业数量/杭州主城区内服务业类型 A 总的企业数量，n_K＝区域 K 中总的服务业企业数量/杭州主城区内总的服务业企业数量。

4）研究方法Ⅲ：空间自相关分析

本研究利用空间自相关分析对杭州写字楼中的城市产业功能在空间上的集聚与分散程度进行研究（方法介绍具体见 4.2.2 节相关内容）。

5.2.2 城市内部空间结构演化的特征：多中心雏形显现

作为城市经济发展与城市创新的载体，城市功能空间的集聚与扩散是城市空间发展不平衡的一种运动过程，反映了城市发展的历程，体现了城市内部形态的演变（储金龙，2007）。本研究采用栅格空间密度法来分析杭州写字楼用地在空间上分布的集聚与分散特征。基于调查建立的写字楼用地空间数据库，采用反距离权重法并以办公面积（建筑面积）为加权变量，创建杭州现状写字楼的空间密度栅格图，并按分位数法将其分成五级梯度等级（图5-1）。

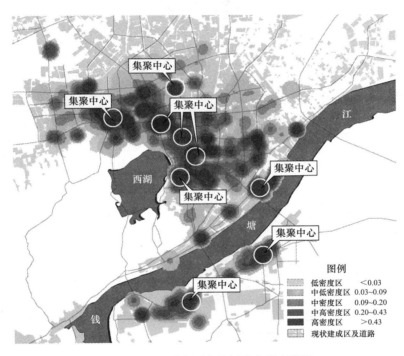

图 5-1 杭州城市写字楼用地容量密度图

从杭州城市写字楼空间容量密度分析图中可以看出存在以下几个显著的特征：①现状写字楼用地容量分布总体上呈现出以西湖为中心，在扇形区域内，从中心向外围梯度递减的格局；②用地容量密度的集聚中心大量分布在扇面内层，并有互相连接的趋势，在外围则主要呈离散状分布；③集聚中心主要分布在两个区域，分别是西湖周边的老城和沿钱塘江两岸；④从分圈层的办公容量统计来看（图5-2、图5-3），在整体随距离递减的趋势下，除2.5km半径内的旧城（传统意义上的杭州老城区）外，在3.5km、5.5km和7.5km等圈层出现了明显的次级波峰。可见，杭州城市写字楼的用地分布形态已经出现多中心特征，一方面高密度的写字楼在老城中心的集聚趋于最大化，另一方面钱塘江两岸新的商务办公区逐渐形成并增多，同时相邻的集聚中心逐渐融合发展，使得写字楼用地由空间点状集聚分布，转向扩散化并趋向网络体系。

可见，杭州商务经济用地的空间分布已经趋向多中心延连发展态势，并以西湖为圆心

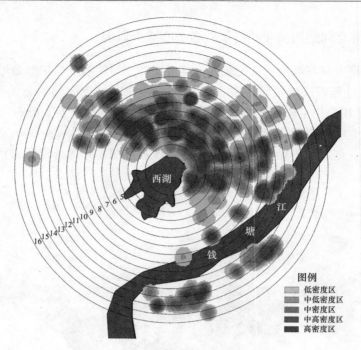

图 5-2　杭州城市写字楼用地圈层分析图

图例
低密度区
中低密度区
中密度区
中高密度区
高密度区

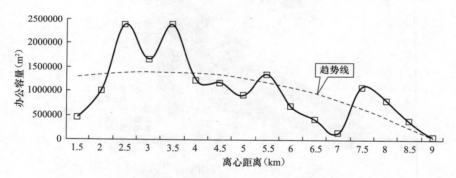

图 5-3　杭州主城区现状商务经济容量圈层统计图

呈扇形状梯度递减。由于高密度的商务经济在旧中心的单核集聚最大化，并且随着外围新的商务区（特别是钱塘江两岸的新空间）逐渐增多，同时，相邻的商务区逐渐"连块"，使得空间集聚点逐步扩散并网络化。这即所谓"集中式的分散"过程：在城市区域尺度上扩散，但是同时又在这个城市区域内的特殊节点上重新集聚，呈现"多中心"宏观空间结构模式。

5.2.3　城市内部空间结构演化的规模等级特征：空间非均衡，外围偏弱

写字楼建筑的用地面积体现了其在城市空间中的物理意义，而真正体现集聚经济意义的空间容量应该是其建筑面积（就业与使用面积）。从写字楼建筑面积的空间分布来看（图 5-4），单体建筑面积较大的写字楼在空间上的分布没有呈现明显的集聚特征，空间分

布较为均匀；同时，建筑面积较大的写字楼一般位于城市的外围快速拓展区域，如沿钱塘江两岸、北部城区。但另一方面，从建筑面积的空间容量分布的密度来看，还是呈现出明显的空间不均衡集聚格局，环西湖区域最为密集，并呈扇形状梯度递减。这正说明了城市发展的历史继承性：西湖周边为杭州老城，受旧城改造与西湖景观控制，写字楼整体分布密度大，而容量规模与开发强度低；而处于钱塘江沿岸等城市外围成长区的写字楼往往是高起点规划，建筑密度相对较低，但开发强度很高。

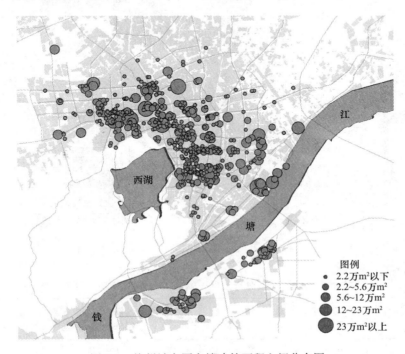

图5-4　杭州城市写字楼建筑面积空间分布图

规模容量等级分布研究以杭州城市写字楼用地容量密度分析（见图5-1）为基础，划分出10个杭州现状城市写字楼分布区块，通过调研的数据统计，将服务业企业数、占地面积、建筑面积同时选为变量，采用 K 类中心聚类（K-Means Cluster）法，根据最小欧式距离原则进行10个区块的样本聚类分析，最终得到三个等级的区块规模（图5-5）。从分析结果看，杭州现状城市写字楼的规模容量等级结构不够合理，体现出第三级区块规模偏小与整体发展滞后的问题，这也表明了杭州城市写字楼的空间分布正处于从单中心集聚形态向多中心网络化转型的阶段，各次级区块的基本雏形已经出现，但缺乏综合服务功能，其功能与规模尚在提升与形成过程之中。

5.2.4　城市内部空间结构演化的功能特征：专业化转型初期

研究以上述写字楼分布区块为基础，根据各区块写字楼中的企业数据进行服务业内部结构的统计分析，本研究选择了空间分析中的 Morans I 检验来分析写字楼内不同类型服务业在空间上的整体集聚特征，同时，用区位熵来测度各类服务业在各个区块中的地域专业化程度。从表5-1的统计结果分析：

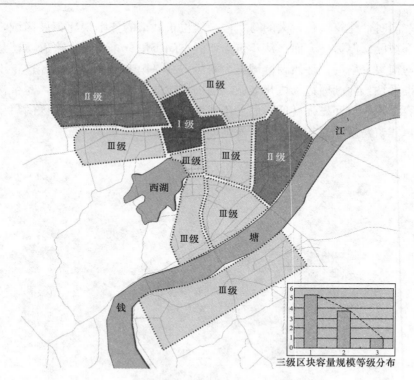

三级区块容量规模等级分布

图 5-5　杭州城市写字楼用地区块规模等级分布图

杭州主城区写字楼分行业区位熵与 Morans I 检验统计表　　　　表 5-1

区块名称	行业	工程及建筑管理	邮政与运输管理	金融保险业	房地产业	科研信息业	商务及咨询业	商业与娱乐业	行政与社会事业
武林区块	区位熵	0.64	0.98	0.83	0.95	0.46	1.23	0.99	1.06
湖滨区块		0.35	0.52	1.35	1.12	0.31	1.06	1.06	2.20
吴山区块		1.83	0.76	2.14	1.99	0.25	0.84	1.12	1.35
黄龙区块		0.85	1.03	1.15	2.13	0.91	0.95	0.99	0.84
文教区块		0.47	0.45	0.35	0.54	2.86	0.74	0.73	0.60
凤起区块		1.13	1.01	1.25	0.93	0.49	1.11	1.10	0.93
城站区块		1.87	1.17	1.54	0.95	0.36	0.84	1.29	1.31
东站区块		1.63	0.72	0.62	0.57	0.62	1.02	1.37	0.53
钱江新城		2.47	0.34	1.37	0.46	0.68	1.07	0.72	1.64
滨江区块		0.91	2.05	0.43	1.35	2.31	0.76	0.68	0.60
Morans I		**0.02**	**0.02**	**0.06**	**0.04**	**0.11**	**0.04**	**0.03**	**0.03**
集聚程度		弱集聚	弱集聚	高度集聚	中度集聚	高度集聚	中度集聚	弱集聚	弱集聚

1）写字楼内部各行业的集聚特征方面

科研信息业、金融保险业的 Morans I 值最高，空间集聚程度最大，房地产业和商务及咨询业的行业空间集聚程度次之，即以生产性服务业为主的行业在空间上趋于集簇式分布，说明生产性服务业需要空间集聚产生的规模效应支撑其发展；而工程及建筑管理业、邮政与运输管理业、商业与娱乐业等以社会性和个人服务业为主的行业在空间上的分布较为离散，说明这些行业是整个服务业中的基础性依赖行业，更多强调的是空间均衡分布带来的更大服务供给覆盖面。

2）写字楼内部各行业的地域专业化

从区位熵的计算结果看，不同行业之间存在较大的区位熵差异，说明已经呈现一定的地域专业化特征。另一方面，发展较为成熟的区块一般具有较高的综合服务能力，而处于发展中的区块则体现出功能的单一性（表5-2）。通过区位熵的纵向对比发现：武林中心区块除了商务及咨询业集聚程度较高外，其他行业发展水平较为平均，体现了成熟区块的功能复合与形态混合的特征；世贸黄龙区块主要集聚了房地产业，而其他行业发展较为均衡；吴山区块集聚了金融保险业、房地产业和商业娱乐业，体现了杭州传统中心的特色；湖滨区块是行政管理和金融商务业的主要集聚地；高新文教区块显著集聚了科研信息业，同时与其他服务业比例相差悬殊，说明该区块商务办公功能的单一性（图5-6）。整体上，体现了当前区域发展中配套行业建设的滞后问题，也说明写字楼的地域专业化还处在初期的低水平状态。

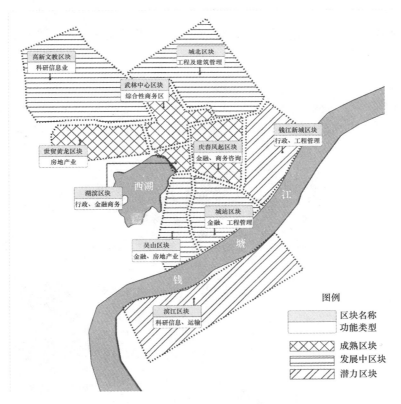

图 5-6　杭州城市写字楼功能区块特征分析图

杭州主城区现状写字楼区块功能类型　　　　　　　　　　　　　　　　　表 5-2

城市中心	主导行业	配套行业	地域功能与性质
武林区块	商务及咨询业	邮政与运输管理、行政与社会事业	成熟的综合型办公区
钱江新城	工程及建筑管理	行政与社会事业、金融保险业	建设中的综合型办公区

续表

城市中心	主导行业	配套行业	地域功能与性质
文教区块	科研信息业	商务及咨询业、商业与娱乐业	发展中的科研型办公区
黄龙区块	房地产业	金融保险业、邮政与运输管理	成熟的金融与贸易型办公区
吴山区块	金融保险业	房地产业、工程及建筑管理	成熟的综合性金融文化办公区
湖滨区块	行政与社会事业	金融保险业	成熟的综合型办公区
城站区块	工程及建筑管理	金融保险业	成熟的专业化枢纽型办公区
东站区块	工程及建筑管理	商业与娱乐业、商务及咨询业	发展中的专业化枢纽型办公区
凤起区块	金融保险业	工程及建筑管理、商务及咨询业	发展中的金融商务型办公区
滨江区块	科研信息业	邮政与运输管理	建设中的科研型办公区

5.2.5 城市内部空间结构演化的强度特征：空间差异大，次核弱

对于由商务楼宇高度生成的基于反距离插值法（Inverse Distance）的用地开发强度趋势面（图 5-7）进行分析，可以看出处于外围钱江新城和滨江区的高开发强度商务楼分布呈面状形态，而西湖周边的老城则呈点状形态，其中明显的高值点分别是：钱江新城正在建设的公建群、滨江区政府、武林广场建筑群、凤起路与庆春路沿线部分地区、西湖大道地区，基本上都分布在城市的一级主干道沿线；而西湖沿线地区由于受到城市景观保护的高度控制，用地强度普遍较低。

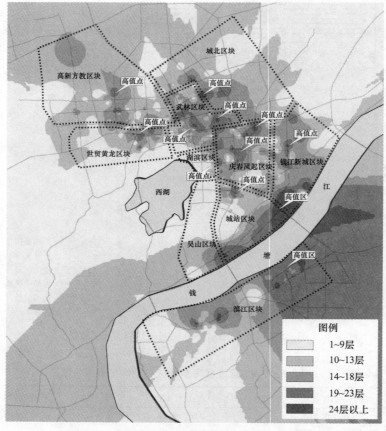

图 5-7 杭州主城区商务建筑高度分布趋势图

从商务企业空间分布的密度关系看（图5-8），武林、湖滨、黄龙和庆春凤起四个成熟区块的企业分布密度显著高于其他区块，武林广场周边区域作为现状市级商务与商业中心，其空间集聚效应已达到顶峰，同时由于向心作用过强，发展空间狭小，正面临城市风貌混杂、交通负荷过重、环境恶化等多重压力；另一方面，高新文教、城北、钱江新城等外围区块作为次级中心所在的区域，集聚密度还很低，中心引力弱，无法承担片区的综合服务功能。

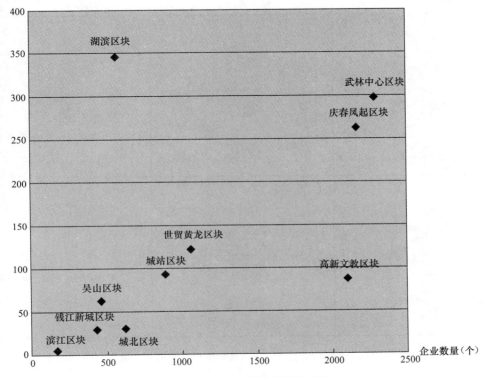

图 5-8 企业空间分布密度散点图

5.2.6 城市内部空间形态结构的分行业重构特征：空间扩散不协同

为了探索生产性服务业内部各个行业的空间区位差异，在研究中以西湖为中心（本研究主要从城市空间地域扩张与生产性服务业分布的视角来分析杭州生产性服务业的空间分布特征，而西湖便是杭州城市扩张的地理中心）划分出三个圈层（Ring），半径分别为2.5km（第一圈层）、5.5km（第二圈层）和9.5km（第三圈层）。如此划分的理由：0～2.5km圈层是杭州传统意义上的老城所在区域；2.5～5.5km圈层是杭州近几年发展起来并相对发展成熟的区域；5.5～9.5km圈层是杭州城市建成区快速扩张的主要区域。每个服务业功能的详细分布格局如图5-9所示。

从三个圈层的划分统计结果来看，大量的生产性服务业企业分布在0～2.5km圈层（31.12%）和2.5～5.5km圈层（64.83%），呈现较为明显的向心集聚特征。同时，2.5～5.5km圈层又大大高于0～2.5km圈层所占的份额，说明大量的生产性服务业分布

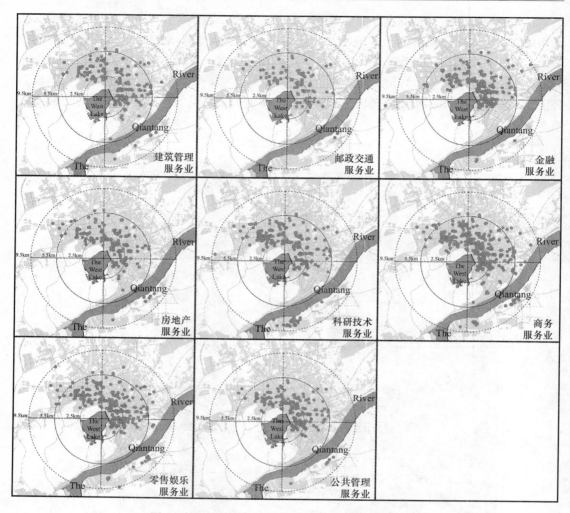

图 5-9　按行业分类的写字楼功能用地空间分布格局

在城市近几年发展成熟的区域。杭州老城由于历史悠久的关系，该区域内部的建筑密度和开发程度很高，能为生产性服务业提供的用地空间已经很少，而 2.5～5.5km 圈层的区域发展也已经趋于成熟，并且用地空间充足，为生产性服务业的发展提供了用地空间与配套设施，因而大量的企业分布在这个圈层。

从各个具体行业的空间分布来看，不同行业在空间上的集聚与分散格局也呈现出不同的特征。主要分布在第一圈层的行业为金融保险服务业（55.58%），主要分布在第二圈层的行业包括建设管理服务业（68.5%）、科学研究与技术服务业（81.45）、商务服务业（64.22%）、零售和娱乐业（66.07%）、公共管理服务业（54.55%），第三圈层中行业内部分布比例最大的是邮政与运输业（6.00%）和科学研究和技术服务业（6.14%）；同时，在第一和第二圈层分布较为平均的行业为邮政与运输业（47.00%）、房地产服务业（47.75%）。从图 5-9 的各行业空间分布图的比较中可以看出，商务服务业、零售和娱乐业、科学研究和技术服务业这三个行业向外围的扩散程度最大，而其他行业都是高度集聚在内城附近，各个行业在空间上的扩散过程并不相同。

5.3 城市内部空间结构演化的驱动机制

5.3.1 城市空间结构转型与城市功能演化的互动关系

城市用地的空间结构表现了城市各要素在空间上的总体分布秩序。杭州城市空间结构从清末至 21 世纪经历了多次变革（表 5-3、图 5-10）。杭州城市用地与空间结构演化引导着城市功能的空间分化，当前杭州城市生产者服务业分布格局主要表现为两方面的变化：一是区块内部功能的整合提升，二是区块在城市外围的发展。前者是指城市核心区通过制造业等功能外迁的结构性过滤，使其内部的产业功能结构日趋合理，从单一的混合功能向多中心专业化转变，在都市区内形成不同专业化方向的水平分工体系；后者指承载生产性服务业的写字楼用地分布的地域范围不断扩大并形成外围次中心，共同构筑了不同等级的垂直分工体系。

杭州用地形态与城市空间结构的演化历程表　　　　　　　　　　　　　表 5-3

历史时期	城市形态	城市中心空间结构	中心区位	中心功能
清末至民国	由团块状向沿交通线呈放射状、星楔状扩展		城市中心	中山中路、河坊街区域	综合商业区
20 世纪 80 年代	围绕旧城呈指状发展		城市中心	湖滨区域	旅游文化商业区
20 世纪 90 年代	以"摊大饼"、"填空档"为主，重新回归团块状发展		主城双中心	湖滨区域	文化商业区
				武林区域	行政商业区
			两大副城	下沙城	综合性工业区
				滨江城	高教工业新城
2005 年	以钱塘江为轴线的跨江、沿江网络化组团式		主城双中心	湖滨、武林广场地区	旅游商业文化服务中心
				临江地区（钱江新城、钱江世纪城）	区域性商务中心
			三大副城	江南城	现代化科技城
				临平城	综合性工业城
				下沙城	高新综合新城

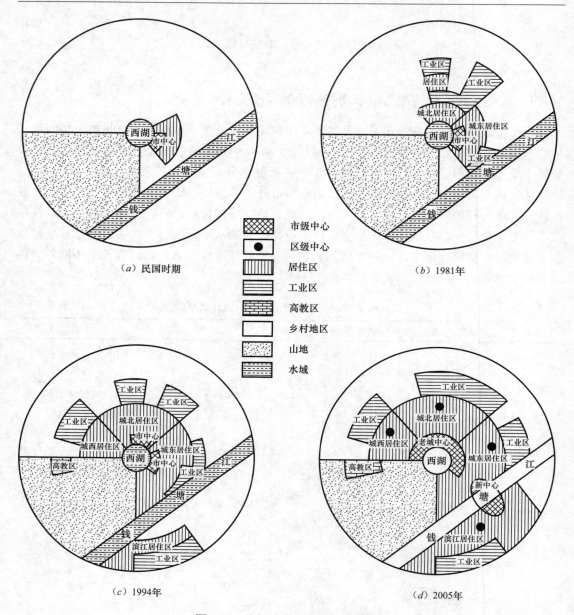

（a）民国时期　　　（b）1981年

市级中心
区级中心
居住区
工业区
高教区
乡村地区
山地
水域

（c）1994年　　　（d）2005年

图 5-10　杭州城市空间结构演化图

　　商务经济是城市服务业发展到相对高级阶段产生的新经济形态，其演化与城市土地利用的空间结构演化紧密联系。从杭州城市的历史演化来看：从民国时期至解放初，杭州的商贸业中心主要集中于上城区吴山路和中山路（图 5-10a）；新中国建立后至 20 世纪 70 年代末，上城区的湖滨地区逐渐形成全市的政治、商贸、金融和通信等的集聚中心（图 5-10b），杭州一直处于单中心的集聚阶段；20 世纪 80 年代初，由于湖滨地区建筑高度受限和用地局限等原因，1983 年规划在下城区延安路北端的武林地区建设新的市中心，至 90 年代中期已经相对成熟，形成了武林与湖滨两大城市中心对峙的格局（图 5-10c）。同时，由于集聚效应，城市中心区的商业、金融、信息服务等职能仍然呈向心集聚的态势，使得中心市区不断扩展；同时扩散效应也起着作用，随着内城工业的外迁和居住空间的分散，以及信息技术的进步，现代服务业中的某些部门逐渐向中心区外围扩展，此时商务经济的雏形出现。

进入 21 世纪，随着城市建成区的扩展，郊区房地产的开发，城市中心区土地的紧张和地价的上涨，以及现代的交通、通信技术的革新，使得现代服务业对市场空间接近的需求有所降低，因此一些企业纷纷向中心区外围迁移，在远离中心区的位置建设了地区级商务中心；此外，杭州新一轮的总规也提出了"跨江发展"的战略，新辟钱江新城作为未来的市中心和商务中心，形成多中心多层级的商务区结构，引导城市向多中心网络化大都市转型，城市空间发展处于整体分散与局部集聚的状态（图 5-10d）。

5.3.2 转型时代城市空间形态结构的中西方差异分析

根据国外对城市服务业用地的相关研究，通过与国外大城市办公楼区位模式特征的比较，由于城市郊区化发展的驱动力和影响方式不同，加之自上而下式政府控制城市空间发展能力的差异，杭州现状城市服务业用地空间分布与国外城市相比存在显著的差异性特征（表 5-4）。

国内外城市服务业用地结构与区位特征比较   表 5-4

	国际性大都市	杭 州
城市经济发展阶段	后工业化时期	工业化中后期
服务业用地区位模式	集聚与扩散并存，以扩散为主	集聚与扩散并存，以集聚为主
服务业用地区位特征	生产型服务业高度集聚，在城市中心区通过功能的延伸与裂变，形成主次多中心形态	传统劳动密集型和资本密集型制造业从城市中心区向外扩散；生产性服务业在城市不同区位集聚；出现多中心形态雏形
服务业用地空间演化阶段特征	（后期）城市多中心、多层级的郊区分散阶段，城市多中心网络体系趋于成熟	（中前期）从城市中心区单核集聚阶段向多核、多层集聚阶段过渡，并出现部分郊区化趋势
空间组织结构特征	多中心、多层级、强轴线	强主中心、弱次中心、多层级、弱轴线
功能形态特征	专业化后期；中央商务为主的高端复合形态	多中心专业化初期
服务业组合特征	综合性、多功能，集高端商业、金融、商务、文化、娱乐于一体	功能低级复合向专业化初期过渡
区块规模等级特征	首位度较高，次中心体系均衡发展，规模大	首位度高，次中心集聚与服务能力弱，规模小

为了更深入地了解杭州城市内部土地利用空间结构演化的规律，研究将其与西方城市的三个经典空间结构模型进行对比（见图 2-8）。首先是同心圆模型（Concentric Model），伯吉斯（Burgess，1924）基于芝加哥案例，第一个解释了城市区域内部的社会空间结构。第二个城市空间理论模型为扇形模型（Sector Model），经济学家霍伊特（Hoyt，1939）将城市看成是扇形发展的，而不是圈层式的。哈里斯和（Harris & Ullmann，1945）提出了多中心模型（Multiple Nuclei Model），在这个模型中，城市包含了多个活力中心。通过对比发现杭州与西方城市经典模型之间的异同主要存在以下几个方面：

（1）中西方城市的地理圈层结构非常类似。都遵循基本模型，即"城市中心—居住区—次中心—远郊工业区"的模式。此外，城市基本都为多中心形态。

（2）中央商务区（CBD）在三个宏观模型中都存在。虽然杭州也有相应的中央商务区，但其与西方相差较大。中国的很多城市都有 CBD，但不论从 CBD 的规模还是功能形态上，都无法达到国际标准。同时，国外的 CBD 大都是通过市场力量自发形成的，而中国的 CBD 则更多的是以政府选址和推动建设为主。

（3）中西方城市中的居住区空间分布差异较大，特别是社会等级的空间结构。社会阶级的空间分布差异较大，比如在霍伊特的模型中，居住区分为高级、中级和低级（Pacione，2001）。但是在中国，居住并没有呈现出那么明显的社会等级分异。例如，在旧城中以混合居住为主，而西方国家城市则以白领工作者为主。

（4）工业郊区化在西方始于 20 世纪 50 年代。但是如中国杭州这样的城市，仅从 10 年前才开始工业的逐步郊区化，城市中心的工业用地开始转变为其他用途。城市中心的功能由生产中心转变为以管理、生产性服务业和生活服务业为主。同时，大量工业制造活动在城市郊区的开发区内集聚。

城市内部空间结构在中西方城市之间存在着大量的异同之处。但是差异并非存在于基本模式中，而是所处的发展阶段不同。可以预见，随着市场机制在经济和社会领域的不断深入发展，中国城市的内部空间结构会越来越与西方城市接近。

5.3.3 城市空间演化的形态结构效应的驱动机制

转型期中国城市服务业空间演化的驱动机制如图 5-11 所示，包含了政治、经济、企业个体等众多影响因素的作用路径与方式：在政治因素方面，政府通过政策手段对城市相关服务业用地进行着规划管制和空间引导，如政府的产业政策推动着城市中心区的旧城更新，行政区划的调整促进了服务业在不同地域空间上的扩散与集聚；在经济因素方面，

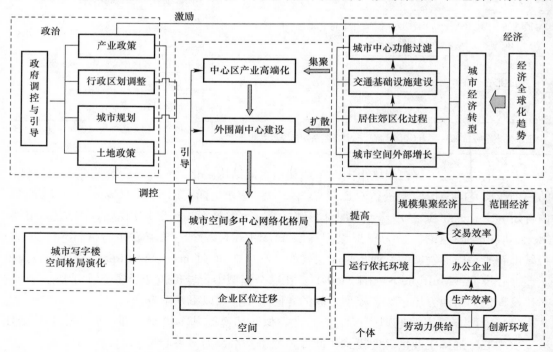

图 5-11 转型期杭州内部空间结构演化的宏观机制

经济全球化和劳动分工引起了城市经济的重构和升级，进而推动了旧城更新、交通设施建设、居住郊区化和城市扩张；个体因素方面，城市的网络化空间结构改善了区域发展环境，由此产生的集聚经济和范围经济提高了企业的交易效率，而劳动力的供给和创新环境则提高了企业的生产效率；在空间因素方面，内城的产业高端化和城市次中心建设促进了城市多中心网络化形态的形成，从而影响到生产性服务企业的重新选址与服务业用地的郊区化。当前城市服务业空间格局是在这些因素共同作用下形成的，其中突出表现在以下几个方面：

1）城市功能转型促进服务业的空间区位演化

城市经济形态的转型，引起了城市空间结构的重组，同时城市的用地结构也随着城市功能的调整，发生了相应的变化，如杭州由早期的风景旅游、传统工业型逐步向现代服务型发展，城市的国际化功能、信息中心功能和知识中心等新功能不断加强，相应地出现了新的商务功能，城市写字楼空间分布演变表现为以功能置换为主的内城更新与新区建设：前者如杭州上城区等旧城区的工业企业逐步外迁，或被改造成城市综合体（杭州已规划建设100个城市综合体）；后者如在钱江新城等外围区域另建商务新中心。同时，城市中心形态由点状向块状转变，各类高端写字楼向城市中心集聚，有助于城市CBD的形成。

2）城市郊区化诱导服务业在外围副中心的集聚开发

随着城市现代化水平的提高，消费需求也发生了新的变化，如近几年杭州居民私人小汽车已高达18辆/百人，郊区高品质楼盘开发等等，新的消费需求也催生了城市副中心的兴起，私人机动化和交通体系的建设削弱了由距离引起的摩擦力，推动城市向郊区快速扩展，因此牵引着主城区人口和产业的离心扩展，人口的郊区集聚与写字楼副中心集聚使"居住—就业"得以适当平衡。服务业在城市副中心的集聚优势体现在以下几个方面：①仍然具有要素的局部集聚特征，亦可减少交易成本；②具有较低地价，可减少运营的租金成本；③避免城市中心的拥挤，与高校结合，拥有良好的办公及创新环境；④获得郊区位置的弹性和扩展办公空间的可能性；⑤写字楼中的生产服务型企业可与制造业企业相联合形成产业链。这些优势使得城市中心区相当数量的服务业企业转移至副中心，如东站区块、滨江区块，甚至更外围的下沙和临平副城，出现办公服务业离心化现象。

3）城市空间结构调整引导城市功能的地域专业化

城市功能与用地的调整本质上是由不同类型服务业基于"成本—收益"权衡下空间区位需求差异导致的，随着杭州市主城区内部功能的调整升级，商业、金融、信息服务等功能呈向心集聚的态势，而同时随着城市的基础功能区（如居住、工业等）呈向外围扩散趋势，加之信息技术的进步，现代服务业中的某些部门逐渐向中心区外围扩展，城市服务业发展处于整体分散与局部集聚的状态，形成不同专业化方向的水平分工体系和不同等级的垂直分工体系。城市物质空间功能的变革改变了区位要素的组合与影响方式，同时，不同服务业办公属性与区位选择的内在要求不同，这两种因素共同推动着服务业用地区位结构的变迁，地域上逐步趋于专业化，形成了专业化功能区块的集聚形态。

4）政策与政府行为引导了城市空间结构多中心形态的形成

在政策及政府行为的层次上，城市规划除了调控城市经济空间建设外，本身就是针对城市空间发展的一项政府调控作用于城市空间重构（冯健等，2007；魏立华等，2008；毛蒋兴等，2008）。2001年杭州市政府经国务院和浙江省政府批准，同时设立萧山区和余杭区，使得杭州城市的可拓展空间增大了3倍，突破了地理空间阻隔对城市资本、产业、劳动力等构成要素在地域空间上的合理流动与分布的制约，相关服务业因此也逐步向城市外围地区扩散，从以西湖为核心的城市用地格局走向跨江城市形态，市政府将新的城市核心办公商务区规划至钱塘江沿岸，使杭州用地的中心格局转向了主次中心结合、多层级网络化、与大都市空间耦合的结构。

5.4　城市外部空间结构演化的理论分析

5.4.1　城市外部空间结构演化的研究背景

大都市区（Metropolitan Area）是指一个以大城市为中心，将外围与其联系密切的工业化和城镇化水平较高的县（市）共同组成的区域，内含众多的城镇和半城镇化或城乡一体化地域，其特征是这些外围城镇与中心城市有密切的日常经济联系和协调内外部建设的某种机制。国内外学者从不同研究视角对大都市区外部土地利用空间结构的演化与成长过程进行了划分，主要有以下几个观点（表5-5）：

国内外学者对都市区（圈）演化阶段的主要划分模式　　　　　　　　　　表5-5

代表性学者	研究视角	演化阶段划分
耶茨（Yeates）	城镇群地域空间演化	商业城市时期（Mercantile City）→传统工业城市时期（Classic Industrial City）→大城市时期（Metropolitan era）→郊区化成长时期（Suburban Growth）→银河状大城市时期（Galactic City）
弗里德曼（Friedmann，1986）	核心—边缘理论	工业化前分散的城市阶段→工业化初期的城市集聚阶段→工业化成熟阶段→连绵都市区形成阶段
克拉森等人（Klaassen et al.，1981）	城市人口动态变化	城市化→郊区化→逆城市化→再城市化
胡序威（2000）	城镇空间组合形态	城市独立发展阶段→单中心都市圈形成阶段→多中心都市形成阶段→成熟的大都市圈（带）阶段
富田和晓（1975）	离心扩大理论	集心型→集心扩大型→初期离心型→离心型→离心扩大型
川岛（2001）	人口空间循环	加速的城市化阶段→减速的城市化阶段→加速的郊区化阶段→减速的郊区化阶段→加速的城市化阶段
小长谷（1998）	都市圈生命周期	都心形成阶段→内城（Inner City）形成阶段→内郊区形成阶段→外郊区形成阶段→内郊区老化阶段→外郊区老化阶段
陈小卉（2003）	都市圈成长阶段	雏形期→成长期→成熟期
顾朝林等（2007）	都市空间成长过程	"核心—放射"状雏形期→"核心—圈层"状成长期→"郊区化"发育期→"网络型"成熟期

可见，上述代表性研究中大部分划分模式基本都涉及了大都市区的城市化、郊区化和逆城市化过程，同时，在地域上都体现出了核心区与边缘区的基本空间关系，并在大都市区的整体发展中，它们之间的关系呈现不断变化的阶段性特征，都市的成长地域不断扩展并逐步趋于成熟。

随着我国改革开放和都市区（圈）经济的高速发展，城乡关系特别是大都市区功能地域范围内的"成长区（即城市外部用地与空间扩展区）"成为变化速度最快、同时也是最为敏感的区域，大都市功能外扩衍生的大型基础设施、新居住组团、各种产业集聚区都相继在这一区域集中开发建设；另一方面，该区域也成为都市核心区解决"大城市病"，疏导人口，缓解产业和交通压力的首选空间。在此背景之下，该区域已成为城市地理学、城市规划学、土地利用学等研究最为活跃的领域，同时在政府管理层面，也是都市空间政策制定、城市功能结构转型、城市与区域治理最为复杂的区域，因而，加强对其的研究不但具有十分重要的理论价值，并且在实践层面对于我国都市区发展与空间管理也具有十分重要的实际意义。

5.4.2　城市外部空间结构演化的阶段划分与特征分析

本研究指的城市外部用地成长区主要是指都市区的外围边缘区域，是都市核心区功能与人口扩散的主要吸纳和重组的关键区域，其形态发展特征表现为内部各城镇用地规模的快速扩张，区内空间主体之间，以及与核心城市之间空间结构关系和组织架构的剧烈变化。城市外部用地成长区的发育和空间结构演变可以看作是"都市圈过程"的重要组成部分（罗小龙，2005）。

考虑国内外学者对都市区（圈）演化过程的各种划分模式，本研究从都市区产业扩散及空间结构演化的角度，以弗里德曼（Friedmann）的"核心—边缘"理论为基础**将大都市外部用地与空间成长区的演化过程其大致分为四个阶段：各城镇独立发展阶段、成长区培育阶段、成长区发展与扩张阶段和成长区创新发展阶段**（图 5-12）。

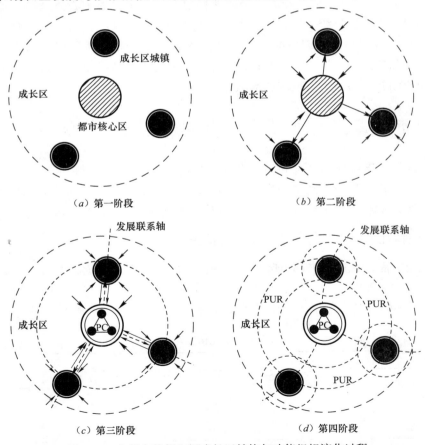

图 5-12　大都市外部空间成长区结构与功能组织演化过程

1）第一阶段：各城镇独立发展阶段（工业化与城市化初期）（图 5-12a）

①工业化初期仍沿袭着农业社会的封闭格局，并开始逐步向工业主导的经济发展模式转变；②单个城镇群落用地规模小，空间结构简单，功能相近；③城镇空间布局规整、紧凑、封闭，均质度高；④群落之间联通不便，结构趋同，以竞争为主。

2）第二阶段：成长区培育阶段（工业化与城市化加速发展期）（图 5-12b）

①各城镇群落用地快速拓展，都市区出现核心城市，并伴随其功能辐射，地域功能出现分化；②核心区呈集中式、单中心结构，表现为圈层式规模扩展；③核心区与成长区之间联通加强，要素流动重组；④竞争格局转变成竞争与互补同时存在的内在关系。

3）第三阶段：成长区发展与扩张阶段（工业化与城市化快速发展期）（图 5-12c）

①各城镇群落之间区域分工和功能结构日趋合理，有更多的互补性区域被纳入到大都市区域空间内来，区域发展趋于一体化；②核心区功能不断裂变延伸出新的专业化功能中心，大都市中心体系结构调整，形成以专业化水平分工为主的多中心城市（Polycentric City，简称 PC）；③处于区域经济主流向上的外围城市（城镇）在专业化功能基础上增加了次级服务功能，从而与核心区形成水平与垂直并存的分工关系，多中心城市区域（Polycentric Urban Region，简称 PUR）雏形出现。

4）第四阶段：成长区创新发展阶段（工业化与城市化后期）（图 5-12d）

①大都市区 PUR 网络体系发展趋于成熟稳定；②网络化的中心体系给了都市区强大的功能与辐射能力，通过统一运行机制和制度体系，实现区域资源和要素的更高效配置；③成长区城镇借助核心区的创新能力，实现技术创新、产业创新和制度创新，其用地效率、空间结构和功能形态进一步提升；④在结构相对稳定的状态下，都市区整体不断实现内外部的功能创新，参与更大范围的地域分工。

5.5 城市外部空间结构演化的典型特征：杭州案例

杭州市的行政建制在 2001 年进行了调整，余杭区与萧山区"撤市变区"使得两个区域也因此成为近年来杭州网络化都市发展的重点区域，符合研究对于大都市外部空间成长区的界定原则，因而选择杭州的余杭区作为研究的典型案例进行现状特征剖析与空间策略研究。

5.5.1 典型特征 I：人口与用地规模加速扩张

人口规模方面，在近年来都市区规模快速扩张的背景下，余杭区作为杭州大都市的主要成长区，1999～2005 年间，余杭区非农人口的增长率超过市区 5.6% 的平均水平，达到了 7.0%（表 5-6），其变化也体现出了成长区对于扩散人口吸纳的典型特征。

非农人口变化情况对比表 表 5-6

年 份	1999	2000	2001	2002	2003	2004	2005	平均增长率（%）
杭州市区（万人）	184.6	193.3	206.0	216.1	233.2	245.6	256.4	—
年增长率（%）	—	4.7	6.6	4.9	7.9	5.3	4.4	5.6
余杭区（万人）	16.8	17.4	18.1	19.1	20.0	21.4	25.1	—
年增长率（%）	—	3.3	4.0	5.5	4.9	7.2	17.1	7.0

来源：各年《杭州统计年鉴》。

空间规模方面，从1999～2005年余杭区用地增量的构成中可以看出（表5-7），城市与建制镇用地增长最快（扩展贡献率达62.1%），其次是独立工矿用地（扩展贡献率达28%），而交通用地动态变化中则以公路基础设施为主。规模的扩张也说明成长区开始承接了核心区的人口与功能的扩散，而大型基础设施建设也为核心区与成长区要素流动及时提供了便捷的网络化通道。

1999～2005年余杭区城镇土地利用变化情况　　　　　　　　　　　　　表 5-7

年　份	项　目	合　计	城　市	建制镇	村　庄	独立工矿用地	特殊用地
1999	面积（亩）	184735.0	6716.0	9224.0	121179.0	45078.0	2532.0
2005	面积（亩）	246806.8	17011.9	37522.1	127253.4	62457.5	2561.9
	用地增量（亩）	62077.8	38594.0		6074.4	17379.5	29.9
	扩展贡献率（%）	100.0	62.1		9.8	28.0	0.1

来源：《余杭区土地利用总体规划》（2005版）

5.5.2　典型特征Ⅱ：功能空间结构快速变革

当前杭州都市区结构演化表现为内外部地域发展模式的显著差异性：内部地域的发展通过制造业等不适宜中心区功能的结构性外迁，不断提升运行质态，从综合性单中心逐步向专业化多中心形态转变，形成不同专业化方向的水平分工体系；外部地域的发展则通过规模和地域范围的不断扩张，在成长区逐步形成新的外围副中心，形成不同位序等级的垂直分工体系。从表5-8中可以看出，随着杭州都市区地域空间与用地规模的不断扩展，都市中心功能不断裂变，并向专业化发展，处于成长区的城镇必然要通过产业结构调整，空间资源整合和发展形态的引导，融入大都市区功能分工体系。

杭州城市中心体系空间演化历程　　　　　　　　　　　　　　　　表 5-8

历史时期	中心区位		中心功能
清末至民国	城市中心	中山中路、河坊街区域	综合商业区
20世纪80年代	城市中心	湖滨区域	旅游文化商业区
20世纪90年代	主城双中心	湖滨区域	文化商业区
		武林区域	行政商业区
	两大副城	下沙城	综合性工业区
		滨江城	高教工业新城
2005年	主城双中心	湖滨、武林广场地区	旅游商业文化服务中心
		临江地区（钱江新城、钱江世纪城）	区域性商务中心
	三大副城	江南城	现代化科技城
		临平城	综合性工业城
		下沙城	高新综合新城

5.5.3　典型特征Ⅲ：城乡空间发展绩效差异显著

从余杭区的现状空间关系来看，呈现显著的城乡差异性，整体空间绩效还处于较低水平，主要体现在以下几个方面：①建设用地分布过于分散，城镇形态效率低。现状余杭区内主要城镇形状率基本都在 0.3 以下，平均紧凑度只有 0.14 左右①，用地过于分散化，由于初期主要依托交通干道进行轴向开发建设，故整体形态呈线性，内部运行效率低下；②西部山区内城镇由于地形和发育初期对交通设施的依赖普遍规模小，此外，还受到西溪国家湿地公园和良渚文化遗址等生态要素阻隔明显；③经济总量过于分散，缺乏发展合力，区内各城镇经济发展较为均衡，以独立发展模式为主，缺少组团与片区之间的统筹与协调，"大也全，小也全"的特点非常明显；④产业地域分工不明确，尽管余杭区内东西部城镇区位和资源条件相差甚远，但产业结构仍然雷同，表明城镇片面追求经济发展总量，资源禀赋与主导产业缺乏耦合联系，如此发展会提早透支未来的发展空间，影响区内独有的生态和人文资源。

5.5.4 典型特征Ⅳ：城市生态安全格局的关键区域

余杭区是杭州都市区外围重要的生态敏感区域，2004 年修编的《杭州城市总体规划 2001—2020》提出了"一主三副，双心双轴，六大组团，六条生态带"的开放式空间结构模式，决定了生态带作为区域生态开敞空间的重要地位，余杭区内涉及其中的三条大尺度生态带（图 5-13），更强化了其在区域生态安全格局营造中的关键角色。余杭区内的生态带建设具有重要的意义：①具有改善城市人居环境和土地质量，保护农村土地利用和阻止杭州核心区蔓延的混合功能，是杭州城市可持续发展的重要空间保障；②区内大量林地

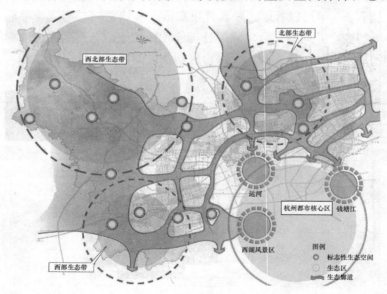

图 5-13 余杭区内绿地生态空间基本格局

---

① 紧凑度广义上指城市建成区用地的紧凑、饱满程度，具体上又分为基于最长轴的形状率法、基于周长的圆形率法和基于外接圆的紧凑度法，分别以区域面积与区域最长轴长度、区域周长和区域最小外接圆面积的比值来反映区域形状的紧凑程度，并将圆形区域视为最紧凑的形状特征，作为标准度量单位（数值为 1），离散程度越大，其紧凑度越低。紧凑度又分为形状率法、圆形率法的紧凑度法。形状率法定义：形状率 $=1.273A/L^2$（A 为区域面积，L 为区域最长轴）。圆形率法定义：圆形率 $=2(\pi A/P)^{1/2}$（A 为面积，P 为周长）。

资源使其成为众多自然和历史文化遗产的空间载体，因而保持区内生态带的完整性，有利于这些遗产避免外部开发的冲击；③保护农用地的一定规模，在一定程度上确保了城市新鲜蔬菜和其他副食品的供给；④生态带内森林、水面、山丘等自然条件优越的地区，可作为市民的游览疗养基地，同时也促进了城市周边的农林业发展以及生物栖息地的保护，为大都市区提供了一个健康可持续的生态圈。

5.6 城市外部空间结构的演化趋势与优化路径

5.6.1 城市外部空间结构演化的趋势

通过总结城市外部用地空间结构演变的基本理论，并基于对杭州余杭区的现状特征分析，得到对正处在发展与扩张阶段的杭州大都市区未来发展的几点启示：①功能发展与用地扩张阶段是大都市区成长的关键时期，应重视对都市区发展阶段的科学判断。②实现都市区土地利用空间结构由核心圈层模式向多中心模式的转变。③一方面要加大核心区功能结构与用地结构的调整力度，加快形成多中心城市（PC）；另一方面也要加强区域副中心建设，完善整个都市区的中心体系结构，加快形成多中心城市区域（PUR）。这两方面相辅相成。④适时适地加强区域基础设施建设，以及以市场为主导的一体化发展架构，是大都市区内部降低空间联系成本与制度摩擦成本，提高区域运行效率和整体竞争力的基本保障。通过上述分析，在杭州都市区发展的大背景下，作为成长区的发展趋势主要有以下几个方面：

1）融入都市区外部扩张的功能地域，强化成长区次中心培育

区域竞争力越来越表现为城市群或城市网络的竞争力，余杭区作为都市核心区功能扩散的前沿接纳区，只有通过更大范围的产业结构调整，空间资源整合和发展形态的引导，融入完整的都市区经济流动和职能分工，才能实现从封闭有限发展走向区域竞合持续发展。同时，杭州都市区要以"多中心"为核心战略，提高空间组织的灵活性与高效性，将内部重组与外部生长相结合，强调不同层次极核在规模、功能和区位上的多样性及相互之间的联系与协作，以此作为加强区域整体性的重要手段（朱喜钢，2003）。现状杭州与余杭、萧山等外围地区已经与核心区形成了非均衡发展和密切联系的特点，正处于发展最为快速，结构变动最为剧烈的阶段，当前余杭区要借助区域空间结构重组的机遇，培育杭州都市区的副中心，促进都市区形成合理分工的多中心体系。

2）应对大都市核心区功能的疏导，建立成长区专业化反磁力体系

当都市区核心城市与周边地区的集聚势能差达到一定程度后，借助发达的要素流动通道的建成，区域能量分布将历经重新组合（方创琳，1999），核心区由全面快速发展阶段过渡到局部优化提升阶段，而周边区域则进入快速发展阶段。在成长区内形成多个与中心城市引力相抗衡的反磁力中心，引导核心区功能疏散的外部重组，形成均衡的网络化"磁力体系"。目前老余杭、临平、下沙和江南城已经形成一定的用地规模，这些外围中心的土地利用形态呈空间跳跃式发展，作为大都市成长圈的余杭区，应积极发展专业化中心，与核心城区形成合理高效的专业分工，缓解中心区的集聚不经济，建立起杭州大都市区的反磁力中心，与核心区构成对比均衡、梯度协调的功能与用地规模等级体系。

3）加快成长区城镇土地资源与经济要素整合，实施网络化、组群化发展战略

根据集聚规模经济原理，过于分散的无序发展是低效率的，因而必须以"区域城市化和城市区域化"的思想，从圈层蔓延走向轴向拓展，从紧凑团块走向多中心分散组团，实现由大城市模式向都市区模式的转型。组群化战略要求打破镇乡离心分散发展的格局，使乡村地域纳入到以城镇为主体的梯度扩散发展轨道，进一步提高区域空间发展绩效和公共设施的空间配置效率。同时，大型交通通信基础设施是大都市区各组团联系和经济一体化的主要纽带，发达的交通干线既是核心区成长和产生"极化效应"的重要条件，也是其经济外溢和功能辐射的必要通道，因而余杭区要重点加快道路、水运、轨道"三大基础网络"系统的建设，强化区内城镇间、产业平台间以及与都市核心区间的横向联系，推动网络化系统的形成。

4）促进形成多中心城市（PC）结构与多中心城市区域（PUR）结构在空间上的融合发展

杭州大都市区发展与扩张阶段，一方面要加大核心区域功能与结构的调整力度，加快形成多中心城市（PC）；另一方面也要加强成长区副中心建设，完善整个都市区的中心体系结构，加快形成多中心城市区域（PUR）。在空间组织上，重视公交导向（TOD）土地紧凑开发模式，通过密集的、高强度的土地开发和混合功能用地建设，引导整个区域可持续发展；在功能组织上，采用"相对集中的分散"策略，建立反磁力体系，加快培育余杭、下沙等次级中心，构建垂直与水平分工相结合的中心网络及功能体系；在开发密度上，强调高层、高密度的再开发，倡导独立开发的新城和住区以及重组的公共空间，以缩短通勤距离，提高服务和设施的可达性。

5）严格保护成长区生态用地空间，构筑大都市区域绿地生态走廊

都市成长区位于相对外围地域，是都市区整体生态安全格局的重要组成部分，因而要特别注重保持区域生态空间的整体性与系统性，加强控制与维护城镇之间的区域性廊道控制，通过区域绿地的联结形成杭州大都市区的生态走廊。作为都市成长区应保护并合理利用地方特色资源，如以良渚遗址与塘栖省级历史文化保护区的保护为核心，充分挖掘和利用古镇、运河、超山、湿地等资源，继承水乡特色，传承地域文脉，将生态和人文资源有机结合，增强余杭区地域特质，同时也是促进城乡产业融合，进行都市休闲旅游开发的基础。

5.6.2 城市外部空间结构演化的优化路径

1）大都市外部空间结构组织框架

大都市成长区的特征决定了其规划跨区域性与跨层级性，进行空间组织、土地资源以及经济资源的配置，特别是协调城乡交界处的空间关系，促进管理机制地域文化的融合（胡军等，2005）。基于杭州大都市区空间结构引导、反磁力体系构建和成长区自身的重组要求，提出了余杭区"强心、联动、合团、聚点、控廊、延快"的空间发展策略，形成"一副、三组团、三带、四廊"的空间框架：以副城为重点，加强临平副城建设；以组团为基础，推动组团格局重组；以中心城镇为依托，以西部生态区为保障，形成资源共享、功能互补、协调发展的网络化都市新区（图5-14）。重点注意以下几点：融入区域城镇空间结构，促进区域发展一体化；应对都市核心区城市功能与人口的外迁，提供相应的接纳空间；强化核心区与成长区城镇发展的互动机制，建设好副中心与专业化特色化城镇；完善基础设施网络使核心区的经济外溢和功能辐射在空间上有序畅通；控制城市用地的非理性增长，实施严格的成长区空间管制；将生态带作为重要的生态基础设施进行都市区生态安全格局的保护。

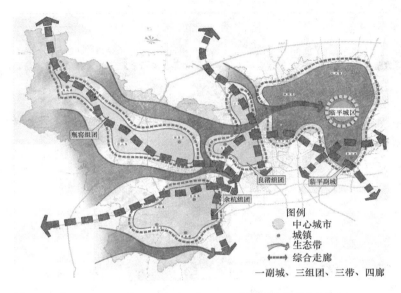

图5-14 杭州市余杭区用地空间组织总体结构图

2）网络化大都市区副中心优化发展模式

（1）案例：杭州余杭区临平副城。

（2）模式与定位：综合性新城，大都市副中心模式。杭州大都市区的"反磁力"副中心与长三角国际城市地区核心区块中的重要功能区块，杭嘉湖绍都市经济圈的重要节点与区域要素集聚中心。

（3）空间结构的组织形式：强中心集聚，紧凑型布局。围绕绿心和公共中心布局，以两条发展轴网络化组织周边多个差异化功能区（图5-15），实现从地理中心转向功能中心，从产业基地转向综合新城，从蔓延形态转向紧凑结构的转变；强化与主城中心的对接，通过梳理交通网络，协调功能布局，加强与长三角其他城镇节点的联系。

3）创新极核与反磁力中心优化发展模式

（1）案例：杭州余杭城镇组群。

（2）模式与定位：专业化城镇组团模式。以"概念浙大、湿地公园、水乡都市、孵化基地"的和谐杭州示范区为基点，定位为集生态居住、旅游休闲、科研开发、高等教育为一体的现代化生态型新城区，形成杭州西部的创新极核和反磁力组团。

（3）空间结构的组织形式：弱中心集聚，紧凑组团型布局，以南北向的科技创新轴和东西向的休闲旅游轴两条轴线，联结多个专业化功能区，控制东西向和南北向两条生态走

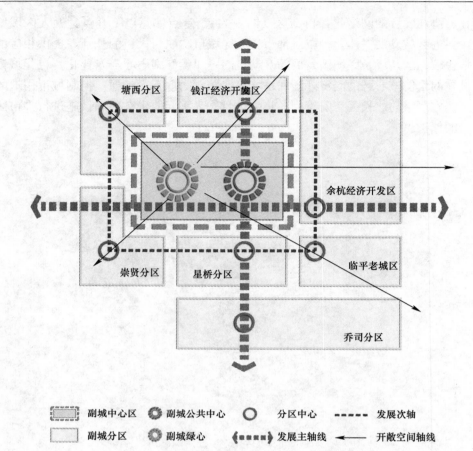

图 5-15 临平副城用地空间组织结构图

廊（图 5-16）。建设以高教科研和高品质居住为主导功能的专业化科技创新极核，建立承接大都市区人口外溢作用的"反磁力"综合型服务业基地，维护西溪湿地区域生态基质空间，构筑以生态带为轴线、西溪湿地为区域绿核的绿地系统，实现和谐共生的可持续发展形态。

4）文化创意与物流组团优化发展模式

（1）案例：杭州良渚城镇组群。

（2）模式与定位：多元化城镇组团模式。接纳核心区产业功能外迁，建设都市区专业市场与交易中心，都市文化创意核，现代化卫星城。

（3）空间结构的组织形式：弱中心，紧凑组团型布局，以两条交通主干线串联多个个差异化功能区，"抱团"发展，保护良渚遗址（图 5-17）。选择差异化互补发展路径：良渚片结合良渚遗址的保护，挖掘"迷"文化开发创意产业、勾庄片接纳核心区市场和物流基地、仁和职住平衡发展的综合片区；保护优质生态环境和人文遗址，弱化工业功能，营造近郊特色居住卫星镇与文化休闲旅游基地。

5）生态廊道与游憩组团优化发展模式

（1）案例：杭州瓶窑山区城镇组群。

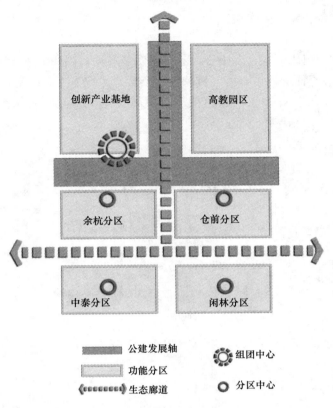

图 5-16　余杭组团用地空间组织结构图

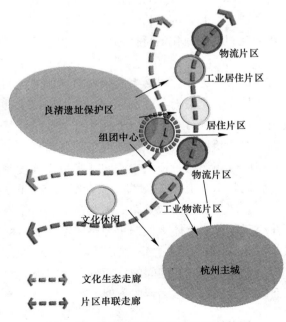

图 5-17　良渚组团用地空间组织结构图

107

（2）模式与定位：特色生态城镇组团。结合保护的西北生态带内山水景观资源，发展生态型特色小城镇群。

（3）空间结构的组织形式：多中心、分散组团型布局，以交通主干线串联多个特色紧凑型城镇（图5-18）。西部四镇都有各自特色，实行"保护为主，适度开发"，建设以"生态基地、田园小镇、禅茶之乡"为特色的服务型城镇组群；同时要保护都市西北部生态带，弱化工业功能，限制城镇规模，坚持点轴式紧凑发展。

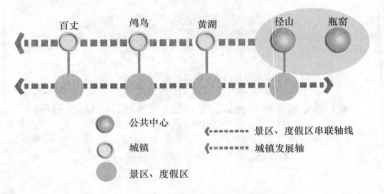

图5-18　瓶窑组团用地空间组织结构图

5.7　本章小结

本部分的研究主要探讨了转型时代随着城市功能形态的变化与产业结构的升级，城市空间演化由此产生的结构重构效应。本部分将城市的空间结构划分为内部空间结构与外部空间结构进行分别研究，并通过空间密度分析、区位熵分析和空间自相关分析相结合的技术方法，探讨了城市内外部空间结构演化的特征、动力机制、演化趋势及其优化途径。主要结论如下：

（1）在城市内部空间结构演化方面，以转型时代城市功能演化与产业结构提升为切入点，选择了生产性服务业用地作为实证对象，利用杭州主城区写字楼的实地调研数据，从空间分布形态特征、规模容量与等级分布特征、专业化功能区块特征、土地开发强度特征和各行业用地格局五个方面对杭州城市服务业用地的空间分布形态进行整体研究，研究结果显示：①城市服务业的空间分布形态特征由中心向外围呈现梯度密度递减的格局，并且空间分布由点状集聚分布转向扩散化并趋向网络体系；②服务业的规模容量（开发规模）在内城小规模密集分布，而外部大规模分散分布的不均衡形态；③规模容量等级已经出现多中心趋势，但现状存在第三级区块总体规模偏小与整体发展滞后的问题；④内部各个服务行业用地的空间集聚程度不同，生产性服务业需要空间集聚产生的规模效应支撑其发展，而基础性依赖行业用地更多强调的是空间的均衡分布；⑤服务业的功能形态趋向于地域专业化，发展较为成熟的区块一般具有综合服务能力，而处于发展中的区块则呈现出功能的单一性；⑥服务业的开发强度体现出显著的差异性，城市中心开发强度大，而外围开发强度小，也由此产生了外围次级城市中心的服务能力不足的问题。

（2）从转型时代城市内部服务业空间格局形成的驱动机制来看，转型期中国城市发展中的政治、经济和企业微观主体等各种要素，通过相互交织的综合作用机制，塑造着城市的经济空间、功能空间以及企业个体的空间分布，有效地推动了城市服务业在空间上集聚与分散相结合的时空演化进程，导致城市的土地资源利用空间结构也发生了剧烈的变革，其中表现较为显著的有四个方面：①城市功能转型促进服务业的空间区位演化；②城市郊区化诱导服务业在外围副中心的集聚开发；③城市空间结构调整引导城市功能的地域专业化；④政策与政府行为引导城市空间结构多中心形态的形成。

（3）通过国外城市服务业的空间分布特征的对比，为处于转型期的中国城市内部土地资源利用结构的组织提供了诸多经验和启示：①城市空间重组要适应产业升级，城市空间结构与功能提升进程要协同发展，对城市用地开发的引导要适时和科学；②构建"多中心、网络化"的城市空间结构发展框架，开放型、多点集聚的空间发展形态是获得规模效应，降低交易成本的基础；③城市空间的功能组织要适应专业化的总体趋势，建设"垂直分工"与"水平分工"结合的职能体系，这是城市产业价值链升级和综合服务能力提升的支撑；④适应城市空间结构，控制用地开发等级规模的合理序列，构筑均衡的空间体系是提升次中心服务能力，避免一级中心集聚不经济的基本要求，特别要重视城市空间调整中的副中心建设，强化城市服务业集聚空间在规模、功能和区位上的多样性及相互之间的关联与协作；⑤改善服务业发展条件，加强立体化交通体系建设，以此克服距离产生的时间成本摩擦，提升经济活动与城市运行的整体效率。

（4）在城市的外部空间结构方面，本部分研究从都市区产业扩散及空间结构演化的角度，将大都市外部用地与空间成长区的演化过程大致分为四个阶段：各城镇独立发展阶段、成长区培育阶段、成长区发展与扩张阶段和成长区创新发展阶段。每个阶段在城镇用地形态、规模、功能特点、空间组织和发展互动关系方面都存在不同的特征。当前转型期，中国城市大都处于城市外部成长区发展与扩展阶段（工业化与城市化快速发展期），该阶段城市外部成长空间的特点主要有以下四个：①人口与用地规模加速扩张；②用地功能结构快速变革；③城乡空间发展绩效差异显著；④是城市生态安全的关键区域。

（5）作为城市外部空间的成长区域，其发展趋势主要有以下几个方面：①融入都市区外部扩张的功能地域，强化成长区次中心培育；②应对大都市核心区功能的疏导，建立成长区专业化反磁力体系；③加快成长区空间资源与经济要素整合，实施网络化组群化发展战略；④促进形成多中心城市（PC）结构与多中心城市区域（PUR）结构在空间上的融合发展；⑤严格保护成长区生态用地空间，构筑大都市区域绿地生态走廊。

（6）正处在发展与扩张阶段的城市外部空间结构的发展与开发要特别重视以下几个方面：①功能发展与用地扩张阶段是大都市区成长的关键时期，应重视对都市区发展阶段的科学判断；②实现都市区空间结构由核心圈层模式向多中心模式的转变；③一方面要加大核心区功能结构与空间结构的调整力度，加快形成多中心城市（PC），另一方面也要加强区域副中心建设，完善整个都市区的中心体系结构，加快形成多中心城市区域（PUR），这两方面相辅相成；④适时适地加强区域基础设施建设，以及以市场为主导的一体化发展架构，是大都市区内部降低空间联系成本与制度摩擦成本，提高区域运行效率和整体竞争力的基本保障。

　　通过本部分的研究，发现在转型期，随着城市功能的提升与空间的拓展，城市的发展演变进程已经明显地改变着核心城区与其外部空间成长区不同层面的空间结构模式与城乡二元分立关系，城市是各种"要素流"的汇聚点，其空间发展更具复杂性与动态性。在我国大规模都市圈和都市连绵区的发育背景下，城市内外部的空间结构研究更显其突出的重要性。同时，在本部分研究中，亦得到了第四部分结论的印证，即影响城市空间结构演化的因素也是多方面的，其中也受到了政府行为、政策与制度的深刻影响。可见，经济增长与空间结构演化都是政府行为、政策效果和制度设计产生的外在结果。

6 资源配置绩效 Ⅲ：城市空间规划的调控绩效

6.1 "规划理想"与"现实发展"的悖论

城市发展的复杂性使得城市规划在实施过程中会出现许多不确定因素，进而影响了最终的效果。霍普金斯（Hopkins，2001）总结了都市发展中的四个特点，分别为相关性、不可分割性、不可逆性及不完全预见。这似乎可以解释为何规划常常难以按预期的那样被执行。相关性体现在都市的土地开发涉及到多个利益主体格局中，并且他们之间的决策会相互影响，最终实施的方案可能超出规划的控制范围，其中，以城市边缘区的土地产权冲突问题最为常见（Wei et al.，2009）。不可分割性指规划确定的规模影响着规划将取得的价值，如规模与目标不匹配，则规划就可能出现控制失效的现象。不可逆性指土地一旦开发完成，要恢复原貌其成本很大，也就是说一旦规划失效，要想纠正就必须付出很大的代价。不完全预见指大多数情况下，规划师难以准确预测未来发展和相关的社会经济环境的影响，以及不能详细地描述未来成长可能形成的情景（Tony，2007），因而，规划与现实发展总会存在差距，规划控制效果的高低便体现了该差距的大小。当然，规划不是静态的，它具有一定的历史延续性，同时也是动态变化的（Hopkins，2001），根据发展环境不断进行着的适应性变化，如我们经常为了适应快速的城市人口增长而修改城市规划系统（Yeh and Wu，1999）。在城市发展的不同时期，规划的控制效率是不同的，如在高速城市化发展时期，由于经济和社会的剧烈变革，增加了城市发展的不确定性和复杂性，对于城市的预见性就会降低，因此规划的控制效果就会相应变差。在不同国家的不同社会、经济和制度背景下，影响规划控制效果的因素和机制也会不同。

1978 年改革开放以来，中国的城市经济进入了快速发展轨道，城市土地开发与城市扩张的动力机制也相应地发生了改变，其中最主要的四个动力为：全球化、市场化、城市化和工业化（Lin，2000；Wei，2001；Chow，2007；Zhao et al.，2009）。1978 年之前，中国实行的是单一的计划经济体制，在中央集权和严格的等级制度下，中央政府对城市的建设、管理等各个方面拥有很高的控制权，城市规划和建设严格按照中央政府制定的控制指标进行。改革开放以后，在城市化和工业化进程下，乡村人口加速向城市集聚，城市人口和用地规模快速增加。1978～2008 年间，中国城市人口增长率达到 4.86%，城市建成区面积增长率达到 5.45%，城市空间扩展的速度快于人口增长速度，规划常常难以满足实际发展的需求。而另一方面，在全球化和市场化进程下，城市建设的主体逐步多元化，城市规划的制定和实施的决策"网络"日益复杂。城市发展由"服从中央指令的模式"转变为"多利益主体博弈的模式"，进入了一个谈判和互动的系统，在这个系统中地方政府、企业、开发商和居民在决策过程中有更高的参与程度（Ma，2002）。城市规划制定和管理部门由于缺乏在新社会经济环境下的经验，因此难以处理这些问题，这也明显表现在中国城市空间规划滞后于目前城市的发展速度方面（Cheng et al.，2006）。

对于中国空间规划的控制效果与影响因素的研究主要有以下几个方面：韩昊英等人（Han et al.，2009）利用遥感影像测量了中国城市建设边界的影响，发现规划制定中的有限信息、传统规划预测技术和监管机制的缺陷是造成控制效果差的主要原因。塞托和考夫曼（Seto and Kaufmann，2003）、塞托和弗拉加斯（Seto and Fragkias，2005）发现外商直接投资、工业区建设、社会和家庭单元改革、政治决策等是造成珠江三角洲地区城市土地无序扩张的主要原因。韦亚平和赵民（Wei and Zhao，2009）研究了中国的土地利用管制，并认为城乡土地法规的不完善是阻碍广州城市成长和造成空间结构问题的主要因素。罗小龙和沈建法（Luo and Shen，2008）通过对苏州、无锡和常州的规划研究，提出在规划制定中缺乏部门间的行动互动、信息交流和规划协调机制是造成中国城市规划不能很好运行的主要因素。另外，还有研究将中国规划失效的原因归咎于双轨制的土地系统（Walker and Li，1994；Ho，2001；Zhu，2005）、土地和住房市场化（Zhou and Logan，2002；Huang，2004）、中央与地方政府以及政府部门内部的矛盾（Wu，1999；Zhang，2000；Ho and Lin，2003；Hsing，2006）。但是，对于中国城市空间变化、城市规划编制逻辑和政治社会背景的多个时期的比较分析，并以此来综合解释规划的控制效果的研究仍很少。

中国整体上处于快速城市化阶段，北京是中国的首都，是悠久的历史文化城市，同时也是改革开放后中国发展速度最快的城市之一。另一方面，2008年奥运会的召开也使北京受到了全世界的关注，其发展变化在中国具有典型性，因此本研究选择北京作为案例城市。研究主要关注以下问题：自新中国成立以来北京城市外部空间形态演变的基本特征如何？不同时期规划制定与变革的内在逻辑是如何的？各个历史时期的城市总体规划对城市增长的控制绩效如何？这些绩效产生的内在机理是什么？

6.2 研究区域特征：北京概况

北京是中华人民共和国首都，是全国的政治、经济、交通和文化中心，位于中国华北平原北部（坐标为115°25′~117°30′E和39°28′~41°25′N）。目前的行政区划包含两个核心区域（东城、西城，文中按照老的行政区：东城、西城、崇文、宣武进行统计），近郊区包含四个区域（朝阳、丰台、海淀和石景山）；远郊区则包含10个区（县）（通州、大兴、房山、门头沟、昌平、顺义、延庆、怀柔、密云和平谷）。本研究所指的全市为北京行政区划范围（以上全部18个区），而中心城市则指内部的八个区（包含核心区和近郊区）。2008年，全市常住人口1695万人，全市人口密度1033人/km²，其中中心城市总人口为1043.9万（中国城市第2名，次于上海），人口密度7629人/km²；全市面积16410.54km²，其中市区面积1368km²，建成区面积1254km²（中国城市第1名）。北京有着3000余年的建城史和850余年的建都史，是全球拥有世界文化遗产最多的城市之一，具有丰富的历史演化背景。

北京作为研究中国城市规划控制绩效的热点区域主要有以下原因：第一，北京经济总量与城市化水平提高很快，城市人口密度大，集聚现象显著。1978~2008年，全市地区生产总值由108.8亿元上升至10488亿元，人均地区生产总值年均增长率达8.4%。城市化率从 55.0% 上升到 84.9%，年均增长率达 1%，而人口密度也由 531 人/km² 上升到 1033 人/km²。第二，随着经济社会的快速发展，北京市建设用地呈现快速、低效增长趋势。1996～2004 年间非农建设用地共增加了 965km²，年均增长率为 4.62%，相当于同期总人口增长速度的两倍多，土地利用格局变化很快。单位经济增长消耗的土地量多，每增加亿元 GDP 需增加建设用地 36hm²。第三，从 1949 年新中国成立到 2009 年的 60 年间，北京共编制和实施了 6 次城市总体规划（1953 年、1958 年、1972 年、1982 年、1993 年、2004 年），考虑到规划方案与遥感数据的时间序列，因而在本研究中选取了 1958～2004 年期间的 5 次城市规划进行分析。此外，北京作为首都，规划采用的编制技术的先进性，在中国具有代表性。第四，北京的经济、社会发展均快于全国水平，受全球化、市场化等内外部环境的变革较中国其他城市更为深入和全面。北京城市性质和功能要求自建都以来经历了多次变化，这些变化直接体现在承载城市功能的土地上，这也使它成为研究城市规划控制绩效及其影响因素的理想区域。

6.3 规划调控绩效的研究方法

北京城市规划控制效果的时空差异及其机理分析，主要包括五个步骤：①收集各时期研究区的遥感数据、城市规划数据和相关历史资料；②利用遥感影像与相关地面数据，提取各时期北京城市建设用地的空间分布，并计算体现各时期城市成长自身特征的空间指数；③表现各时期规划控制效果的指数计算；④各时期规划中关键内容的制定逻辑比较；⑤基于各版城市总体规划不同制定逻辑与以上两种指数的计算结果，对北京城市总体规划控制绩效的演变机理进行解析。

6.3.1 遥感影像解译

1）数据采集

为了研究城市总体规划的控制效果，考虑采用多时相的遥感卫星数据作为主要的空间数据源。研究数据采用从 GLCF（the Global Land Cover Facility）、DSIESS（Data Sharing Infrastructure of Earth System Science）和马里兰大学获得的覆盖研究区的 MSS/TM/ETM＋遥感图像（表 6-1）。另一个重要的数据来源是地形图以及从中国国家几何中心获得的大比例尺北京行政区划图。年度农村土地调查结果来源于北京市国土局。

遥感影像说明表（Landsat MSS/TM/ETM+）　　　　　　表 6-1

数据类型	卫　星	Path/row	接收时间	波　段	空间分辨率（m）
Landsat MSS	Landsat-3	133/32	1978-09-20	1，2，3，4	57
Landsat MSS	Landsat-4	123/32	1983-07-05	1，2，3，4	60
Landsat TM	Landsat-5	123/32	1992-09-07	1，2，3，4，5，7	28.5
Landsat ETM＋	Landsat-7	123/32	1999-07-01	1，2，3，4，5，7	28.5
Landsat ETM＋	Landsat-7	123/32	2006-09-06	1，2，3，4，5，7	30

2）遥感影像的预处理

这些影像在辐射校正、几何校正、分类和精度评估过程中，主要应用了可视化遥感软件 ENVI（the Environment for Visualizing Images）和空间分析软件 ARCGIS（Geographic Information System）。完整的遥感影像处理过程如图 6-1 所示。这些来自不同传感器的影像有着不同的辐射分辨率。这些图像利用 ENVI 的 FLASSH 模块进行辐射测量纠正。在进行遥感分类之前，通过地形图进行几何校正，以此作为减少无系统的几何误差的重要参考。5 期遥感图的根均方误差（RMSE）分别为 0.65、0.61、0.57、0.48 和 0.43 像素。为了保持空间的细节和方便 5 幅图像叠加，将这些图像进行 30m 空间分辨率的重采样。经过辐射和几何校正后，5 幅影像按照北京总规中道路网规划中的六环线进行研究区的分类。

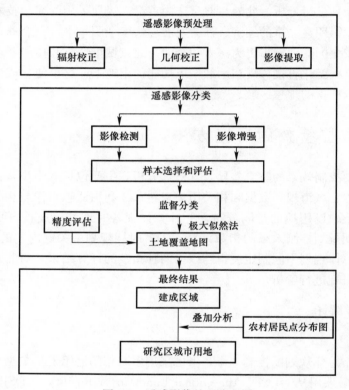

图 6-1　遥感影像处理流程图

3）遥感影像的分类和精度评估

研究采用最大似然监督分类算法对遥感图像进行分类。训练样本的选择对于监督分类非常重要。遥感增强技术有助于识别和选择训练样本。研究对不同波段结合中的错误色彩进行综合分析，并且与在线的高空间分辨率影像结合，大部分的典型用地类型被识别。对于不同土地覆盖类型，训练样本的数大约在 50～80 不等。在样本评估中，对这些被选择的样本进行校正，直到大部分分类获得满意的效果。研究采用 100 个随机点对 5 幅遥感图的分类结果进行评估。地形图以及在高空间分辨率影像和地面实况数据（GPS 数据），结合人机交换解译方法，被用于检验这 100 个随机点的实际用地类型，然后对比分类结果中，该点的用地覆盖类型。精度校验的结果见表 6-2 所列，包括了总体精度和 Kappa 统计量。分类结果的精度已经超过了最小准确精度要求的水平（Lucas et al.，1994），因此研究认为分类结果较为满意。建成区用地是分类影像中的六种土地覆盖类型之一，包括了城市用地和农村用地。通过农村用地的年度调查数据，获得其分布地图，同时对比分类图进行总体分析。将 1978 年、1983 年、1992 年、1999 年和 2006 年的城市用地提取出来。因此，最后的研究区中的土地覆盖类型一共包括 6 种，分别为城市用地、农村用地、田地、林地、裸地和水体。

遥感分类结果的精度评价表　　　　　　　　　　　　　　　　　表 6-2

分类结果	总体精度（%）	Kappa 统计量
1978	83.32	0.801
1983	81.26	0.785
1992	86.33	0.832
1999	83.85	0.803
2006	85.17	0.826

6.3.2　空间增长的景观指数

景观指数是一种土地覆盖斑块、土地覆盖类型或整个地区的地理景观马赛克的空间定量测度（McGarigal and Marks，1995）。景观指数提供了一种景观结构的全局综合视角，包括面积、密度、边界、形状、核心面积、隔绝/接近、差异、蔓延、连接和多样性等。格里芬等人（Griffith et al.，2000）认为这些指数是重要的景观斑块特征。现在，景观指数被用于城市形态的研究（Seto and Fragkias，2005），以及量化城市扩展、蔓延和破碎化（Hardin et al.，2007）。Yu et al.（2007）证明了景观指数结合遥感影像技术，提供了分析城市演化空间模式的潜在规律的途径。Li et al.（2010）利用卫星影像计算景观指数，并分析了连云港沿岸的湿地时空演化模式，在其研究中显示了景观指数有助于理解城市扩展与湿地退化。Shu-Li Huanga，et al.（2009）综合运用了遥感技术和 8 种景观指数来分析台北桃园区域的半城市化的时空变化，研究结果表明城市蔓延在没有城市规划的地区，比有城市规划的地区更为严重。基于 Yu et al.（2007），Shu-Li Huanga，et al.（2009）和 Li et al.（2010）的研究，本研究选择了 8 个景观指数（表 6-3）用于分析北京城市蔓延的时空模式。破碎化是土地覆盖变化中最为重要的过程，因为它表现了一个大区域中单独被开发的点（McPherson，1982）。相对于城市化问题研究，破碎化同样是土地利用变化的重要原因（Shu-Li Huanga et al.，2009）。

北京城市空间扩展时空演变的景观指数　　　　　　　　　　　表 6-3

指标名称	计算公式	指数类型
斑块数量（NP）	$NP = n_i$	破碎指数
平均斑块面积（MPA）	$MPA = \dfrac{A}{n_i}\left(\dfrac{1}{10000}\right)$	破碎指数
最大斑块面积指数（LPI）	$LPI = \dfrac{\max\limits_{j=1}^{n}(a_{ij})}{A}(100)$	优势度指数
面积权重平均形状指数（AWMSI）	$AWMSI = \sum\limits_{j=1}^{n}\left[\left(\dfrac{0.25 p_{ij}}{\sqrt{a_{ij}}}\left(\dfrac{a_{ij}}{A}\right)\right)\right]$	破碎指数

指标名称	计算公式	指数类型
面积权重平均分形指数（AWMPFDI）	$AWMPFDI = \sum\limits_{j=1}^{n}\left[\left(\dfrac{2\ln p_{ij}}{\ln a_{ij}}\left(\dfrac{a_{ij}}{A}\right)\right)\right]$	破碎指数
分散与并列指数（IJI）	$IJI = \dfrac{-\sum\limits_{k=1}^{m}\left[\left(e_{ik}/\sum\limits_{k=1}^{m}e_{ik}\right)\ln\left(e_{ik}/\sum\limits_{k=1}^{m}e_{ik}\right)\right]}{\ln(m-1)}(100)$	集聚指数
触染指数（CI）	$CI = \left[1+\dfrac{\sum\limits_{i=1}^{m}\sum\limits_{k=1}^{m}\left[(P_i)\left(g_{ik}/\sum\limits_{k=1}^{m}g_{ik}\right)\right]\left[\ln(P_i)\left(g_{ik}/\sum\limits_{k=1}^{m}g_{ik}\right)\right]}{2\ln(m)}\right](100)$	集聚指数
斑块集聚指数（PCI）	$PCI = \left[1-\sum\limits_{j=1}^{n}p_{ij}/\sum\limits_{j=1}^{n}p_{ij}\sqrt{a_{ij}}\right]\left[1-1/\sqrt{A}\right]^{-1}(100)$	连接指数

注：A＝景观总面积（m^2）；n＝斑块类型i的数量；$j=1$，…，n个斑块数；a_{ij}＝斑块ij的面积（m^2）；P_{ij}＝斑块ij的周长（m）；e_{ik}＝斑块类型i和k之间的边缘总长度（m）；P_i＝景观斑块类型i所占用的比例；m＝斑块在景观类型的数量包括景观边界；g_{ik}＝基于双计数方法的斑块i和k的相邻数。

因此，为了分析破碎化，本研究应用了4种指数（表6-4）。斑块数量指数（NP）是一个简单的斑块类型细分或破碎程度的测度。平均斑块面积指数（MPA）表现了斑块破碎化的重要特征。最大斑块面积指数（LPI）测度了斑块类型的优势度（McGarigal and Marks，1995）。农用地的MPA和LPI指数的下降意味着农业景观的损耗（Shu-Li Huang-ga et al.，2009）。面积权重平均形状指数（AWMSI）是最简单和最直接的总体形状复杂度的衡量标准。当AWMSI越接近1，斑块紧凑程度最大，表示形状越复杂（McGarigal and Marks，1995）。面积权重平均分形指数（AWMPFDI）反映了空间尺度跨越范围（斑块尺寸）中的形状复杂性。AWMPFDI越高，则斑块形状越不规则。触染指数（CI）意味着斑块的空间集聚。当CI趋向于0，表示斑块达到最大的分散程度，越接近100，则越集聚（McGarigal and Marks，1995）。分散与并列指数（IJI）表现了斑块的区分与混杂程度。斑块集聚指数（PCI）度量了斑块的物理连通程度。当PCI趋向于0，则作为该类组成的景观比例降低，变得越来越细分和更少的连接度。这8个景观指数利用统计软件包FRAGSTATS 3.0（McGarigal et al.，2002）进行计算。

6.3.3 规划控制绩效的空间指数

为了分析不同时期的规划控制效果，首先，必须将规划方案中的初始设定与实际发展的结果进行比较。因而，本研究构建了一套规划控制指数体系，一共包含6个空间指数，该指标体系包含了城市总体规划对城市空间规模、空间结构，以及空间形态三个方面的控制效果（表6-4）。

规模控制效果的检验选择了溢出指数与年均溢出面积两个指数进行表征。在中国城市用地开发的授权主要通过城市规划边界范围进行限制，因而溢出指数体现了土地利用规划对用地扩展规模的限制作用，实际发展中溢出的面积越大，即溢出指数越高，则规划控制效果越差。

空间结构控制的效果研究选择多中心一致性指数、交通轴线引导，用指数和离心扩散指数三个指数来进行表征。多中心一致性指数和交通轴线引导指数主要刻画了规划对城市空间结构的控制效果：多中心一致性指数体现了规划对未来城市主次中心规模和区位的控制效果，而交通轴线引导指数则体现了规划交通设施对城市用地扩展的影响程度。多中心一致性指数和交通轴线引导指数越高，则规划对城市空间结构的控制越有效。

空间形态的控制效果研究选择了发展方向指数、跳跃发展指数和边界一致性指数来进行表征。发展方向指数体现了规划对城市整体形态扩张趋势预测的精确程度，跳跃发展指数体现了规划对于城市用地发展紧凑性的控制效果，而边界一致性指数说明了规划边界实施的有效性比例。发展方向指数和跳跃发展指数越低则规划的控制效率越高，而边界一致性指数正好相反。

北京城市规划控制绩效的测度指标　　　　　　　　　　　　　　　表 6-4

评估维度	指标	含义
空间规模控制效果	溢出指数	超出规划边界范围的城市建设用地面积与规划边界范围内城市建设用地面积的比值
	年均溢出面积	每年平均超出规划边界范围的城市建设用地面积
空间结构控制效果	多中心一致性指数	位于规划城市组团内的城市建设用地面积与该组团总城市建设用地面积的比值的平均值
	离心扩散指数	城市建设用地面积斑块距离总城市建设用地地理中心的平均距离与规划用地斑块距离总城市建设用地地理中心的距离之比
	交通轴线引导指数	城市建设用地斑块的地理中心距离规划主要道路的平均最短距离
空间形态控制效果	发展方向指数	城市总建设用地的地理中心与规划城市建设用地的地理中心的距离（附注偏离方位）
	跳跃发展指数	超出规划边界的城市建设用地斑块中心离规划边界的平均最短距离
	边界一致性指数	城市建设用地斑块与规划用地斑块公共相交线的长度占规划边界总长度的比例

6.3.4　规划制定逻辑的比较因子

在进行规划的对比研究中，为保证各时期的可比性，也应该尽量选择其中相对稳定的内容，正如《中华人民共和国城乡规划法》（2008）中所阐述的那样："城市总体规划是对一定时期内城市性质、发展目标、发展规模、土地利用、空间布局以及各项建设的综合部署和实施措施"，这些也是中国城市规划制定中的最关键内容，最大程度地表现了一个时期规划制定的基本逻辑。从解放初高度集权的计划经济时代，到改革开放后，随着市场经济体制与国家分权制度改革的深化，城市规划运行的大背景变化经历了四个阶段（Yeh and Wu，1996）：①20 世纪 50 年代，以落实农业与工业计划指标的区划时期；②1960～1978 年的政治动荡背景下的规划控制混乱时期；③1978～1989 年的规划恢复与规划体系重建时期；④1989 年至今的转型期新的城市规划体系时期。虽然规划的模式、内容和方法等诸多方面在不同时期都经历了显著的变革，不过其编制的流程与最核心的要素却几乎没有改变（图 6-2）。

在本研究中，选择政治与制度背景、城市性质、城市规模、城市空间结构作为各时期规划比较的主要指标。其中：

政治与制度背景（Political and Institutional Background）指城市规划的制定时期的相关制度环境，以及对城市规划和建设产生重大影响的历史事件等。

城市性质（Designated Function of City）指城市在一定地区、国家以至更大范围内的政治、经济与社会发展中所处的地位和所担负的主要职能。

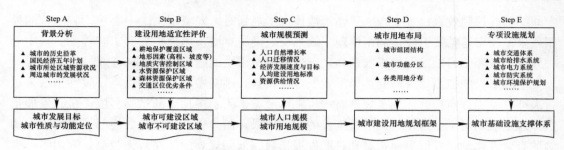

图 6-2 中国城市规划制定的基本流程与内容框架

城市规模（Urban Size）指以城市人口和城市用地总量所表示的城市的大小。

城市空间结构（Urban Spatial Structure）指城市结构的空间组织及其形式和状态，以及城市整体和内部各组成部分在空间地域的分布状态，宏观尺度表现为城市空间体系（包括新城、卫星镇），微观尺度则表现为城市内部的功能分区。

本研究将不同时期规划制定逻辑、规划控制效果和城市空间成长特征三者联系起来进行对比分析，试图从本质上寻找不同时期导致规划失效的原因。

6.4 城市空间规划的调控绩效

6.4.1 北京城市扩展的空间和时间特征

从景观指数考察北京城市空间形态的总体演变特征：城市建设用地在 1999 年之前呈现越来越分散的发展趋势，城市建设项目规模小，数量多，形态越来越复杂；而在 1999 年之后则相反，城市用地的分布形态趋于集聚，建设项目规模变大，且复杂度变低。由于研究区中农田用地占这个研究区面积的比重最大，而且城市用地的扩张主要是造成农田用地减少，因此主要统计城市用地和农田用地等两种用地的景观指数的计算结果见表 6-5、表 6-6。

北京城市空间形态演化的景观指数计算结果（1978～1992）　　表 6-5

年　份	1978			1983			1992		
指　数	城市用地	农用地	总用地	城市用地	农用地	总用地	城市用地	农用地	总用地
斑块数量（NP）	389	401		648	2201		1580	4642	
平均斑块面积（MPA）	49.46	435.70		38.57	62.37		34.33	24.80	
最大斑块面积指数（LPI）	5.81	75.60		7.47	55.71		17.59	26.87	
面积权重平均形状指数（AWMSI）	6.52	29.36		8.88	59.65		19.22	28.00	
面积权重平均分形指数（AWMPFDI）	1.19	1.32		1.21	1.38		1.28	1.31	
分散与并列指数（IJI）	47.48	93.15		56.50	88.64		60.08	81.04	
触染指数（CI）	99.44	99.98		99.53	99.96		99.77	99.83	
斑块集聚指数（PCI）			72.43			56.33			52.52

北京城市空间形态演化的景观指数计算结果（1999～2006）　　　　表 6-6

年　份	1999			2006		
指　数	城市用地	农用地	总用地	城市用地	农用地	总用地
斑块数量（NP）	2891	6872		1445	5246	
平均斑块面积（MPA）	25.05	14.61		74.18	13.17	
最大斑块面积指数（LPI）	28.50	30.26		45.37	20.22	
面积权重平均形状指数（AWMSI）	41.90	32.69		41.98	6.86	
面积权重平均分形指数（AWMPFDI）	1.36	1.34		1.36	1.21	
分散与并列指数（IJI）	61.05	78.63		59.93	79.28	
触染指数（CI）	99.90	99.84		99.96	98.62	
斑块集聚指数（PCI）			54.50			55.98

在斑块数量 NP 方面，城市用地的 NP 和农田用地的 NP 从 1978～1999 年随着年代的增加，NP 也在增加，但是从 1999～2006 年又下降了一些。同时平均斑块面积 MPA 方面，城市用地的 MPA 从 1978～1999 年缓慢减少，但是从 1999～2006 年城市用地的 MPA 又有突然增加，说明了由于城市发展步伐的加快，城市用地的面积不断增加，以前很多的小斑块的城市用地后来渐渐整合成了大块的城市用地斑块。而农田用地的 MPA 从 1978～2006 年大幅度地减少，说明农田用地斑块的破碎度不断增加。

在最大斑块指数 LPI 方面，城市用地的 LPI 从 1978～2006 年越来越大，反映由于城市用地的快速扩张，其优势度同时也快速增强，而农田用地的 LPI 越来越小，斑块优势度减小，破碎度增加。

在 $AWMSI$ 和 $AWMPFDI$ 方面，城市用地的 $AWMSI$ 和 $AWMPFDI$ 从 1978～2006 年越来越大，说明城市用地的斑块越来越不规则，越来越复杂，同时暗示了该地区人类活动程度较高。农田用地的 $AWMSI$ 和 $AWMPFDI$ 基本随着时间的推移先增加，再减少，说明由于城市用地的不断扩张，使得农田用地的斑块变得不太规则，但随着城市用地的不断增加，越来越多的小斑块城市用地整合成了较大斑块后，农田用地不断减少，当减少到一定程度，只剩下城市用地边缘外的农田用地了，所以形状变得越来越规则。

在零散毗邻指数 IJI 方面，城市用地的 IJI 从 1978～2006 年基本上是越来越大，说明城市用地斑块之间的邻近度越来越大，而农田用地的 IJI 从 1978～2006 年基本上越来越小，说明农田用地越来越分散，斑块越来越破碎。

在斑块聚集指数 PCI 方面，城市用地的 PCI 从 1978～2006 年基本上变化不大，但是总体趋势是越来越大，说明城市用地的聚集度不断加大，连接度变大，而农田用地则越来越小，说明农田越来越分散，连接度变小。

在触染指数 CI 方面，CI 从 1978～1992 年越来越小，因此这段时间内，农田用地占整个研究区的比重最大，因此 CI 的变化主要反映了农田用地的变化程度，所以这段期间内农田用地占这个研究区的比重越来越小，聚集度也越来越小。而 CI 从 1992～2006 年越来越大，主要是因为这段时间内城市用地不断扩张，整个研究区中城市用地已经占主要地位了，CI 的变化也说明了城市用地的聚集度越来越高。

6.4.2 北京不同时期城市规划的控制效率

从参数的计算结果看（表6-7），几个城市规划周期内对城市空间扩展规模的控制效果都不是很理想。在1958～1992年间，溢出指数都是不断上升的，说明1993年之前的三个规划时期对于城市规模的控制效果越来越不理想，且有失控的趋势，在规划时期Ⅲ中溢出指数达到0.56的峰值，即大量的城市建设已经超出了规划的控制边界。年均溢出面积基本上呈现逐步上升的趋势，从规划时期Ⅰ的1.37到规划时期Ⅴ的120.37，说明在城市规划控制区外进行的城市土地开发速度也越来越快。这意味着北京一直存在规模控制失效的问题，分散开发导致的城市蔓延现象也越来越明显。

北京各时期城市规划控制效果指标计算结果 表6-7

控制效果指数	规划时期Ⅰ	规划时期Ⅱ	规划时期Ⅲ	规划时期Ⅳ	规划时期Ⅴ
年份	1958-1978	1972-1983	1982-1992	1993-1999	2004-2006
溢出指数	14.96%	22.11%	55.76%	15.99%	27.65%
年均溢出面积（km²）	1.30	46.90	18.35	102.54	240.74
多中心一致性指数	82.06%	51.26%	54.64%	78.23%	77.29%
交通轴线引导指数（m）	640	1014	994	948	817
离心扩散指数	0.91	0.80	0.93	0.70	0.60
发展方向指数（m）	117	3975	2473	5615	6350
方位偏向	现状偏东南	现状偏西北	现状偏东南	现状偏西南	现状偏西南
跳跃发展指数（m）	622	648	895	466	539
边界一致性指数	0.12	0.21	0.46	0.35	0.46

城市规划中对于空间结构的控制主要表现在区域多中心结构与交通引导轴线两个方面，从多中心一致性指数与交通轴线引导指数看，在规划时期Ⅰ较好，而规划时期Ⅱ和规划时期Ⅲ较差，在规划时期Ⅳ和规划时期Ⅴ又逐步变好。多中心一致性指数从规划时期Ⅰ的81.06%下降到规划时期Ⅱ和规划时期Ⅲ的50%左右，而规划时期Ⅳ和规划时期Ⅴ又上升至接近80%，说明多中心发展战略在1973～1992年间的实施效果较差，而其他周期较好。交通导向系数在规划时期Ⅰ和规划时期Ⅱ呈上升趋势，而规划时期Ⅲ到规划时期Ⅴ逐步下降，说明交通轴线对城市土地开发的引导作用，在前两个时期内不明显，在1982年后其引导作用越来越明显，大量建设用地的开发都与交通轴线相接近。离心扩散指数总体上呈现逐步下降的趋势，在1959～1992年间都达到0.8以上，而1993年后逐步下降，规划时期Ⅴ只有0.6，说明1992年之前的城市土地开发与规划布局相比呈现微弱的向心特征，而之后则呈现明显集聚在近郊区的开发特征，说明城市规划中关于向外疏导经济和人口要素的策略并未取得良好的效果。

从城市规划对于城市空间总体形态的调控看，对于发展方向和边界限制的调控效果显得越来越差。发展方向指数基本上是逐步上升的，说明现状的城市发展中心越来越偏离规划的城市发展中心。间断发展指数虽在规划时期Ⅲ和规划时期Ⅳ出现了两次波动，但总体上是趋于下降的，说明超出规划边界进行的城市建设越来越靠近规划边界。而边界一致性指数整体上呈现逐步上升的特征，说明规划边界的控制效果越来越差，被建设用地突破的规划边界长度不断增加，这也说明了规划边界的设定越来越不契合实际的城市发展需求。

6.4.3　北京不同时期城市规划的制定逻辑比较

政治和体制背景是城市规划运作的根本基础，从五次规划的政治和时代背景看，前两次规划是在完全中央集权的计划经济体制下编制和实施的，而后三次规划则是在从计划经济体制向市场经济体制转型的过程中编制和实施的。计划经济体制是一种建立在公有制基础上的，依靠指令性计划和行政命令直接调节资源配置的经济组织形式。在计划经济体制下，城市规划的任务是根据已有的国民经济计划和城市既定的社会经济发展战略，确定城市的性质和规模，落实国民经济计划中的建设项目。市场经济体制是借助"价格机制"，通过商品交换实现分散决策，依靠市场机制进行社会资源配置的经济体制。在计划经济时代，城市产权全部归于国家，规划只需对城市政府负责；而在市场经济条件下，城市规划的职能必然受到不同利益集团的影响，这种影响有可能使得政府的决策偏离公共利益。此外，重大的历史事件对城市建设也起到了长远的影响，如"大跃进"时期的城市工业规模高速增长，"文化大革命"时期的城市建设混乱，加入"WTO"后城市建设中外商投资比例的急剧上升，以及应对奥运设施中心建设的城市空间拓展等等。

中国历来的城市规划期限一般都为20年，前十年为近期控制点，后十年为远期控制点。1958～2004年间历次规划重新编制的时间间隔为10年，即在规划的近期期限到了以后就会重新编制新的规划，这也说明了城市规划的不可预测性，规划实施到近期期限时，就已经发现与最初的预测和设想存在较大误差，因而不得不进行重新编制。

规划中的人口和用地规模经历了多次变化，从规划的预期数值上看，基本上呈现"线性"的增长，如后三个规划时期基本是按照每10年人口增长200万，用地增长200km² 进行确定的。但是，实际的发展却并不符合规划预测中的"线性"趋势，人口的增长速度往往超过规划的预测；与此相应，用地规模也常常在规划期限到来之前就被突破了。人口和用地规模的失控也是迫使规划进行重新编制的重要原因之一。

城市功能定位与性质在不同历史时期发生了相应的变化，1982年以前强调城市工业在发展中的地位，而之后则弱化了工业的发展，关注点逐步转向城市的现代服务业与环境保护。1958年的城市总体规划由于新中国成立后的首都经济基础非常薄弱，因而不得不集中大量发展工业，目标是建成工业门类齐全的城市，为城市未来发展建立经济基础；1972年的城市总体规划仍然强调工业发展，但对于工业过于集中带来的资源紧张与环境污染，增加了建设"清洁首都"的目标；1982年的城市总体规划为了应对市区工业过分集中、生活设施与基础设施缺乏、环境污染严重等问题，放弃了经济中心（即大规模发展工业）的定位，强调经济发展要适应和服从城市性质的要求；1993年的城市总体规划，在改革开放的快速发展与城市对外功能建设滞后的背景下，强调城市的国际化功能建设，重点发展服务业与高新技术产业；2004年的城市总体规划在强调城市国际化功能——"世界城市"的建设外，更加重视规划中的"以人为本"，增加了"宜居城市"的定位，强调"充分的就业机会，舒适的生活环境，可持续发展区"三个目标。

北京多次城市规划中，对于区域空间结构进行调整的主要目的，是引导城市功能和人口在地域空间上的合理与均衡分布，并以此避免中心城出现过于集中式的发展，促进远郊城镇的功能建设，将中心城人口向郊区引导。从北京五次总体规划中确定的城市空间结构模式看，其实质都是"多中心形态"，主张由单一中心城发展向多层次多中心转变。规划设想在中心城区空间层面上，形成多个次中心；区域空间层面上，则在外围形成多个卫星城和集镇。在"多中心"与远郊卫星城建设发展目标的引导下，虽然人口和产业都出现了郊区化的趋势，但中心城也在不断膨胀与蔓延，人口与产业总体上仍趋于空间集聚型的发展。

6.5 城市空间规划调控绩效的变迁机制分析

6.5.1 城市功能定位显著影响了城市规划与建设的类型

新中国成立以来，北京城市建设与规划变革的过程中，城市功能定位发生了多次变化，这致使北京不同时期的城市规划与建设出现了不同类型。

20世纪80年代之前侧重于"经济中心"和工业基地的建设，该时期的建设思路对之后的城市建设影响相当深远，工业在市区大量发展，且占地面积大，致使城市土地和能源紧张，环境污染严重。1958~1978年间，生产/工作用房与居住/服务用房的建设面积比例变化不大，由于是处于计划经济体制下，中央政府主导各类建设项目的布局，该时期工业项目空间分布分散，郊区化和间断发展指数较高；项目规模较小，因而LPI指数较低；AWMSI和AWMPFDI指数也说明了当时建设项目的形态较为规则。同时，在"先生产，后生活"的思想指导下，不少工厂、单位占用了规划居住用地，扰乱了居住区布局，造成工业和居住用地不平衡，住宅配套设施不足，旧城破坏严重。

20世纪80年代后，改变了对北京城市性质偏重于工业职能的片面性，发生了四个方面的转变：一是作为政治中心和文化中心，开始建设中央商务区和现代化的商业服务设施；二是作为历史文化名城，强调保留历史文化遗存和革命文物，规划和建设上都要体现中国传统；三是产业结构要向高新技术方向发展，发展技术密集程度高、产品附加值高和资源消耗少、污染少的产业，还要发展与其相配套的如物流、贸易等生产性服务业；四是提高生活环境质量与城市风貌特色。1979~2000年间居住/服务用房的建设面积上升速度远超过了生产/工作用房，该时期城市中心区的建设以服务业发展为主，大量的工业企业外迁至近郊区发展，导致毗邻中心区的蔓延现象也更加严重，SOI指数和AASOA指数明显高于前两个规划周期；在近郊区的快速发展中，原来较为破碎的用地斑块被整合了起来，MPA和LPI指数显著高于前两个规划周期。

6.5.2 城市"多中心"空间结构的形成需要配套政策的支撑

从空间布局结构上看，几次规划的本质是一致的，即以区域"多中心"布局为主，强调城市建设重点由旧城转向远郊区，旧城进行改建限制扩张，鼓励发展远郊城卫星城。早在20世纪50年代，人们已经意识到"摊大饼"的城市发展模式会带来诸多弊端，因而在历次规划中都提出了向外围疏导的"多中心"空间结构的发展战略，而实际上，旧城的改建进程一直都很缓慢，大量建设都集中在近郊区，而远郊区的"卫星镇"也没有真正发展起来，规划实施的效果并不理想。

　　新中国成立以来，北京城市的主要建设仍都集中在中心城及其近郊区。各个规划时期中，多中心一致性指数一直在85%以下，在前两个周期中远郊组团都未形成，而后三个阶段中远郊组团开始形成，但规模不大，而近郊区则是中心城区组团蔓延式发展的热点区域，溢出面积不断上升。同时，发展方向指数越来越大，说明规划对城市建设方向的控制效果越来越差。另一方面，交通导向指数、间断发展指数和郊区化指数都呈下降趋势，说明城市建设越来越依赖交通设施，而实际上远郊区的交通设施建设一直比较落后，因而大量建设仍在中心城及其近郊区发展，以毗邻式发展为主，跳跃式郊区化发展少。"多中心"结构和远郊卫星城没有得到发展的主要原因，也能从各历史时期北京市城区和郊区的建筑竣工面积的比例中得到印证，即1958～2004年间，近郊区的建设量是其他区域的三倍多（表6-8）。

各历史时期北京市城区和郊区建筑竣工面积比较　　　　　　表6-8

地　区	城区（万 m²）	近郊区（万 m²）	远郊区（万 m²）	比　例
1949～1981 年	1649.2	5692.1	1670.1	1：3.5：1
1982～1990 年	844	6115.6	1399.5	1：7.2：1.7
1991～1995 年	924.2	4039.2	1243.3	1：4.4：1.3
1996～2000 年	1793.8	5749.4	2101.1	1：3.2：1.2
2001～2004 年	1590.2	8848.4	2201.7	1：5.6：1.4

来源：《北京市统计年鉴》

　　改革开放前（1978年以前），城市建设的重点主要是工业设施和首都职能设施，都分布在近郊区，其原因有二：一是工业设施在规划中一直布局在郊区，二是首都职能设施的建设采取分散建设的方式，由于旧城拆迁改建成本相比在外围征用土地新建成本要高得多，因而各中央单位都选择在近郊区进行建设。改革开放初期（20世纪80年代），旧城第三产业发展加速，城市的商业和贸易功能快速成长，开始在原地改建或扩建，加上亚运村的建设，使建设重点主要分布在近郊区，旧城工业还未开始外迁，加上轨道交通技术落后，远郊卫星城缺乏产业和基础设施的支撑，因而难以获得较大发展。进入20世纪90年代以后，以外商投资和中央投资的重点功能区建设为主，新兴功能依托地缘优势（即原有中央管理机构、外事设施和教育设施等）发展，因而不可能脱离旧城太远，而这些设施基本都集中在北部区域，因而规划提出的向远郊东南方向发展也难以真正实现。

　　远郊卫星镇的"大发展"没有实现，一方面是中心城的集聚过程没有完成，城市的功能没有成长到位。土地投放、住宅和基础设施的投资重点都在中心城，走上了"摊大饼"之路。另一方面，城市交通体系的规划与实际建设之间不同步，电车与列车之间缺乏连接，交通设施布点散、流量小、距离远、速度慢、车次少，同时，规划的快速交通干线也没有实施，因此主城与卫星城的通勤困难成为阻碍卫星城发展的主要阻力。

　　北京各次规划的空间布局战略都没有被很好地执行，其主要根源有两个方面：一是缺乏对城市财政能力的评估，以至于规划中确定的重要基础设施难以真正建设起来，如支撑远郊"卫星城"发展所需要的轨道交通设施；二是对于城市建设开发主体没有相应的配套政策引导，如果不对旧城改建制定相应的补偿或优惠政策，那么由于土地开发成本的因素，近郊区的无序建设就无法得到遏制，而远郊区又无人开发。

　　在中国，城市规划的制定往往带有明显的"蓝图"和理想主义色彩，强调规划的技术性和科学性，而忽视了对城市建设动力机制的研究，对实现规划需要的社会经济条件，以及需要配套的公共政策缺乏研究。规划编制时应对现行开发建设机制和政策进行分析和评估，加强规划实施的综合政策研究，提出实施规划需要调整的公共财政、土地投放、基础设施和重要设施布局等方面的政策，制定实现目标需要采取的措施和行动计划。同时，还应制定规划和项目建设的投资估算，规划的实现要与城市财政能力相匹配。

6.5.3　城市人口与空间规模的决策应与其实际发展能力相匹配

　　历次总体规划都以人口规模预测为规划前提，1958 年确定的城市规模过于超前，实施中出现了建设分散问题；1983 年和 1993 年确定的城市规模过于保守，又出现了建设无序的问题。中国的城市规划首先都要对人口规模进行预测，通过人口规模来确定建设用地规模，1958 年的总体规划认为首都人口规模不可能小，确立了 1000 万人口的特大城市的空间构架，市区规模 500～600km^2，在规划实施中，到 2000 年左右城市人口突破 1000万，市区建成区超过 500km^2，可以说非常具有战略性和远见，但结果却导致了市域范围内的分散建设和土地浪费，1973 年版规划比 1958 年版规划的空间规模削减了很多。1983年因国家主张控制大城市规模，1980 年市区人口现状已 418 万，当时规划到 2000 年市区人口仅 400 万，可到 1990 年已经达到 519.5 万；规划市区建设用地 440km^2，可到 1989 年已达 422km^2。1993 年规划编制时，规划 2010 年市区城市人口 645 万，可到 2003 年，已达 830 万；规划到 2010 年市区用地规模 614km^2，可到 2003 年实际用地为 630km^2。这两次规划因缺乏指导性，年均溢出面积达到之前三个时期的 2～5 倍，城市建设超越规划范围，出现了无序蔓延的现象。

　　在中国，城市规划本质上是调控城市土地及空间资源的手段，因而历次规划的修编都是在前一轮用地规模突破的时间点，与不是城市规划调控对象的人口规模突破关系不大。而规划中对于城市规模只考虑了人口规模是不合理的，实质上城市规模还包括土地规模与经济规模，一定的经济规模吸纳着一定的人口规模，而一定的人口规模又要求有一定的土地规模，三者是互相联系与影响的。2005 年城市总体规划确定中心城人口基本不增长，但增加 148km^2 的用地，同时加强金融商贸等核心经济功能及其用地调整，这本身就是矛盾的，结果必然会导致中心城经济功能强化，人口集聚，并导致建设容量增加。因而，只考虑人口规模，不考虑产业及用地结构的变化，忽视不同区域的服务功能和承载能力，这样的规划逻辑是不合理的。

　　规划在研究用地规模与结构时，要充分考虑现有土地利用的情况，全面分析当前和未来一段时间经济社会发展的趋势、生活质量改善的需求、城市建设的机制和能力，对城市布局结构调整、用地规模增长和土地性质调整等要进行充分的论证。统筹公共投资和市场需求两个因素，对建设重点和用地供应设定阶段性目标，而不能依据人口增长，描绘一张理想的城市功能蓝图，再将人口理想地分配到不同地块上。规划实施中又任由建设单位在规划范围内选址建设，对建设的重点、时序及公共设施的配置缺乏引导与调控。

　　调控空间资源就是在调控和分配利益，因此要研究城市土地和空间资源背后的利益链条，一方面要充分利用城市建设投资主体的积极性，通过划定重点建设区，保障重大工程建设，统筹公共设施的配置等公共政策手段，通过市场机制引导要素集聚，来促进城市经济的增长，保持城市的活力。另一方面，则要按照公平、正义的原则调配资源，以公共投资为主，以改善各层次居民工作生活条件为核心目标。

6.5.4 缺乏旧城改建的良好机制与开发模式是导致城市蔓延的主要因素

与新区开发相比，旧城改建缺乏良好的运行机制与开发模式，导致城市开发集中在近郊区，以及城市整体呈现"摊大饼"的空间拓展形式。改革开放前的历次总体规划都提出了加快旧城改建的目标，但城市建设基本以新区开发为主。在新区开发中，政府的工作主要是投资建设基础设施，统筹配置重大功能性设施和公共服务设施，并建立了以公共投资和市场开发为主的建设模式。经过改革开放三十年的探索，新区开发已经建立了从土地征用、融资渠道、规划设计、建设开发再到市场营销等完整的运行机制和相应的制度体系。

历史文化保护区的修缮和更新，绿化隔离地区等规划控制区的改建，远郊新城的更新改造，以及即将面临的中心城旧楼改造，都尚未探索出一套相应的运行机制和制度体系，主要体现在以下几个方面：①这些地区的改建规划编制尚未确立适合的方式、方法和标准；②居民参与规划建设管理的机制尚未建立；③公共财政投入和相应融资渠道尚无保障；④与房地产开发机制相区别的合作开发、利益共享的模式也未建立；⑤相应的法规也不健全。

反观西方国家城市和香港的旧城改造经验，只依靠市场的力量是无法完成的，而应该建立以公共政策为主导，政府、住民和开发者三方合作的机制。北京的案例证实了卡扎和霍普金斯（Kaza and Hopkins，2009）的观点，即总体规划中传统的单一规划只有被多个且相互联结的规划所取代，才能真正发挥作用，这些互相联结的规划不但包括空间规划，更应包括相关制度与实施模式的设计。应建立不以营利为目的的政府资助、居民自助、各方互助的建设模式，城市政府要在管理机构、开发机构和公共财政保障上进行相应的改革，建立相应的建设制度，并通过制定法规而使之合法化。

6.5.5 政府管理体制改革滞后于城市建设中利益主体的多元化进程

新中国成立后，城市规划控制体系越来越完善，保障规划有效实施的政府管理体制却没有明显改善，城市规划作为调控土地和空间资源的手段，属于分配公共资源、公共利益的公共行政范畴，作为一项城市发展政策需要相应的实施体制来保障规划的有效实施。

改革开放（1978年）以后，中国在经济、政治和社会等方面的剧烈变迁，从根本程度上改变着城市发展的动力基础（Lin，2002；Ma，2001；Wu，2002；Qian，Weingast，1996）。改革开放以前，中国实行的是严格的中央计划经济体制，中央方针政策直接影响到城市发展思路和规划的布局及建设标准，依靠指令性计划和行政命令直接调节资源配置。计划经济时代的城市规划具有静态、机械、主观的特点。1978年改革开放以后，随着财政分权，地方政府成为"准市场主体"，企业化的治理倾向愈趋明显，城市政府在地方经济事务中的决策空间得到极大拓展（Wu，2003；Ma，2001）。而市场经济体制的建立也使城市建设主体更加多元化，空间资源分配的权力也呈现"多中心"格局。从北京各时期固定资产投资统计上看（表6-9），1978年前，中央政府与地方政府的投资额差不多，而1991年后，地方的投资额已经是中央的1.75倍；从北京城市1985～2005年建设资金来源看，进入1991

年后，自筹资金和国内贷款明显上升，说明城市建设已经不再是主要依靠国家投资，而是大量依靠民间和地方政府的资金，因此城市建设主体的格局也发生了极大的变化。

北京市各时期全市固定资产投资统计表 表 6-9

年　份	全市固定资产投资（亿元）	中央（亿元）	地方（亿元）
1949～1978	250.9	149.5	101.4
1979～1990	906.5	418.1	488.4
1991～2006	10603.9	3861.6	6742.3

注：来源于《北京市统计年鉴》、《北京市基本情况汇编 1949—1990》

市场经济的繁荣提升了开发商在城市建设中的地位和参与决策的能力，利益主体格局变得越来越复杂，从最初的"中央政府"，到"中央政府＋地方政府"，再到"中央政府＋地方政府＋开发商"，现在又演变为"中央政府＋地方政府＋开发商＋公众"。随着决策网络中主体不断多元化，政府的决策控制力也逐步被分散和削弱。这些利益主体在规划实施过程中有着不同的行动规律：中央政府与地方政府按照规划蓝图进行规划布局与项目建设；而开发商则考虑项目收益的最大化，往往项目选址不能符合最初的规划布局，也经常影响到诸如公园、绿地等关系到公共利益的设施；而公众则主要考虑规划项目的实施是否会侵犯他们的自身利益，因而经常会阻碍与他们相关的项目实施，这种情况常出现在国家征地与旧城改建中的补偿谈判中。

城市建设中参与的利益主体越来越多，而又缺乏统一的行动框架，当矛盾产生时也缺乏有效的协调机制。因此，城市建设的决策在空间上越来越"破碎化"，同时，在时序上也难以达到一致。在中国，总体规划的制定和审批过程非常严格，而在实施过程中进行规划变更则非常容易，不需通过各级政府重新审批，也不需通过公众的认可，其中的关键是缺乏真正的规划法制化和监督机制的保障。中国诸多的地方政府和经济精英为了实现各自的政治经济利益，组成了正式和非正式的合作关系（Wu，2003；Ma，2001）。当上级政府制定的空间规划，与"经济精英们"的策划出现矛盾时，地方政府就有可能利用行政权力来修改空间规划的实施，从而保障他们的共同利益。因此，从中国的实际情况看，城市规划决策权力不再需要在政府体系内调配，而应逐步向体系外的社会公众进行权力让渡，增加公众对政府权力和开发商不当开发行为的制约，避免政府权力和私人资本分割公共空间资源。

6.6　本章小结

本部分研究主要分析了在当前转型时期，作为城市空间演化调控的重要工具和政策——城市规划的控制绩效。本部分研究以北京为案例，分析了北京 1958～2006 年间，城市规划与城市空间形态之间相互关系演变的历史过程，也分析了产生规划控制效果时空差异的内在原因。主要结论如下：

（1）城市的空间成长包含两个方面的动力因素，一方面是自组织因素，另一方面是被组织因素。遥感解译与景观指数为了解城市空间形态的自组织发展特征提供了有效的分析方法，规划控制指数则有助于了解城市规划在物质层面对城市空间成长的"被组织"效果。而规划逻辑比较则提供了一个能将自组织因素、被组织因素联系起来进行内在发展机制探讨的分析框架。研究的技术方法组合较为有效。

（2）北京 1958～2006 年间的城市规划与城市空间形态之间相互关系演变的历史过程研究结果表明：①城市空间形态演变随着时间的推移，总体上呈线形趋势，日益复杂；在城市空间的成长过程中出现了整合、跳跃、蔓延等方式，且在此过程中以蔓延发展为主；②不同时期针对规划实施和城市建设中出现的不同问题，新一轮规划的制定逻辑也以不同方式给予了回应，在城市功能定位、空间规模、空间结构等方面进行了相应的调整，试图重新引导人口和产业等要素在空间上的合理分布；③但各个时期北京城市规划的控制效果均不是很理想，且差异显著，呈非线性特征：总体上看，1978 年（改革开放）之前的两个规划版本控制效果比 1978 年之后的三个版本控制效果好；④研究认为 1958～2006 年间，城市发展所处的政治和制度背景，政府对城市发展的意图，规划实施中配套制度的设计，人口与空间规模的决策逻辑和城市建设中利益主体格局的变革是决定各时期规划控制效果的主要因素。

（3）根据霍普金斯（Hopkins，2001）对城市发展的五个特点的观点，本研究认为：①传统的基于物质空间的城市规划逻辑应加以改变，这是造成北京多次规划控制效果不理想的根源；②由于城市发展存在不可逆性，因而前一时期对于城市功能定位造成的建设结果，将影响到很长时期内的城市发展，且无法通过修改规划的方式在短时间内进行改变；③城市发展的不可分割性，也决定了城市"多中心"结构形成是一个复杂的系统工程，单从人口和产业方面考虑是无法达到目标的，还应包括公共财政、土地投放等方面的制度设计，以及基础设施和重要设施建设的保障；④城市发展的不完全预见性使得城市规划中关于空间和人口的决策结果往往与实际发展相距甚远，在规划实施过程中应对不同时期城市的产业结构、财政能力、生产服务能力、生活服务能力进行综合评估，确定合理的发展规模；⑤城市发展的相关性显著体现在城市开发的利益主体格局中，各利益主体之间的决策会相互影响，现实中"破碎化"、"多中心"的城市开发决策模式往往使得由政府单一主体制定的规划变得不可控。

（4）在规划制定和实施过程中都要建立各主体统一的行动框架和有效的协调机制，才能保障规划的实施效果。另外，城市发展既有历史继承性，同时也是动态变化的，当前以 20 年为间隔的"时间驱动型"规划过于静态，应在规划中建立"事件驱动型"的动态调整机制，使规划更具弹性。

正如中国所经历的剧烈的、深刻的经济社会转型以及高速的城市化进程呈现出的"中国之谜"一样，也许本研究对于中国空间规划的困境并没有给出清晰、全面的解答（事实上，这也是几乎不可能的）。但是从历史的长期视角对中国城市规划的考察本身就是具有很大的理论和现实意义的。通过本部分的研究，发现作为城市土地资源空间配置中，占有先导和控制作用的公共政策之——"空间规划"，在转型期的城市空间发展调控中，并没有起到预计中的理想效果。虽然转型期中的市场化和对外开放使得中国城市中空间资源配置的主体格局发生了多元化的发展趋势，直接导致了政府决策力和控制力的下降。但同时，也应寻找在政府的决策方式与实际配置行为中的"规划低效"问题的答案，以及当前的制度环境缺陷是否对政府的正常调控产生了不利的影响，即进入治理结构和制度环境的研究层次。

7 治理结构：治理变革对城市空间演化绩效的影响效应

自 1978 年中国改革开放以来，内外环境的剧烈变革，使得在很长一段时期内中国将经历一个经济、社会发展的快速转型时期。随着城市化、市场化、全球化过程的不断深入，转型期的特殊环境引致的各种空间现象和问题，也深刻地映射在我国空间资源配置中，治理结构和治理方式的变化中。

7.1 城市空间演化的治理结构变迁

中国自古以来就是具有强大中央集权型传统的国家，因而，对于其治理结构变迁的考察必然会侧重于各级政府之间的关系（Chen，1991；Li，1997），以及其在空间资源配置中表现出来的决策行为与作用的变化（Bo，2000）。

7.1.1 转型期政府地域空间的治理模式

我国除特别行政区（香港、澳门）以外，目前的空间地域管理层级共包括四个层次：省级、地市级、县级和乡镇级。这种科层式的行政体系决定了各个行政单元行政级别的高低和管辖权力的大小，体现了我国等级管理的特征与不同层级之间的权利分配（Chen，1991）。按各层级政府之间的控制方式进行划分，主要有以下四种管理和控制方式：

1）行政命令

上一级政府通过各种政府文件、会议决定等形式来约定与各下级政府之间的关系，通过该方法进行权力的调配，其中，就包括了部分对资源空间配置权力的规定。

2）指令性计划

我国每五年都要制定一个国民经济社会发展计划，即"五年计划"，该计划中包含了一定时期内（一般为五年），政府需要达到的发展目标（如 GDP 增长率、人均收入水平、城市化水平等等），上级政府会将该目标指标进行分解，层层下达给各级政府，要求各级政府在一定时期内完成。同时，将此指标的完成情况纳入到"政绩考核"体系中。因此，为了达到"政绩"的需要，各级政府往往以制定的经济社会发展目标来指导资源的空间配置方案，如城市规划体系中的近期建设规划便是与"五年规划"关系最为密切的空间配置公共政策。

3）资源与财政分配体制

资源分配体制，即上级政府将自己所获得的资源总量，按一定方式分配给下级政府，如建设用地指标、基础设施投资计划等等，资源分配体制在一定意义上决定了该政府辖区的空间资源的开发总量与类型。而财政分配体制则是指政府所获得的收益在上下级政府之间的分配方式，如土地出让金、税收在上下级政府之间的分成比例等等。财政分配体系决定了政府的收支结构，由此也刺激了政府为了"增收"所衍生的特定决策结果，如地方之间的税收竞争、土地出让竞争现象背后的"零地价供地"及各种"优惠政策"等决策结果。

4）人事任免

上级政府拥有任命下级政府机构领导和长官的权力，因而也拥有对下级政府的主要决策权，由此使得下级政府在决策和行使自身权力的同时，必须要尊重上级政府的意志。如作为公共政策的城市规划，本应是各利益相关者共同协商后达成一致的决策方案，但在其实际制定过程中，往往会背离市场原则与公众意愿，成为"长官意志"，因为主管规划的部门往往要尊重该行政区域中最高级政府的意图，而在当前中国公众参与程度较低的现状下，这就成为了几个领导或专家的"精英决策"结果。

7.1.2　转型期政府地域治理的空间关系变革

行政区划本应是相对稳定的，但转型期其作为政府决策行为的空间边界，也成了政府竞争的空间界线，其变革也相当剧烈。特别是20世纪80年代后，为了适应城市化和经济社会的快速发展，我国各级行政区划也进行了一系列的适应性变革。

1）市县分治时期（20世纪80年代之前）：市县分治

20世纪80年代初期之前，实行的是地区行署制，其作为省政府的派出机构，财政由省政府拨付，并不是一级具备完整职能的政府，主要负责县、市的协调工作。大部分市、县之间是没有隶属关系的"市县分治"模式，该行政管理体制和按行政区划、行政组织、行政层次组织的纵向管理体制，形成了"条条分割"、"块块分割"、"城乡分割"的治理困境。

2）地级区划改革（20世纪80～90年代）：撤地设市，地市合并，实行"市管县"体制

为了促进"城县空间"和"城乡空间"的协调发展，发挥区域中心城市的辐射作用，中央开始改革地区体制，实行"市管县"体制，主要包括撤地设市，地市合并。期间对于撤销地区建制，设立地级市的标准进行了多次调整，也因此形成了多次改革高潮。由于我国地区差异显著，在统一的标准下，东部沿海地区由于其整体发展水平较高，长三角地区的改革速度较快；之后，随着标准要求的逐步放低，西部城市也相继付诸实施。市管县体制将原地区行署与所在城市合并，设立地级市，并将原行政管理总范围内的县划归该地级市管理。

3）县级政区改革（20世纪80～90年代）：县改市

在传统的纵向计划经济体制下，县市发展速度缓慢，随着改革开放的实施，一方面城市和县域经济迅速发展，空间规模不断扩张，但由于县市分治，城市的发展空间受到限制，同时城市所需的副食品供给短缺也阻碍了发展；另一方面，随着乡村经济的发展，农村产生了大量的剩余劳动力，也有着发展第二产业和第三产业的需求，但由于城乡分割，发展水平一直处于较低水平。因此，在撤地设市，地市合并的同时，也对设市模式进行了变革，将全县（乡）地域范围改为改市（改镇）后的城市地域范围，虽然县级市仍为地级市所管辖，但相较于一般的县，其拥有更多的财政分配比例、更大的行政决策权力和项目审批权力。20世纪90年代末，由于县改市模式引起的假性城镇化、农村发展滞后等问题，县改市的进程逐步放缓。

4）大城市政区改革（20世纪90年代至今）：撤县（市）设区

在快速城市化过程中，随着城市发展逐渐演化为区域整体发展，大量区域中心城市的空间扩展受到行政区划的限制，相邻城市之间的摩擦成本也逐渐增加，城市与所在区域之间的协调发展矛盾日益突出。在区域竞争背景下，加速培育地级市，促进其所在区域空间资源与社会经济资源的整合提升，以撤市（县）设区的行政区划调整模式开始出现。该模式主要是将大城市周边的县或县级市改为市辖区，从而拓展城市的发展空间，并为大城市及其周边地区的统一规划和协调发展创造条件（谢涤湘，2004）。

视点：杭州市行政区划撤并

2001年杭州市政府经国务院和浙江省政府批准，同时设立萧山区和余杭区，这也使得杭州城市的可拓展空间增大了3倍，突破了地理空间阻隔对城市资本、产业、劳动力等构成要素在地域空间上的合理流动与分布的制约（图7-1）。

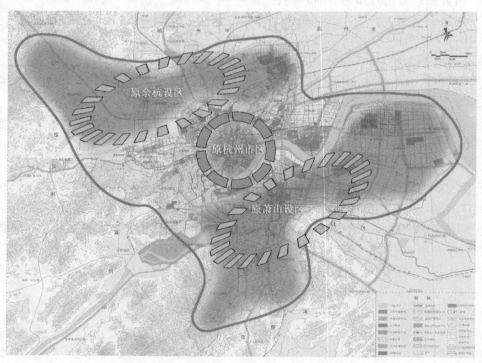

图7-1　杭州市区撤并图

来源：《杭州城市总体规划（2004—2020）》

5）基层政区改革（县级以下）——撤并乡镇

建国以来，以乡镇建制的调整最为频繁，由于不同历史时期的设镇标准各不相同，因而城镇的数量也因此出现剧烈波动：20 世纪 80 年代之前由于设镇标准较高，因而城镇数量不增反减；80 年代后，国家改变了镇建制单位的设置标准，促进了小城镇的发展，使该时期的建制镇数量产生了快速增长。虽然"撤并乡镇"有利于精简机构，减少财政开支，降低管理成本，减轻农民负担，有利于资源配置和城镇体系的优化，但目前仍存在小城镇数量过多，质量偏低的问题，使得城镇化水平虚高，规模效益不明显，重复建设突出，农民负担加重。

7.1.3 转型期政府治理结构的演化逻辑

1）利益协同的宏观经济效率改进效应

计划经济时期实行的高度集权的管理体制下，依靠指令性计划控制地方的管理方式，使地方政府的利益要求被压制，在区域发展中缺乏创新和主观能动性。转型期，随着市场主体和市场体系的发育，以及相关制度改革，使企业"利润效益最大化"和政府"本地经济利益最大化"的追求目标得到了统一。一方面，政府通过市场化和分权化成为了相对独立的利益主体，除了地方政权组织的角色外，还担任了区域经济"经理"的角色，在此发展定位的转变下，地方政府必然会与企业等微观经济主体产生协作联系。企业带来的就业、基础设施等附带效应，是政府推动区域经济发展的主要动力之一，由此，形成了利益协调的格局。但另一方面，区域竞争也日趋激烈，为了争夺有限的经济资源，地方政府在政策供给、资源供给方面为吸引更多的要素流入本区域，推出各种优惠措施，其中大量政策是以牺牲资源实际价值、透支可持续发展潜力为代价的。

2）权力下放的微观经济效率改进效应

市场化会引发政府治理结构的变革，随着层级政府之间行政命令体制的逐步弱化，分工合作的色彩增强，授权与代理关系对简单的命令与执行关系的替代，下级政府因此获得了更多的管理自主权（陈广胜，2007）。行政权力的下放，有利于激励区域经济发展的主观能动性，也使得行政和管理决策更加符合基层复杂的实际情况，提高了整体行政管理效率，更有效和快捷地为地方市场主体和社会公众提供服务。如浙江省实行的"省直管县"和"强县扩权"等政策，使得省、市、县三级治理结构的权利分配进行了重组，刺激了基层政府的积极性和主动性，也符合了反应快速、高效服务的市场经济转型要求。但另一方面，激烈转型的经济体制和相对缓慢的政治体制转变不协同，由于权力下放使得基层政府在一定程度上也拥有了利益主体的特征，而区域内的公共资源成为了地方经济发展的依托基础和可支配的资本（吴缚龙等，2007），引致了局部短期利益机制和约束机制的失效，容易产生区域间的行政壁垒和过度非规范性竞争现象。

3）空间资源整合与拓展的市场放大效应

行政区划的调整与兼并，直接可以获得的益处便是发展空间的拓展，这使得中心城市能拥有更大的发展腹地，可以在更大地域范围上来考虑城市建设和产业布局。与此同时，在中心城市向外围规模扩张的过程中，与周边县市原有的发展基础在空间上合为一体，能降低区域隔阂带来的摩擦，更好地发挥中心城市对腹地的辐射、带动作用。随着地域空间的扩展，更大范围内的资源被整合在一起，也为道路、港口、机场等重大基础设施的建设，以及规划的协调起到了积极的作用。另一方面，中心城市的市场范围也因其地域空间范围的拓展而放大；其中土地价格的升值便是典型的例子。可见，治理结构的空间结构调整有利于减少资源浪费和地缘消磨，扩大中心城市的市场运作空间，带动周边地区发展。但目前该过程仍处于初步阶段，毕竟在中国渐进式改革的谨慎模式下，行政体制与经济体制的冲突仍存在于行政地域空间划分冲突的背后，许多经过行政区划兼并后的区域内部还是存在着"貌合神离"的现象。

7.2 转型期治理结构效应：空间规划视角的特征性事实

空间规划是区域治理的空间政策之一，也是政府进行资源空间配置的主要依据，在我国的"条块"管理体制下，空间规划也呈现多种类型，如规划与建设部门的城市规划，国土管理部门的土地利用总体规划，交通部门的各类交通专项规划等等。本研究选择当前中国城市规划中新近开始编制，且属于宏观整体决策问题层面的县市域总体规划作为研究对象，其也正是在应对转型期复杂背景时的规划变革中较为先行的规划之一。

县市域总体规划从本质看是以城乡整体利益为目标，以县市政府及其所属的专业部门为依托，将强制性的行政权力合法运用到空间资源配置环节中，其管理方式具有独占性，其活动和行为必须接受公众的监督与社会舆论的批评和评价，具有典型的公共治理特点。在社会经济转型期，城乡规划的行政管理和技术管理正逐步成为国家公共管理的一种重要手段，其作用主要体现在三个方面：①政府调控城乡资源的手段；②维护社会公平、保障公共安全和公共利益的政策工具；③引导城乡发展与建设的战略谋划。

中国的县市域总体规划工作始于20世纪50年代，从初期的农业区划到改革开放后的县市域总体规划，多数是作为城市规划体系的组成部分，但其模式、内容和方法却有了显著的变化。随着政府职能的转变，日益加强的区域竞争关系不断导致资源浪费与区域协调问题，传统规划理念严重滞后于复杂转型过程中的空间变化要求。新时期制约区域协调发展的根源在于竞争背景下的利益冲突，县市域规划应重新审视其公共政策的本位职能，及时对规划理念进行革新，增强其作为公共管理政策工具的资源配置与区域协调绩效。

7.2.1 县市域总体规划主导职能演变历程

新中国成立初期，在高度集权的计划经济时代，地方政府行为表现为围绕中央的资源分配展开竞争，争相提高计划指标，以制订计划经济指标为主导职能。工业项目集中的地区，以工业发展指标的制定为主，相应地考虑能源、交通规划指标；以农业为主的地区，着重制定农业各部门发展指标，重视农业的地域差异与农业区划。这一时期的规划，只是把城镇视为工业点、工业区或农产品加工基地，按照"条件、特点、问题、措施"八字程序操作，可以视为国民经济计划的组成部分，区域发展仅仅依靠国家统一的计划安排，体现了高度集中的单一计划体制特征。规划理论方面主要为从苏联引进的"生产力综合体"和"综合发展和专业化分工"，全国范围的规划模式一致性突出（林炳耀，1994）。

20 世纪 70 年代，在中央适度分权的制度下，地方政府提出了优化区域生产力布局的要求，以区域城镇发展规划为主导职能。城镇体系规划布局和基础设施规划布局成为最重要的内容，重视重大建设项目的分析论证，农业规划则退居次要地位，社会发展和环境规划也尚未受到关注。在空间布局中，开始关注市场力，规划理论方面引入了中心地理论、点—轴理论以及增长极、断裂点分析和系统工程等方法，但观念上还是受单一计划体制的束缚。主要目的是解决城市总体规划阶段对区域规划层次把握不足的问题，重点是城市规划的区域分析，确定城市的性质和规模，以及落实国家和地方政府重点建设项目。

改革开放后至 20 世纪 90 年代中期，随着市场经济体制与分权制度的深化，为吸引更多的要素流入其辖区，地方政府在公共产品和服务的供给方面展开竞争，县市域规划以落实经济发展的空间需求为主导职能。经济增长速度、投资主体格局和市场机制等诸多背景发生了变化，以经济建设为中心的指导思想得以确立，城市化水平和城乡非农业经济活动的比重迅速上升，因而规划内容和指标体系主要指向经济发展的客观要求。城镇体系规划逐步与城市总体规划结合，开始重视区域要素的影响和城市发展条件评价，并注意城镇发展多重机会选择的研究。方法论上提出了城镇体系规划的地域空间结构、等级规模结构、职能组合结构和网络系统组织的"三个结构、一个网络"的理论。

当前，社会经济进入转型时期，其各方面的快速发展分散了原来由中央集中控制的资源，分权化改革也将地方经济利益合法化，地方政府具有了一定的剩余索取权，而以地方经济绩效评估为核心的行政任命制，也催生了政府追求地方经济利益最大化的发展方针。处于社会经济转型期的不成熟市场经济环境中，中央政府不断增长的经济和政治权力，以及不当的管理，导致了不完善的"地方增长机制"。一方面，在中央对地方进行的财政分权和行政放权过程中，促进区域城市之间形成利益联盟，共同争取地方利益；另一方面，地方财政分权使得地方政府之间的横向竞争加剧。此外，从计划体制中承袭下来的条块分割弊病在规划编制和实施过程中显得更加突出，由此产生空间利益冲突、资源利用低效率与生态环境威胁等问题，这些都促使规划必须从"支配"和"控制"转向"统筹"和"协调"，使得县市域规划面临理念和方法论上的整体变革，必须以统筹区域与空间协调发展为职能主导。转型时期，规划理论也得到了极大地丰富，如城市制度理论、区域竞争理论、区域管制理论等都为规划的编制与价值定位提供了新的思路，各地的县市域规划的理念、编制内容和成果形式都趋向多元化（表 7-1）。

各时期县市域总体规划变化特征　　　　　　　　　　　　表 7-1

模式特点	农业区划	城镇体系规划	城市地区规划	城乡统筹与区域协调规划
时间阶段	新中国成立至20世纪50年代中期	20世纪70年代至改革开放初期	20世纪90年代中期	当前社会经济转型时期
主导职能	制订计划经济指标	区域城镇发展规划	落实经济发展的空间需求	推进城乡一体化，统筹区域城乡空间协调发展
编制目的	为地区制定经济发展指标	为区域城镇发展规划服务	研究城市规模和城市性质	协调区域城乡关系，促进区域可持续发展，提高竞争力
体制特征	高度集权的单一计划体制	适度分权的有计划商品经济时代，不完全市场经济	市场经济主导资源配置	市场经济与政府调控双重主导下的区域竞争
重点内容	工业、农业、能源、交通规划指标的制定	以城镇布局及落实国家和地方政府重点建设项目为主要目的	以城镇布局为核心的社会经济发展规划	以区域与城乡协调为导向，将经济、社会发展、人口与环境资源利用、城乡空间结构、基础设施与社会设施系统进行空间落实与综合平衡的系统性、战略性、地域性规划，实现"城乡全覆盖、空间一张图"

7.2.2　利益冲突：制约新时期空间协调发展的根源

　　县市域总体规划是区域发展的空间部署，其核心内容是城乡协调、人地关系协调、人与自然协调、公共产品配置协调与区域发展的协调。作为公共管理主体的地方政府在区域协调发展中起着关键性作用，但长期以来中央政府的财政分权与行政放权使地方政府越来越趋向于"企业型"，尤其是改革开放后，生产要素的加速流动和城市顾客（外商、旅游者等）"用脚投票"，迫使地方政府像企业一样改进效率（赵燕菁，2002），开始具有市场利益主体特征，而复杂的"利益冲突"成为制约区域协调发展的根源。转型时期，经济与政治领域表现出来的各种非规范性行为也通过各政府管辖的行政区域单元，表现为区域内外部、上下层级之间的激烈竞争和冲突关系（Shen，2002；张京祥等，2002）。

7.2.3　纵向竞争：权利博弈下的地方主义与机会主义

　　财政分权使地方政府具有一定独立的财权和事权，同时也有了明确的经济利益和行为目标。上下级政府之间不是单纯的行政隶属关系，而具有契约关系的性质，在一定程度上成为不同权力和利益平等的经济主体。在政绩激励和约束下，地方政府的权利边界和行政区边界相互固化催生了"地方主义"，阻碍了区域的健康发展。

　　一方面，地方主义导致了区域中心城市发展滞后与城镇体系结构不合理等问题。例如，温州苍南县的县城位于13.5万城镇人口规模的灵溪镇，但相距仅9km的龙港镇却拥有18.7万城镇人口，建成区面积约为灵溪镇两倍，其发展水平大大超越灵溪镇。尽管龙港镇政府辖区也处于苍南县政府的"经营"边界之内，但在行政中心和经济中心分离的现实下，上层级政府有着重"经营"其办公所在地（灵溪镇）的偏好，各方利益冲突导致长期以来一直保持着"双城"格局（图7-2），空间发展相互掣肘，加之"温州模式"本身缺乏要素集聚能力，使得苍南县域发展缺乏集聚合力，严重影响了整体竞争力。

视点：苍南县的"双城"格局

经济和建设水平较低，但作为县城所在地的灵溪，与发展与建设水平较高，却非县城所在地的龙港，空间距离相近，但多年来却始终无法合力发展，成为一体。

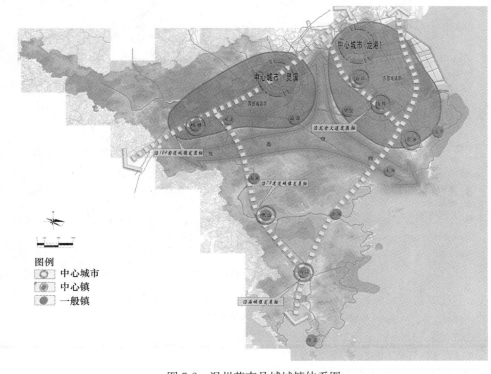

图 7-2　温州苍南县域城镇体系图
来源：《温州苍南县域总体规划（2006—2020）》之空间发展战略专题

另一方面，转型期的信息不对称和制度缺陷，弱化了上级政府的宏观控制能力，使得"上级政府政令不畅，下级政府'令行不止'"的机会主义现象泛滥。如温州市政府牵头编制完成的以整合平阳和苍南两大县城构建区域性中心城市的《鳌江流域城镇发展战略研究》提出的战略整合方案（图7-3）在操作层面却难以实现。

视点：温州鳌江流域的"理想格局"与"现实发展"之间的困境

鳌江流域城镇发展战略为"中心集聚、轴线发展"。"中心集聚"即以龙港、鳌江为中心，形成流域中心城市，带动流域发展；"轴线发展"即以交通和沿江轴线发展带动流域城镇整体发展。但事实上，中心集聚的两个空间组成部分分属两个县域管辖，因而，为了各自的利益保护目的，该"理想方案"至今无法实现。

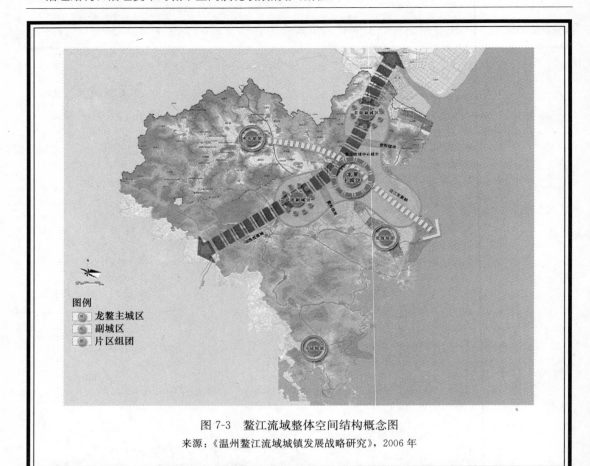

图 7-3 鳌江流域整体空间结构概念图

来源：《温州鳌江流域城镇发展战略研究》，2006 年

7.2.4 横向竞争：竞争过度的负反馈效应

地方政府竞争如果限定在一定的边界内，会对整个利益体的发展具有积极作用，而如果超过了应有的竞争边界，则会起到消极作用，出现竞争过度的负反馈效应，空间上主要表现在以下三方面：

1) 空间发展失序

在地方政府横向竞争的背景下，出现了城镇空间结构发展离心分散化的弊病[①]，产业同质低度化与城市化滞后于工业化的双重机制造成了小城镇的低水平发展格局，城镇功能不完善，基础设施水平低，工业布局高度分散。2005 年，浙江省共有地级及以上城市 11 个，县及县级市 58 个，建制镇 763 个，环杭州湾和温台沿海中小城镇

---

① 产业集群的发展大致可分为三个阶段：第一阶段是空间集聚，主要是指生产同类产品的企业"扎堆"在某个较小区域内，企业之间的专业化协作水平不高；第二阶段是专业化集聚，区块内出现了大量的配套企业和中介服务机构，专业化协作网络、中介服务体系以及区域产业链基本形成，区域品牌初步建立；第三阶段是系统化集聚，专业生产的系统化水平进一步提高，融入全球生产体系，并具有一定的国际竞争优势。按这样的标准，浙江省在年产值 10 亿元以上的块状经济中，80% 以上约 230 个处在第一阶段，15% 左右近 50 个处在第二阶段，开始进入第三阶段的只有 3～5 个。

发育密集，大多相距几公里，是较典型的高密集城市化地区，但各城镇横向联系弱，竖向联系强，自我封闭发展，城市之间在产业选择、基础设施建设等方面缺乏合作，空间上也缺乏协调（图7-4）。

视点：浙江省城镇体系结构现状

　　浙江省2005年现状城镇的地域分布体现出显著的空间差异：北部环杭州湾区域以及东部和南部沿海区域城镇十分密集；而西南部山区和相对内陆区域城镇分布较少。但另一方面，都体现出了城镇规模偏小的共性，发展布局分散，缺乏集聚合力。

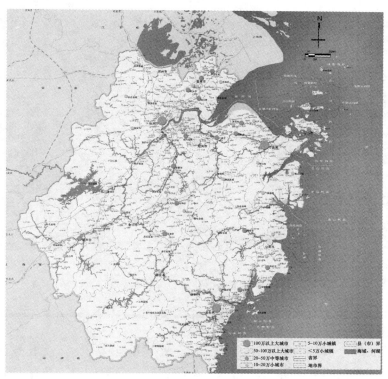

图7-4　2005年浙江省城镇规模等级现状图

来源：《浙江省城镇体系规划（2007—2020）》

2）低效率用地扩张

　　不同地方政府为了实现本地区的经济发展目标，吸引资本和要素流入，采取政策优惠这一最容易见效的手段，诸如"零地价"供地，政府税收与收费让度等政策在各地相继出台。可见，实行低技术、低成本扩张是浙江省工业发展模式的主要路径，由于缺乏驱动企业生产方式转变的制度环境，加上资源和生态环境的约束与创新机制缺陷，生产经营成本压力不断增大，其民营竞争优势已被大量侵蚀。总之，经济政策与用地政策两个杠杆均倾向于投资主体，是造成浙江省大规模低效率工业用地拓展与粗放式生产方式的主要制度因素，虽然在短期有一定微观效果，但长此以往会影响到区域经济发展的宏观效率。

视点：环杭州湾工业区发展概况

从开发建设时间来看，"杭嘉湖甬"和"苏锡常"两个区域的开发区都是从20世纪90年代初期到中期这一段时间开始的，但目前无论从开发区级别、经济总量、对外贸易、招商引资状况等各方面"杭嘉湖甬"都不及"苏锡常"；另外从商务成本方面来看，由于城市或开发区级别、土地成本、劳动力工资水平、各项政策的优惠程度、政府办事效率等的不同，也显现出了较大的差别性（图7-5）。

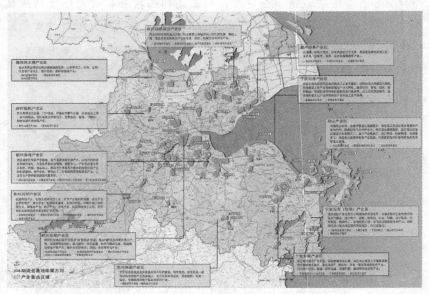

图7-5 环杭州湾区域工业区发展分布图
来源：《环杭州湾地区城市群空间发展战略规划》，2004年

3）资源浪费

城市化发展缓慢引致的基础设施建设滞后使得各地政府为了优化投资环境，纷纷加大固定资产投资规模，兴建工业园区、高教园区、会展中心等大型项目，建设项目与产业结构的同质化竞争使得浙江省专业化分工协作水平低下，丧失了地区分工利益，造成全社会整体经济效益下降，项目的重复建设又造成了资源和生产能力的浪费闲置。2005年，浙江省134个开发区（园区）累计开发面积已经达到796.7km²，几乎所有的市及县级市都设置了开发区。与此同时，产业雷同不仅表现在同一类型开发区（园区）内，比如各高新技术产业开发区都将电子信息、生物医药、新材料等列为发展重点；而且不同类型开发区（园区）间也有雷同的趋势，例如开发区、高新技术产业园区本来定位不同，但随着各开发区（园区）间的竞争日益激烈，也出现了产业定位的相互趋同。

7.2.5 内部竞争：多元利益主体的空间利益争夺

我国长期实行"条块分割"的政府管理模式，加剧了政府内部之间的利益冲突。作为中央直属部委自上而下指挥的政府职能部门，同时也是一个利益群体，是其成员共同利益的代表者（石楠，2004）。由于政府部门间职责范围的重叠，给争夺由本部门权力衍生出来的利益提供了制度空间，同一政府内各部门之间出现了相互争夺规划空间和管理权限的现象，导致重复工作，资源浪费，互不协调，严重影响规划的科学性、实用性和权威性。县市域规划的实施需要同时得到发改委、农业部、国土资源部、交通部、环保部等部门的同意，而这些部门也拥有各自的空间规划，如此"多样化"的规划体制，其协调成本相当巨大，效果也不甚理想。

此外，由于我国在政绩评估制度建设上的滞后和偏颇，目前各级政府的考核指标带有明显的"唯 GDP 化"倾向，并由此主导了地方政府在不合理激励制度下的短视行为选择。地方政府表现出热衷于"政绩工程"建设，每届政府都想将自己行为的"溢出效益"内在化。在资金和资源有限的情况下，政府缺乏长远收益的激励，往往将有限的资源投入在能够"立竿见影"的建设项目上，这就造成了地区公共产品的供给失衡，无视资源的综合开发与可持续利用，较为典型的现象是地方政府宁可将力气花在争土地指标上，也不愿去提高土地利用效率与潜力的挖掘，放任建设用地粗放式发展。

7.3　基于治理结构的空间规划决策网络分析

7.3.1　空间规划决策方法概述

计划经济体制时期，空间规划和城市建设的决策者主要就是中央和各级政府，但随着改革开放的深入和市场机制的引入，越来越多的利益相关者介入到城市开放与建设中。城市建设和空间开发行为的利益多元化越来越受到市场规律的影响，作为规划制定者的规划师和规划决策者的政府，在空间规划的制定和决策中越来越难以把握和控制。当然，这也和我国正处于经济社会剧烈转型期的特殊背景有关，西方的城市规划在市场经济的环境下产生与发展，经过长期的发展已经有着丰富的处理市场经济下规划制定与运行的经验。虽然资本主义国家市场经济高度发达，但由于市场经济的本质缺陷同样需要城市规划在土地和空间开发方面发挥其社会功能（刘贵利等，2010）。

从西方城市规划理论与决策过程看（表 7-2、表 7-3），20 世纪 60 年代以前为纯技术过程的物质规划时期，60 年代以后则将其视为一个政治过程，更多地关注其政策性和政治性，同时物质规划中也包含了经济与社会规划的丰富内容。

西方空间规划中的决策方法回顾（一） 表 7-2

规划方法	规划师定位	时　期	规划范围	规划先设假定
综合理性规划	控制者	20 世纪 90 年代	物质空间；社会经济	社会：统一 政府：中立仲裁者 规划：中立
渐进式规划	协商决策者	20 世纪 60 年代	有限的物质空间和社会经济范畴	社会：多元的 政府：代表 规划：代表

续表

规划方法	规划师定位	时　期	规划范围	规划先设假定
倡导式规划	公共参与鼓励者	20世纪60年代	不同"顾主"（公众）的利益和需求	社会：多元的 政府：代表 规划：代表
规划的政治经济观	激进规划师	20世纪70年代	政治经济	社会：冲突 政府：阶级联盟 规划：阶级联盟
新自由主义规划观	企业行为的规划管理者	20世纪80年代	最少的政府干预以支持市场，关注重心从规划到管理	社会：关注个体利益 政府：支持个体和市场行为 规划：支持个体和市场行为
后现代主义规划观	理性的沟通者	20世纪90年代	社会、政治、经济、环境和物质空间	社会：可以协调的冲突 政府：多元联盟 规划：多元联盟

来源：参考刘贵利等（2010）与尼格尔·泰勒（2006）进行整理

西方空间规划中的决策方法回顾（二）　　　　　　　　　　　表 7-3

	规划目的	决策方法	有关评价
综合理性规划	代表公共利益改善和管理环境，社会公平与效率	问题界定、数据收集和处理、目标形成、设计多方案、决策、实施、监测和反馈	提供了一套可操作的程序，但忽略了各种利益可能出现的冲突和不确定性
渐进式规划	逐步的环境改善，注重实效的社会公平与效率	不同的机构、有限的规划目标，规划方案通过机构间的调整作出决策，不断重新界定问题	认识到多元社会的不同利益，以及公共利益界定的困难，但没有认识到协调中潜在的不平等
倡导式规划	通过公众参与改善生活质量，关注重心从效率转向公平，再到赋予民众力量	把公众参与作为手段，问题、目标由公众确定，由公众控制整个决策过程，通过改善地方民主来作出决策	认识到多元社会各种不同的利益，需要倡导、参与到决定民主进程背后的力量，认为只要有民主过程就有民主结果
规划的政治经济观	通过结构性变化重新分配资源，取得公平和效率	解释社会：历史背景下的规划行为	认识到资本主义社会的阶级和意识形态差异，以其对政府和规划师角色的影响，认为需要采用政治行为来达成结构性变化
新自由主义规划观	促进国际化背景下的市场和城市竞争力，提升效率	着重于私人角色的经济和管理技术	认识到在全球化背景中城市角色的变化，把规划视为技术，排除政治，忽视公共产品的私营化过程中的不平等倾向
后现代主义规划观	通过讨论、协商和相互理解达成环境的改善、公平和相互尊重	规划是与民众交互式的交流，完全表达意见，讨论，形成合作的意见	认识到社会的多元化价值观，认识到影响规划的各种宏观和微观力量

来源：参考刘贵利等（2010）与尼格尔·泰勒（2006）进行整理

　　可见，不论是西方国家还是我国的城市规划决策模式（表7-4），都呈现出多元化的特点，在不同历史时期与发展背景下，空间规划的决策方式存在着较大差异，但总体上看，有以下共同点：①决策主体多中心化：基本经历了从最初的规划师和政府单一主体到目前政府、利益集团、规划师、公众等多元化的决策参与主体的演变过程；②应用的方法多样化：从最初的系统分析和统计学分析发展到目前包括空间分析、计量经济分析、动态模拟分析等多种工具和方法的应用；③注重对规划中不确定性的考虑，即对"信息不充分"的认同：越来越认识到规划师乃至权力精英的知识有限性和信息掌握的有限性，难以把握和预测未来发展情况；④决策过程由刚性决策向协商决策过渡：政府和规划师在决策过程中的地位逐步降低，更多的利益相关者加入到决策过程中，使得决策结果难以预计。鉴于此，在我国政治体制、经济发展条件、社会环境、生活水平等剧烈变革的转型时期，规划决策的难度就大大增加了，"最优规划"难以付诸实施，既不能照搬西方国家的模式，又不能延续计划经济体制下的规划方法。因此，必须要寻求一种更加有效和应变弹性的决策思路来指导我国的空间规划。

当前我国空间规划中主要决策模式比较

表 7-4

模 式	模式特点	方 法	规划定位	缺 点
理性决策模式	将规划决策看作纯粹的技术过程	统计学决策理论与系统分析理论	政府和规划师为利益中立，规划师有完全信息及控制预测能力	对不确定因素缺乏考虑，规划与实际差异较大
渐进主义决策模式	把规划决策看作各利益相关者相互作用与修正政策的过程	没有严格的方法体系，接近日常的连续有限比较决策	各规划决策主体相互协商和妥协的结果，信息是不完全的，旨在寻求"较优"方案	缺乏全局观，短视；决策过程中由于主体地位不同导致不公平
制度决策模式	规划为政府制度和体制的产物	技术规范、管理制度、法规、程序	政府是规划决策和实施的唯一决定性力量，能影响个体行为	单一主体决策会导致分配不公
团体决策模式	规划是利益团体的决策	没有严格的方法体系	政府与利益团体相互依存，通过竞争、妥协、谈判等方式形成的利益团体决策	往往倾向于利益集体与政府的利益，公众的利益难以保护
精英决策模式	规划由权力精英和专家的行为方式和人格因素决定	没有严格的方法体系	决策非程序化，受人格化权力结构影响较大，精英控制	无法完全正确地反映公众的利益需求，无法保证公平

注：参考刘贵利等（2010）与尼格尔·泰勒（2006）进行整理。

7.3.2 空间规划的决策网络模型

空间规划涉及众多资源和要素的配置，因而一个规划的制定往往包含了多个相互关联的决策。空间规划的制定是一个典型的复杂决策问题，涉及政府管理部门、开发商、公众选择以及编制机构组成的广义决策群体。这类问题因以下三个特点而显示出较高的动态复杂性：

（1）影响因素及决策内容和维度多。决策者要综合考虑所规划城市系统的运行现状、生活水平、资源禀赋、区位条件、环境容量、外部联系条件、产业和税收政策、产业结构演变趋势等多种因素。在经济、社会、环境多目标的引导和约束下，对系统的功能布局、空间结构、产业形态、资源利用等系统的综合方案进行总体设计。对于微观空间规划，决策者通常还要对建筑形态、建造成本、经济效益等具体方案进行决策。

（2）决策主体和单元间存在较强的互动关联性。城市系统的各个部门和企业运行过程中通过物质流、能量流、资金流、信息流等互相联系，形成与生态圈中生物群落相类似的共生依存关系。在规划设计城市这类复杂巨系统时，其中一个决策结果会影响到与其有某些要素交换关系的多个决策结果，这些子决策单元的互相关联大大增加了整个决策系统的复杂性，给决策者带来了相当大的技术难度。

（3）涉及信息量大，信息获取难以完全，不确定性强。空间规划决策所涉及到的信息种类很多，既有定性的发展战略和相关政策制度信息，也有定量的统计报表数据信息，决策者很难全部获得，也难以完全处理如此巨量的信息；此外，决策者通常要针对未来5~20年内城市系统的发展进行决策，而该系统所处的内外部环境均具有很大的不确定性，同时受到不同主体和不同层级结构的自组织和被组织机制的影响。决策者是在掌握不完全信息，面对较多不确定性的情况下进行的决策行为。

传统的单一决策分析方式越来越无法适应像城市或者区域等在内的动态复杂系统进行有效分析，近年来，更多的研究开始关注应对多个且互相联结的决策方法（Knaap，Ding and Hopkins，2001；Hopkins，Xu and Knaap，2004；Hanley and Hopkins，2007）。与此同时，很多基于复杂情况下进行决策的分析工具也得到了大量发展，其中，应用于空间规划决策分析领域的工具主要有以下几种：垃圾桶模型（Garbage Can Model）主要用来描述决策产生的复杂情景（Cohen et al.，1972）；战略选择方法（Strategic Choice Approach）主要用于分析各项决策之间的联系（Friend，Hickling，2005）；决策树（Decision Tree）用于不同决策之间的比较以及最优方案的选择（Raiffa，1968）。此外，还有进化论（Evolution）决策模式（Russo et al.，1996）等等。

决策网络（Decision Network）已经在其他项目规划领域内得到应用（姚玉玲、刘靖伯，2008；毛义华，2003；张彩江等，2004，2007），但涉及到的因素相对较为简单。赖世刚（2008）提出了针对多选择性的决策网络模型，该模型包含了决策情况（Decision Situation）、问题（Problem）、决策者（Decision Maker）和解决方法（Solution），用以模拟复杂的城市决策情景，以及分析各决策之间的联系，并进行合理的决策选择，但由于其中许多关键的参数变量无法在实际中进行获取，该模型的研究仅限于理论模型范畴，但其中提出的事件驱动型模型与时间驱动型模型的比较，对决策网络构建方式的选择具有启发意义。决策网络方法可以适用于制定空间规划，当存在多种可选择方案时，如何对规划期限、各种成本、资源配置等进行优化的问题，在决策网络中利用决策点和不定点组成的决策单元，表达主观决策与客观不确定情况间的联系。因而在空间规划中具有相应的应用优势。

7.3.3 中国城市空间规划决策网络变迁

空间规划决策的复杂系统是一种复杂适应性系统，由大量做不同类型决策的相关联和具有层次结构性的适应性决策个体（decision agent）组成的系统，其中影响个体决策的环境正是由大量个体决策结果构成的，而适应性就是指决策个体能够根据环境采用不同的策略。在当前多元化决策格局下（图7-6），空间规划中的决策个体包括政府、企业、开发商、公众、专家（规划师）等等，不同的决策个体都有其特有的决策行为特征，如政府在其特有的治理结构下要尊重上级政府的意志，同时，也要对管辖范围内的公众和居民负责，在此基础上努力施政以取得更大的政绩；而专家根据自身的空间规划知识，从知识理性的角度，借助各种技术工具尽量使决策中的参考信息趋向完整、精确；企业和开发商考虑决策带给其自身经营环境的改善程度，关注是否能够通过决策使其利润最大化；公众的决策数量最大，且类型多样，因为每个公众的受教育程度、价值观等都各不相同，因而最难以把握。除了决策个体的多元化以外，某一类型决策个体内部也存在较大的差异性，如同样是企业，工业企业更加注重交通条件与市场邻近度，而服务业企业则更加注重集聚程度和产业多样性；同样是政府，土地管理部门侧重对土地开发量、区位、时序的控制，而交通部门则侧重对交通基础设施的布局与建设周期等等。

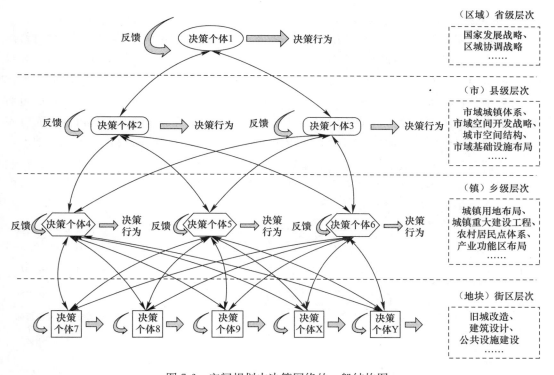

图 7-6　空间规划中决策网络的一般结构图

在空间规划这个复杂决策系统中，各个决策个体的基本特征都包括预测和反馈两个主要方面，参与规划决策的决策个体均为有限理性，适应性决策个体依据拥有的信息作出预测，根据预测结果来决定采取的决策行动（Decision），其后将获得环境给予的回报（Reward），决策个体再根据获得的反馈来强化或修正自己的预测（图 7-7）。所有决策个体的行动就形成了决策环境，决策个体与决策环境之间相互作用，决策个体之间相互联系，都具有一定的层次性。空间规划决策复杂系统是决策环境与个体决策互相作用的动态演化系统，存在一个控制中心；同时，系统最终的整体行为不能从个体行为简单推导而来，要关注其中的交互作用。

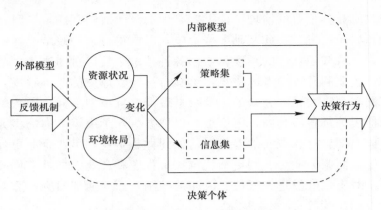

图 7-7　决策个体内部决策结构图

1）计划经济体制下的空间规划决策网络结构

计划经济体制下，空间规划的主要职能是落实国家到地方逐级下达的经济计划指标，为指标的实现提供空间的保障，其决策网络体现出显著的纵向支配特征，决策个体主要是政府，即由中央政府、省政府、市（县）政府、镇（乡）等治理结构将指标层层分解。在决策过程中，各决策个体根据自身所获得的指标额度进行空间战略的制定，主要是通过对下级决策个体的决策行为进行绩效控制，以此来完成上级决策个体的要求与目标，而并不十分关注同一级别决策个体决策行为之间的横向影响，或者说横向影响并不明显，即上级决策个体控制和支配下级决策个体，下级决策个体对上级决策个体负责。在计划经济体制下，空间规划中决策网络内的决策个体的纵向联系强度远远大于其横向联系强度，主要的交易成本产生于上下级之间的联系（图 7-8）。

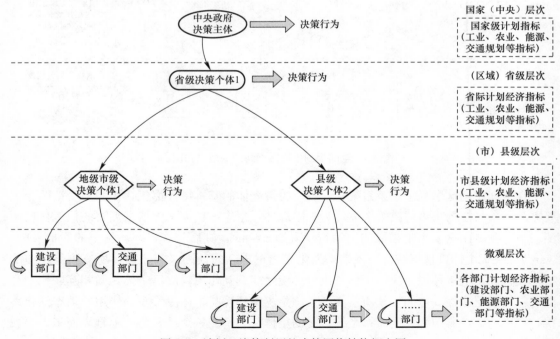

图 7-8　计划经济体制下的决策网络结构概念图

2）转型背景下的空间规划决策网络结构

转型背景下相比计划经济体制下，空间规划的职能更为多样化和复杂。随着改革开放市场经济体制的引入，国家财政分权制度的变革，市场机制作用于从国家到地方的各个决策层次中，学术界也将该时期的政府职能转型定位为"增长机器"、"企业型政府"、"城市经营者"等等，决策个体之间为了"争夺"要素流入自身辖区，不得不加入到横向竞争的环境中。与此同时，决策个体的纵向联系也发生了变革，随着财政分权制度的改革，地方政府利益和中央政府利益之间开始分化，地方政府为了自身发展尽力获取更多的资金和要素，在空间发展战略上有可能选择竞争性的开发策略，如在国家级开发区周边再建设一个市级开发区，以保证在当前分配制度下，降低本级个体的经济利益损失。另一方面，微观层面中，决策个体向决策团体转变，呈现"多中心"决策的局面，由计划经济体制下的政府单一决策转变为由"政府"、"公众"、"开发商"、"企业"等诸多利益相关者共同决策，决策方式也由政府控制型向互动协调、协商、妥协转变，决策网络更趋复杂化（图7-9）。

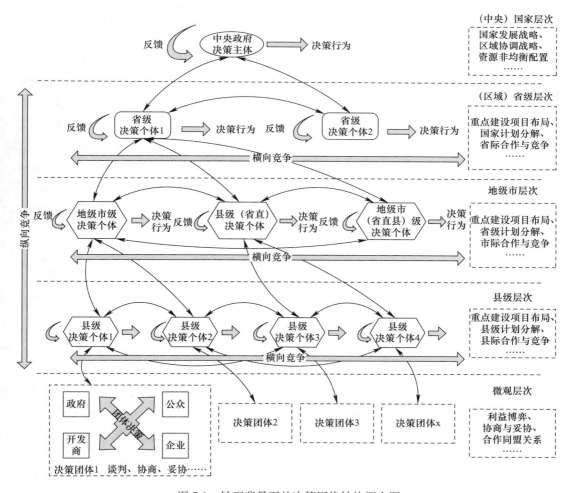

图 7-9　转型背景下的决策网络结构概念图

3）空间规划决策网络结构变迁的比较分析：定性差异比较

从计划经济体制下与转型背景下的决策网络结构的对比中，可以发现主要存在以下差异性：①转型背景下决策网络维度更为复杂，从纵向控制向网络状转变；②出现纵向反馈机制，在"政绩"考核和利益激励效应下，地方政府已经不单以服从上级政府和完成任务为决策原则，更多地开始考虑在服从上级政府的同时如何最大化自身的发展绩效；③横向反馈机制加强，同一级决策个体之间的互动决策行为越来越突出，如财政支出竞争、税收竞争、资源分配竞争等等；④决策格局趋向"多中心"，从政府单一控制转向多利益相关者互动决策，政府的决策控制力有所削弱；⑤决策环境趋于复杂，决策节点增多，决策协调成本增加，决策效率下降；⑥决策模式由时间驱动型决策模式向事件驱动型模式转变。

4）空间规划决策网络结构变迁的比较分析：定量模拟比较

在之前的研究中，已经分析了计划经济体制下和转型背景下的空间规划决策网络结构模型，从两个结构的概念模型中就能直观地看出网络越来越复杂，决策越来越交织的趋势。下面则根据决策网络系统结构，以空间规划为案例，进行定量模拟的比较分析。根据前述研究，构建的决策网络中的要素主要有以下几种：决策点（Decision Point），表示进行决策的主体，在空间规划中指各级决策个体；决策组节点（Group Node），表示决策可能的解决途径，即决策问题的解决途径集合，如工业区的选址决策可以根据选址区位的不同而包括很多种决策结果；决策枝（Decision Branch），表示决策与解决途径的结构顺序，如空间规划中对于工业区的选址决策在不同决策层次上有着不同的决策维度，国家层面关注制造业的区域布局，而乡镇层面除了工业区的建设区位外，还需要相关的配套设施、用地指标，及其与城镇空间发展结构的协调等等，不同层面的决策方法也存在差异；逻辑联系径（Logic Connection），表示决策之间的逻辑联系，包括横向决策联系与纵向决策联系，如空间规划中工业区的选址在纵向决策逻辑方面主要考虑上级决策的要求，而在横向决策逻辑方面则主要考虑在区域竞争中的优劣势。根据四个要素的定义，比较不同时期的决策网络结构图，比较结果见表7-5所示。

决策网络关键结构要素特征的定量比较 表7-5

时　期	决策点	决策组节点	决策枝	逻辑联系径
计划经济时期	10	20	4	9
转型背景时期	26	52	5	22
复杂增量	160%	160%	25%	144%

从比较结果可以看出：决策点和决策组节点的数量的复杂增量最大，说明在转型背景下决策中心的分散化程度上升显著，反之也说明了决策个体的控制力的下降；决策枝的复杂增量只有25%，主要是由于行政区划体制的变革，决策层级在市管县体制改革下，又增加了一个层次；逻辑联系径的复杂增量达到144%，说明决策的逻辑趋于复杂，逻辑联系径数量在纵向和横向上的增加都十分明显。因此，鉴于决策网络复杂程度的成倍增长，研究认为有必要构建一个范式化的决策网络模型，通过理论的分析与方法的选择，使决策者在更为复杂的决策环境下有一个明确的决策理念与方法。

7.3.4 转型期城市空间规划决策网络概念模型

霍普金斯（Hopkins，2001）认为"规划"从属于各种不同机制的子系统，如管制、集体决策、组织设计、市场矫正、公众参与和公共部门行动等；"规划"从狭义看，其具有的逻辑和功能与这些机制不同，但实际上却与每个都存在着密切的关系。基于此，霍普金斯提出了规划的四个典型特征：相互依赖性（Interdependence）、不可分割性（Indivisibility）、不可逆性（Irreversibility）和不完全预见性（Imperfect Foresight）。相互依赖性指规划中的行为是相互依赖的，行动之间不是独立的，如地价依赖于周边道路的可达性，居住区的入住率也受到周边配套设施建设水平的影响，因此要考虑各种行动的组合影响；不可分割性指行动的规模影响着行动的价值，如空间规划中对于工业区的规模控制，影响着其企业在此发展的规模和集群效应，因此有些时候连续的少量的调整是非效率的，必须同时考虑规划调整和变化的尺度；不可逆性指行动是不可逆的，如需返回原始状态需要付出代价，如道路一旦建成，再要改变其位置或宽度就需要付出较大的经济代价，可见规划是历史的和动态的，在行动前要考虑相互依赖的行动可能造成的结果；不完全预见性指由于主体人对客观事物认识不足，在信息不完备，数据不精确，知识不充分的情况下，难以建立适用的、完整的数学模型，规划所设定的未来情景有多种可能，如就业可能会有多种增长率，并发生在不同地方，不确定性是规划的本质特征之一，因此要考虑行动的不确定性、结果及其价值。综上所述，在构建决策网络模型时必须尊重规划的这四个特征，要充分考虑各个决策之间的联系，决策的规模尺度，改变决策可能造成的损失，决策方案对未来发展的适应弹性。

空间规划决策具有复杂系统的基本特征，霍普金斯提出的四个规划的典型特征便是复杂系统的外在表现，其背后包含了该系统的非线性结构、多样性行为和不完整信息等作用机制。从规划认知的深度和广度，可将空间规划这类复杂决策问题的分析过程划分为四个层次，即环境层、概念层、结构层和技术层，相应地可建立环境模型、概念模型、结构模型和技术模型，如图 7-10 所示。

空间规划决策中的环境模型是决策的前提，该模型主要从现实世界的各种宏观影响机制中，抽离出对该决策问题具有较大影响的因素，也即是对决策环境进行分析的模型；概念模型是从知识和经验的角度对空间

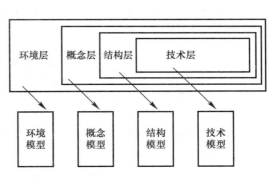

图 7-10 空间规划复杂决策的层次概念模型

规划复杂决策的简单抽象，是一种定性分析模型，具有广泛的认识程度；技术模型是决策中应用的定量模型，综合化程度高，但对于问题认识的广度不够；结构模型是基于概念模型对复杂决策问题的一种层次结构的划分，表现了定性分析模型与定量分析模型之间的逻辑联系。对于空间规划这类复杂巨系统的决策问题研究，在充分了解决策环境的基础上，既要有深度又要有广度，就必须将上述四类模型集成到一个概念模型的框架下，进行综合运用。

（1）环境模型：空间规划的环境模型是对规划中需要决策的系统问题，进行相关宏观影响因素的客观描述，主要用于构建决策问题所处的环境背景，侧重于定性描述，如决策问题中的国家政治体制、经济体制、文化传统、经济实力和政策取向等，特别是在当前转型时期，决策环境的变化速度很快，决策环境的变化直接影响到决策因素的变化。在此模型的分析层面中，常用的分析方法为比较优势分析法、战略分析法、SWOT分析法等。

（2）概念模型：空间规划的概念模型是通过抽象思维，将决策中的各种因素进行归纳与总结，由于转型期的辅助决策背景，影响规划决策的因素数量极大，同时之间的交织关系也错综复杂，因此，要想将这些因素进行全部考虑是不可能的。这就需要通过概念模型，对影响因素进行归纳与抽象，提取出几个对该决策影响程度相对较大的分析维度和方向，在此基础上构建相应的结构模型。概念模型也属于定性分析，是对宏观复杂系统的高度概括，应用较多的是分析框架类的方法，如 S-CAD 分析框架、IAD 分析框架等。

（3）结构模型：空间规划的结构模型是在信息不充分的情况下，通过逻辑思维和理性思维将决策问题进行解构，将复杂的系统问题分解成由多个层次、多个子决策系统，按照决策单元的关系，把这些子决策系统组成低阶的层次组合结构，包括横向层次组合联系与纵向层次组合联系。

（4）技术模型：前三个模型均为定性模型，而空间规划的技术模型则是在前三个模型的基础上将相应的数学模型进行定量分析，将子决策中的决策单元及其联系强度通过数学模型进行量化解释、模拟等分析，最终将决策情景或决策辅助建议直观地呈现在决策者面前，以帮助决策者确定最终采用的决策行为。空间规划的技术模型很多，一类是计量经济模型，如线性回归分析、面板数据分析、AHP、Delphi 等；一类是决策模型，如决策树、风险决策模型、效用函数等；一类是空间模型，如空间插值分析、空间密度分析、空间多因子叠置分析等。

7.4 转型时代空间治理结构效应的改善途径：空间规划理念视角

在经济社会转型期，以行政区划为边界的地方竞争所造成的问题已经逐步外部化，"囚徒困境"使得地区生态环境保护、公共资源利用、城乡公共物品供给等领域陷入难以调和的窘境，地方政府的行动策略表现出区域性的无序和非理性。但实质上，一个良性合作的区域发展环境是各地方政府的共同期望，地方政府也希望能有一个协调各方利益的区域规划加以引导、约束和调控，引导区域发展从"恶性竞争"走向"竞合博弈"，实现区域整体竞争力的共同提高。

当前的利益冲突格局赋予新时期空间规划的核心任务是搞好区域空间的综合协调。综合协调会涉及到部门之间、地区之间的利益矛盾，国家利益、地方利益、集体利益与个人利益之间的矛盾，也会涉及到经济效益与社会效益、生态效益的矛盾。因而，适时转变规划理念，重新定位规划职能，建立起与政府职能转变相耦合的空间规划价值体系与操作路径，必将对区域的良性健康发展起到重要的推动作用。

7.4.1 公共利益回归：规划价值体系重构

"公共利益"（Public Interest）是外来概念，是指全社会共有之物，与其相关的概念是"公共物品"（Public Good）和"公共福利"（Public Welfare）。虽然学术界对其概念的界定仍存在争议，但针对县市域层面的空间规划来说，能够肯定的是"公共领域"中资源分配的效率与公平必须体现"公共利益"的根本价值取向。其中，一类是区域环境保护与治理，主要指确定合理的环境容量与保证县市域空间环境质量的资源空间配置；另一类是城乡公共物品的空间配置，如城乡公共设施与基础设施。

公共政策是规划的本质属性，公共利益是政府存在的宗旨（麻宝斌，2004），县市域总体规划作为政府一项重要的空间管理职能与公共政策模式，维护和增进公共利益便成了空间规划的根本价值取向。在政府竞争和博弈的背景下，空间规划应适应地区与部门利益协调的要求，将保证公共领域的"公共利益"作为规划的核心理念。但公共利益并不是指为了整体利益而牺牲地方利益，当地区利益和国家利益相冲突，需要地方利益让位于国家利益时，首先应保障该地区发展权和该地区公众的生存权、发展权，其次要真正有效地推动区域走向协调发展之路，建立相对完善的利益评判与分配、补偿机制，确保合作各方的综合收益大于合作成本（杨保军，2004）。

如在县市域城镇空间结构规划中，在空间上要充分考虑区域大背景与地方局部竞争关系，建立区域间与部门间的利益补偿与均衡机制；在时序上，合理安排资源利用的速率与节奏，处理好长远利益与近期利益之间的关系。具体来讲，县市域总体规划中公共利益的保障，发展战略的选择要以秩序、协调、安全、公平为根本原则，统筹城乡布局，节约集约利用土地，改善生态环境，促进资源能源的综合利用，同时严格保护耕地等自然资源和历史文化遗产，保持地方特色、民族特色和传统风貌，防止区域性污染和其他公害，保障区域人口发展、国防建设、防灾减灾等公共安全。空间上，则要协调好各类城乡公共利益的基本载体，如城乡规划确定的铁路、公路、港口等基础设施和公共服务设施的用地以及其他需要依法保护的用地。

7.4.2 纵向利益协调：规划编制体系重构

空间规划也是一种对政府权力的约束机制与公共干预手段，上下级政府之间的纵向利益协调通过编制不同空间层面的规划来实现，其实质是通过规划体系的合理架构来实现政府城乡建设和发展行为的控制与引导。从规划编制体系来看，某一区域的各种规划除受同区域其他规划的约束外，还要以上层次区域同类规划为指导，并作为下层次区域同类规划的依据；上层次区域规划也要参考下层次区域规划，做到"自上而下"与"自下而上"的有机结合，实现上下级政府空间资源配置目标的一致。

县作为我国社会经济与行政管理的基本地域单元，直接面向乡村和微观社会经济实体，宏观特性和微观特性兼而有之，因而制定和遵照基于区域利益协调的规划编制体系显得尤为关键。不同空间尺度，不同类型的规划反映了不同层级政府及其职能部门的利益诉求，县市域总体规划编制过程中应构建一个地区利益表达、沟通和协调的平台，推动各级主体伙伴关系的形成。由于在公共信息传递过程中存在自然和人为障碍，使得本级政府获取规划的公共信息比上级政府更充分，更有效，专业部门编制的专项规划更深入，更具实际操作性，因而县市域总体规划不仅要充分吸纳各专项规划的成果，更是各类规划交流、对话和整合的一个过程，从中诊断规划间相互抵触和矛盾的地方，从而兼顾不同政府部门之间的利益。

以浙江省诸暨市域总体规划编制为例，空间层次上，由省域—地级市域—县级市域—乡镇域四级组成，等级明确；利益协调机制上，从省域利益、区域利益、地级市利益、县级市利益、乡镇利益直到微观利益，格局有序。各种规划的相互关系（图 7-11），从纵向看，省域利益到乡镇利益均得到了体现；从横向看，县市域总体规划为发改委部门、土地部门、建设部门等各级管理主体提供了共同的利益整合平台。

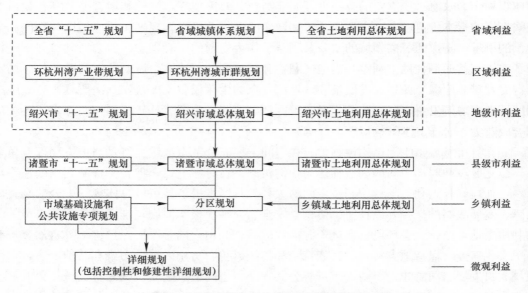

图 7-11　基于纵向利益协调的规划编制体系

7.4.3　横向利益协调：区域战略资源整合

放权和分权为主要特征的改革加剧了"条块分割"的制度环境，使得不同部门、不同地区与级别的地方政府陷入了过度竞争的怪圈，分散化的资源布局导致了均衡无序的区域空间结构和松散低效的单体城镇结构，每个个体都难以获取空间经济效率，这便是典型的"囚犯困境"（孟海宁等，2007）。因而，必须在纵向利益协调的基础上，实现区域战略资源的整合，重点处理好以下四组关系：

（1）处理好核心发展资源与战略控制资源之间的关系。县市域总体规划内容是城镇体系规划的延续与深化，处理好跨区域发展战略、城镇体系与城市总体规划之间的脱节问题，以区域整体发展为目标，充分尊重地方的禀赋差异，关键是加强对核心发展资源的利用引导，如城镇建设用地要严格控制其非理性增长，划定城市增长边界线。同时，在资源利用的时空序列上，要通过分区分期进行规定；对于农业和生态等性质的战略性用地要进行严格的空间划定，并制定相应的管制措施。

（2）处理好城乡统筹发展的空间布局关系。重点是做好县市域城乡统筹规划，并从区域角度提出城市总体规划的调整方向，下级城镇的总体规划纲要须与县市域总体规划同步编制，并在此指导下，编制城区与各镇分区规划、农用地转为建设用地布局规划、村庄集聚与合并规划等。

（3）处理好专业规划的衔接与平衡关系。首先是土地利用总体规划，一方面是口径与指标的协调，另一方面是布局的协调，准确反映城市近远期增长区域与利用农用地的空间关系，并与一二级弹性用地等土地管理体系对应，提出城市建设用地的近远期安排；其次是国民经济中长期发展规划，强调国民经济中长期发展中的规划导向，协调规划中提出的战略目标、产业结构、现代化建设标准、经济组织政策等内容，并提出相应的空间保障措施及布局导向；再次是水资源保护、开发及区域平衡规划，重点处理好跨区域引水及水源地保护的关系；最后是环保与生态规划，重点是将环境功能区划与空间管制体系有机结合，并按生态保护要求提出产业布局的门槛条件。

（4）处理好区域性基础设施的整合建设关系。首先是综合交通规划，要处理好交通部门、铁路部门、港口航运部门、航空港等各部门规划与城市综合交通体系、城市布局结构的关系；其次是供排水设施布局，重点协调上下游之间的水源保护与设施布局关系，从流域规划、区域水系规划出发协调城乡供排水规划；最后是各类防灾、能源供应、信息网络设施规划，重点处理好"共同沟"建设的可能性及布局形式。

7.4.4 约束机制建立：全域空间分区及管制

区域发展的动力机制同时受到公权与私权的影响，现代城市规划公共管理的基本理念是以制度化的方式来制约公权和私权的行使，防范对公共利益的伤害。县市域总体规划作为资源分配为主要调控手段的地域空间规划，其中的全覆盖型空间管制内容，即制定空间准入的规则，是实现其由虚调控型规划转向实调控型规划的关键"砝码"。空间管制对区域空间利用控制的全覆盖成为保障不同规划层次、行政单元利益主体的一种新型模式，同时也是规范空间开发秩序，约束政府权力滥用的制度设计，可以增强规划实施的可操作性，为下一层次的规划编制提供更为准确、完善的指导依据（郑文含，2005）。空间规划要着力推动区域空间结构优化重组，解决由市场运行机制所导致的公共利益缺失问题，协调地方政府利益矛盾，联合制定区域政策，促进区域要素与产业空间合理集聚，加快区域社会经济发展的整合进程，有效保护历史文化资源和生态环境。同时，划定各个层级的空间管制协调区，建立模块化、分层次的规划管理单元，完善四类功能区控制体系和城乡空间管制体系。

如县市域总体规划，其作为全覆盖型规划，在县市域空间上按照优化开发、重点开发、限制开发和禁止开发的不同要求，在空间上予以深化、协调、整合落实。而在相应的规划层次上，如图7-12所示，优化与重点开发区域引导相对应的城市总体规划、城镇总体规划（包括分区规划、详细规划和村庄规划）和土地利用总体规划，限制开发区域协调相对应的土地利用规划与村镇规划，禁止开发区域主要落实土地利用规划，同时在各个层次规划控制过程中都必须十分注重与其相关专业规划的衔接与协调。

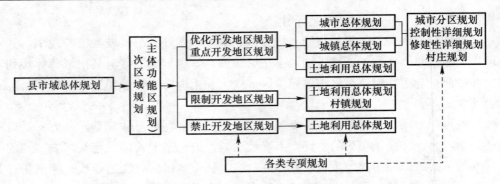

图 7-12　空间管制框架下的规划控制机制

7.4.5　公共物品优化：城乡公共服务均等化

　　根据公共物品的主要消费对象或消费非排他性程度，可将公共物品划分为全球公共物品（如生态建设和环境保护）、国家公共物品（如国防、国道）、省域公共物品、县域公共物品和乡镇公共物品，其需求量与空间距离成负相关（图 7-13）。由于在公共物品供给上存在"搭便车"行为，因此在区域性公共物品供给上，地区之间普遍存在"集体行动的困境"。从公共管理角度分析，政府在法定权职的约束下，有责任运用公共权威和公共资金向社会提供各种公共物品和服务，因而作为公共政策之一的空间规划应保证单一城市或地区无法提供的城乡公共物品的供给空间。

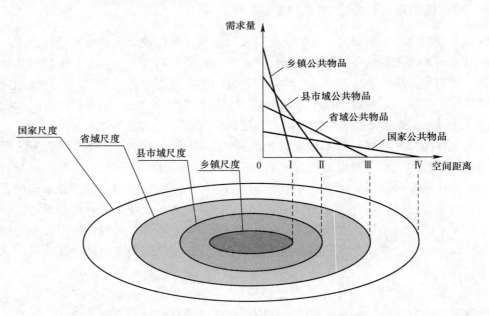

图 7-13　不同空间尺度公共物品的需求关系

　　改革开放以来，县市域空间规划层面上公共产品供给的城乡差异主要体现在公共设施和基础设施的空间配置上，当前要以城乡统筹为理念，打破城乡分割，不仅要将政府的规划管理权更好地延伸到乡村，其本质是要让更多的民众享受到应得的利益，保证城乡居民平等地享有公共物品供给的权利。其中，基础设施布局要依据各部门的专业规划，结合自然条件、现状特点及县市域总体布局与城乡居民点配置，并按照城乡覆盖、集约利用、有效整合要求，促进内外联网、共建共享、区域对接与城乡对接，并协调好与城镇布局的关系；社会设施布局则要在教卫文体和福利等系统专项规划的基础上，结合现状分布特点及区域总体布局与城乡居民点配置情况，按照城乡一体化、优化整合、避免重复的要求，促进城乡居民逐渐享受同质化的公共服务。

7.5　转型时代空间治理结构效应的改善途径：空间决策技术视角

7.5.1　经验决策、理性主义决策与有限理性决策

1）经验决策

直到目前为止，在我国空间规划的决策中还有相当大的比例是建立在不稳定的基础上的，即依靠个人的个体认识、积累的经验和能力的"经验决策"模式，这种决策方式常被形象地比喻为"拍脑袋"。中国历来就有擅长抽象思维和定性思考的传统，因此，"经验决策"在我国管理机构的日常决策中应用的比例最大。经验主义有三个明显的特点：一是决策信息的有限性，即决策问题和与之相关的信息主要局限于决策者自身的经验范围之内；二是决策体制的专断性，即以决策者个体的判断为主，并不经过广泛的求证与协调；三是决策方法的模糊性，经验决策对决策问题的认识，方案的论证和预测等均以定性推理为主，缺乏翔实的定量证据，大多按照决策者之前经历过或历史上曾经出现过的类似情况进行处理（曾峻，2006）。但在当前越来越复杂的决策环境下，不确定因素大量增加，决策的规模也不断扩大，经验决策越来越显得难以应对。

2）理性主义决策

理性主义（Rationalism）借助近代西方科学技术的发展而产生，理性主义决策认为决策者能够通过少量辅助机构，应用客观的分析方法来处置各类复杂决策问题，大量的工程技术和数学模型应用到决策中，以实现收纳一切相关信息，处理大量数据，得到智能分析结果的目的，然后基于分析的结果来进行决策。但事实上，"理性主义"与"理想主义"有些类似，如其假设的获得完全信息，理性地进行价值判断等方面在现实中都是难以实现的。从20世纪40年代开始，许多学者都对理性主义决策模式进行了批判，提出了理性主义决策的诸多局限性（罗宾斯，1997）：人和计算机的信息处理能力是有极限的，再复杂的模型与真实世界相比都会显得简单得多；决策者注重解决方法的分析途径，忽略了决策的过程和决策方案的评价过程；决策者是有限理性的，其个体背景、在组织中的地位会左右其决策过程，因而难以达到完全理性，组织中的其他利益主体和权力结构格局会影响决策的结果。

3）有限理性决策

针对理性主义决策的局限，在其基础上出现了"有限理性"（Bounded Rationality）的

方法，该方法承认了决策者们在决策时的有限信息、决策成本、时间限制、价值判断和有限智力等的约束，认为最优方案在现实世界中是不存在的，只有相对满意的方案。有限理性决策主要特点有以下几个方面（安德森，1990）：充分承认决策的复杂性，即决策目标的选择、决策分析过程等方面都是相互交织影响的，难以将其绝对分离；决策方案只能是分析结果方案中的一部分，难以达到最优方案；决策中，只能选择其中的某几个重要方面进行分析，难以实现全面分析；决策目标并不是长期既定的，而是根据发展局势的变化而变化的，因此决策目标会不断调整，相应地，决策方案也会跟着调整；决策方案的评价中，并不以目标的最有效实现为标准，而是以方案的各方最满意为标准。但也有人提出这种有限理性的决策方式过于保守，该方法偏向于权力优势主体，而难以照顾到其他弱势组织和不完善的团体的利益。

通过以上分析可见，经验决策、理性主义决策和有限理性决策均有其一定的缺陷。在现实的决策实践中，这三种决策方式也并不是完全独立应用的，它们常常以组合形式出现，如在经验决策时会应用部分理性主义决策的定量方法进行辅助，而在决策方案的评价中又会考虑有限理性的因素。而就目前转型期中国的空间规划决策方面，更多的还是处于经验决策层面，但事实上其决策环境已经需要我们在决策分析过程中，向着更多的理性和有限理性方式转变。此外，更重要的是平衡好决策技术与价值判断的关系。

7.5.2 有限理性决策方法：GIS-Scenario 决策技术

1）方案规划（Scenario Planning）简介

方案规划最早出现于第二次世界大战之后不久，当时是一种想象竞争对手可能会采取的措施，以准备相应战略的军事规划方法。近年来，该方法已经在其他研究领域广泛应用，在空间规划中试图构造切实可行的未来发展模式，是一种在复杂的、不确定的外部环境中分析问题并制定战略的有效方法。

如在城市写字楼用地空间布局中，模拟方案（Scenario）指的是一个城市选择哪种写字楼空间分布模式，同时又包括选择什么政策来引导和管理写字楼发展，落实或实施选定的写字楼空间分布模式。方案规划既是过程，又是方法和理念，要求很强的技术分析支持（丁成日，2005）。这种规划方法首先确定空间规划需要解决的问题，然后建立不确定因素的指标组合方案和评价框架，最后应用它生成 2～3 个情景模拟方案，并进行比较选择。

2）GIS 技术支撑及其分析框架

空间规划区别于一般战略规划的重要特征是其空间依赖性，是要素空间配置目标指向的技术，除了方案中不确定因素的定量化外，还需要对其进行空间上的表达与分析，而GIS 技术正是提供了一条精确的空间定量分析途径，能将空间规划中的各种分析模型（如密度分析、梯度分析和空间相关分析等等）应用到规划中，GIS-Scenario 的主要内容包括以下几个方面（图 7-14）：①从规划的背景出发，对布局战略进行初步认识；②通过理论与规律的把握，综合考虑多元主体利益格局，对目标进行深入与分解，即制定模拟方案的研究目标，本研究指写字楼容量的空间合理高效配置；③识别其中的关键因素与事件，引导与控制相结合，对影响写字楼区位的因素进行空间维度的分析；④根据不同的方案目标，建立决策矩阵，确定其发生概率，即影响因素的不确定性强度；⑤在 GIS 空间分析平台上生成多个模拟方案（Scenario）；⑥通过效用分析对方案进行评估与选择；⑦最后生成具体的布局战略。

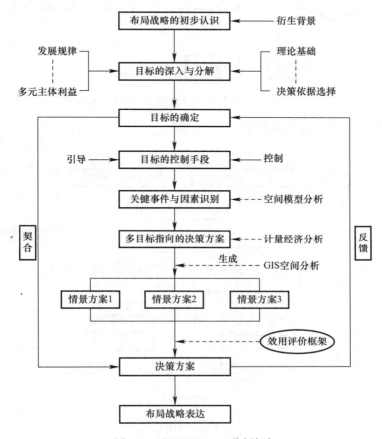

图 7-14 GIS-Scenario 分析框架

7.5.3 决策应用Ⅰ：区域空间发展战略的辅助决策——余姚案例

1）区域重点发展空间评价模型

确定重点发展空间需要考虑的因素很多，通过 GIS 的空间分析功能可以将各个因素同时进行考虑，从而避免了人为主观规划布局的缺陷，使分析结果更为客观与精确。此次研究通过对余姚市域空间发展影响因素的分析，根据各因素对未来空间结构产生影响的机制和重要性的不同，分别加以区别考虑。在 GIS 平台上建立余姚市域空间发展评价模型，实现多因素空间分析，以最优化配置为原则对各影响因素进行综合叠加分析，最终形成市域发展重点区域的方案。通过该分析方法为相关政策的制定和规划的编制提供科学的引导。基于 GIS 平台的市域空间评价模型分析过程遵循下面的程序（图 7-15）。

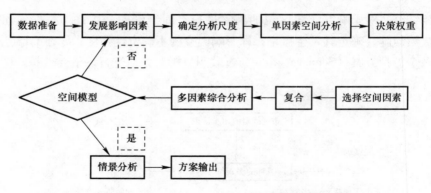

图 7-15 于 GIS 平台的市域空间评价模型分析流程

其中空间评价模型的技术框架如图 7-16 所示：

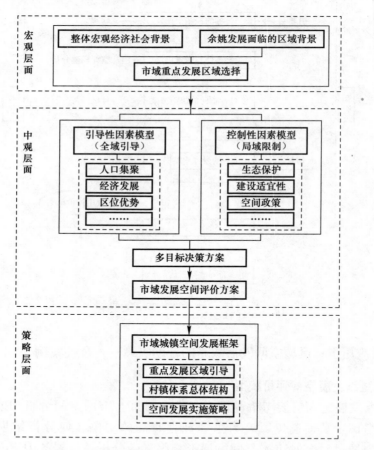

图 7-16 余姚市域空间评价模型技术框架图

宏观层面的背景分析：市域发展的总体趋势在宏观层面上取决于余姚所处的大背景，其中包含两个方面，一是金融危机过去后的新一轮增长期面临的全球整体宏观经济社会背景的变化，另一方面是余姚所处的区域发展态势，不同尺度（长三角地区、环杭州湾地区、宁波地区、余慈地区）的区域对余姚的发展提出了不同层面的要求。本研究在余姚面临的社会经济发展的未来趋势进行分析的基础上，结合相关发展模型的经验分析，确定了分析余姚市域重点发展区域的主要影响因素，并为中观层面的空间分析提供依据。

中观层面的模型分析：在区域背景分析的基础上，提炼出各个维度的核心评价指标，建立评价体系，这也是本研究的核心内容之一。本研究提出的空间评价模型根据影响城镇发展空间因素的不同，分为引导性模型、控制性模型。引导性模型作用于评价区域的整个市域空间范围，是普遍的和全局的分析模型；控制性模型作用于局部范围，主要对影响发展空间的特殊因素进行考虑，起到限制和控制的目的。

2）重点发展空间的评价指标体系

评价指标体系是市域重点发展空间选择的主要依据，根据余姚市的实际情况，本研究在评价中选择了 7 个方面共 19 项指标作为评价因子。

特定的区域背景和城镇化模式对空间条件有着多方面的要求，选择其中最主要的几项作为参评因子。针对城镇建设空间，正确选择参评因子是科学地揭示空间发展条件差异的前提。应选择可量度的因子和相对独立的因子，具体如下：

（1）不同维度内参评因素的选择应区别对待；

（2）选择对城镇发展有明显影响和在市域内有明显差异的因素作参评因素；

（3）选择持续影响区域空间演变的、较为稳定的因素作为参评因素；

（4）考虑获得资料数据的可能性，尽量选择基础资料较完整，可进行计量或估计的因素作参评因素；

（5）考虑参评因素之间的相关性，尽量选择那些相对独立的因素，或从几个紧密相关的因素中，选择其中一个作为参评因素。

本次研究对于余姚重点发展空间的评价指标体系构建如下（表7-6）：

余姚重点发展空间的评价指标体系　　　　　　　　　　　　　　　　　　表 7-6

目标层	准则层	指标层	指标解释
市域空间评价指标体系	人口规模	总人口	分城镇的总人口空间分布，体现劳动力数量优势
		非农化率	分城镇人口中的非农人口比例，体现人口质量
	经济规模	人均工业总产值	分城镇人均工业产值，体现产业发展水平
		企业数	分城镇企业数量，体现经济发展水平
		人均移动电话	分城镇人均移动电话数量，体现整体信息化水平
	社会配套	汽车站	分城镇汽车站数量，体现交通设施配套水平
		学校	分城镇学校数量，体现教育设施配套水平
		文化站	分城镇文化站数量，体现文化设施配套水平
	生态保护	生态功能区	市域生态保护格局，对发展区域起到限制作用
		城镇适建区	市域城镇建设适宜性，对发展区域起到限制作用
	区位优势	对外交通区位	与对外交通通道的便捷程度，体现区域交通优势
		内部交通区位	与内部交通体系的便捷程度，体现内部交通优势
		重要交通节点	高速出入口、铁路站、港口，体现交通区位优势
	成长能力	城镇发展基础	现有城镇的空间分布，体现已有的发展基础
		人口增长率	分城镇近年来人口增长率，体现人口集聚能力
		企业数增长率	分城镇近年企业数量增长率，体现经济发展能力
	空间政策	长三角层面	长三角上海中心城市经济主流向
		浙江省层面	环杭州湾经济主流向
		宁波市域、余慈中心	余慈经济主流向

　　人口规模：人既是劳动者，也是社会商品的主要消费者，也是城镇发展的能动主体，一定规模和密度的人口是支撑城镇发展的必要条件，人口分布与城镇发展重点布局存在明显的相互吸引效应（图7-17）。

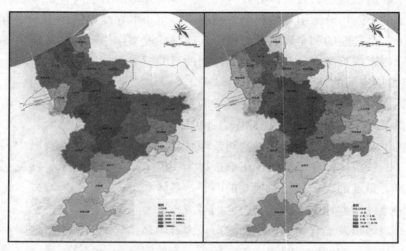

市域人口分布格局分析图　　　　　　市域非农人口分布格局分析图

图 7-17　人口规模因素分析图

　　经济规模：经济规模是城镇发展的基础，经济发展是城镇发展的根本驱动力，经济规模的分布重心往往是城镇发展的关键，因而经济规模的空间分布与城镇发展重点布局存在明显的映射关系（图7-18）。

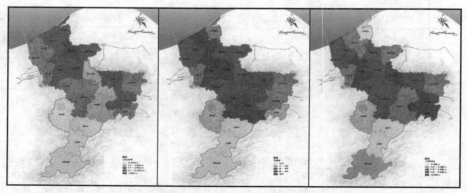

市域人均工业产值水平分布图　　市域城镇企业空间分布格局分析图　　市域人均移动电话水平分布图

图 7-18　经济规模因素分析图

　　社会配套：社会设施的配套程度是衡量城镇发展水平的重要指标，也是城镇持续发展的重要保证，一个社会设施配套完善的城市（镇）也往往能成为该区域的发展重心，对周边区域产生功能辐射效应（图7-19）。

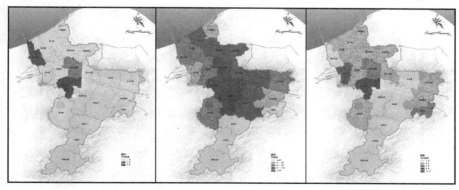

市域汽车站空间分布图　　　　市域学校空间分布图　　　　市域文化站空间分布图

图 7-19　社会配套因素分析图

生态保护：大气、水、土壤、自然风景区等都是宝贵的环境资源，都具有稀缺性、有限性的特点，对它们的开发都会产生一定的外部性。对生态环境资源的保护直接关系到整个区域的利益，实行环境资源开发和保护的科学控制，已经成为保持区域竞争力和可持续发展的必然选择。另一方面，余姚北部滨海围垦区的建设也为缓解土地资源瓶颈制约和区域产业发展提供了良好的空间（图 7-20）。

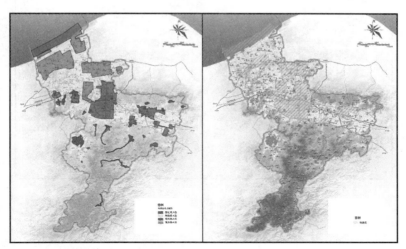

市域生态功能区空间分布图　　　　　　市域适宜建设空间分布图

图 7-20　生态保护因素分析图

区位优势：区位优势是反映交通成本的基本指标，是指交通运输和出行的便捷程度，区位差异除了影响工业产业园区等的分布，对于服务业的发展同样起到重要的作用。从余姚现状城镇的沿路发展形态中就能证明城镇中心与交通是相互促进的，快速发展区域往往是依赖于发达的交通条件逐步形成的（图 7-21）。

成长能力：城市（镇）的成长能力指的是近年来人口、经济的发展速度和已有的发展基础，人口和企业数量的快速增长是城镇发展的重要标志。已有的发展基础决定了该城镇的功能辐射能力，也是成长能力的主要影响因素（图 7-22）。

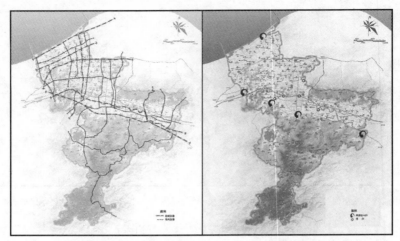

| 市域交通网络空间分布图 | 市域重要交通节点空间分布图 |

图 7-21   区位优势因素分析图

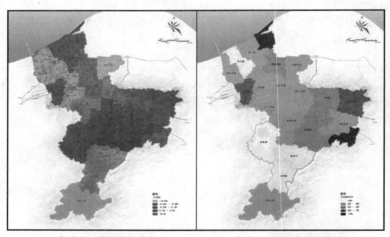

| 市域人口增长空间分布图 | 市域企业增长空间分布图 |

图 7-22   成长能力因素分析图

空间政策：近年来，随着杭州湾跨海大桥、高速公路铁路的建设，余姚的区域地位发生了巨大的变革，不论在长三角地区还是环杭州湾地区的战略地位均得到了不同程度的提升，对其的空间引导策略也发生了变化，这也意味着余姚必须适时改变自身的城镇发展空间布局战略，以应对新的区域背景，抓住新的发展机遇（图 7-23）。

3）重点发展空间模型参数方案

AHP 层次结构组织是把系统问题条理化、层次化，构造出一个层次分析的结构模型。在模型中，复杂问题被分解，分解后各组成部分称为元素，这些元素又按属性分成若干组，形成不同的层次，同一层次的元素作为准则对下一层的某些元素起支配作用，同时它又受上层次元素的支配。根据余姚重点发展区域分析的需要共分为三层：最高层为市域发展空间条件综合评价，第二层为引导性因素和控制性因素，下面又包含若干个子因素。

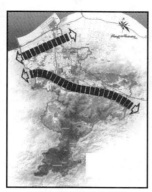

长三角空间政策引导　　　　　环杭州湾空间政策引导　　　　余慈地区空间政策引导

图 7-23　区域空间政策因素分析图

首先，要构建判断矩阵。在两个因素相互比较时，需要有定量的标度。用两两比较的方法确定权重，通常按 1～9 比例标度（即 9 级标度法）给影响因子对目标影响的相对重要性程度赋值（表 7-7）。

AHP 判断标度的分类　　　　　　　　　　　　　　　　　表 7-7

标　度	含　义
1	两个元素相比，具有同样重要性
3	两个元素相比，前者比后者稍重要
5	两个元素相比，前者比后者明显重要
7	两个元素相比，前者比后者强烈重要
9	两个元素相比，前者比后者极端重要
2，4，6，8	上述相邻判断的中间值
倒数	若元素 i 与 j 的重要性之比为 a_{ij}，那么元素 j 与元素 i 重要性之比为 $a_{ji}=1/a_{ij}$

标度的判断值可以根据调研数据、统计资料以及专家意见综合权衡后得出。此步骤关系到计算结果的可信度和有效度，是 AHP 应用过程中的关键。

利用方根法计算因素的相对权重值，具体步骤如下：

（1）计算判断矩阵每一行元素的乘积，$M_i = \pi b_{ij}$（$i=1，2，\cdots，n$）；

（2）计算 M_i 的 n 次方根，$W_i = \sqrt[n]{M_i}$（i=1，2，$\cdots$，n）；

（3）将向量 $W_i = [W_1，W_2，W_3，\cdots，W_n]^T$ 归一化，$W_i = W_i / \sum W_i$（i=1，2，$\cdots$，n）；

（4）计算最大特征值 $\lambda_{max} = \sum_{i=1}^{n} \frac{(BW)i}{nWi}$，$B$ 为判断矩阵；W_i 为归一化后的向量；

根据 AHP 原理利用矩阵的一致性比例（Consistency Ratio，简称 CR）加以判断检验。当一致性比例因子 $CR < 0.1$ 时，认为判断矩阵的一致性是可以接受的；当 $CR \geqslant 0.1$ 时，应对判断矩阵作适当修正。CR 的计算如下：

$$CR = \frac{CI}{RI} \qquad (7\text{-}1)$$

$$CI = \frac{\lambda_{max} - n}{n - 1} \qquad (7\text{-}2)$$

式中：CI 为计算一致性指标；λ_{max} 为矩阵的最大特征根；n 为矩阵阶数；RI 为平均随机一致性指标。通过前述研究，将各类因素进行组合分层，构建出余姚市域发展空间评价模型的分析框架。在空间布局中，基于该框架根据不同目标进行决策方案的确定与模拟，并进行方案之间的比较，最终确定布局方案。本研究针对余姚的发展现状，共拟定了三套空间模拟方案（图7-24）：

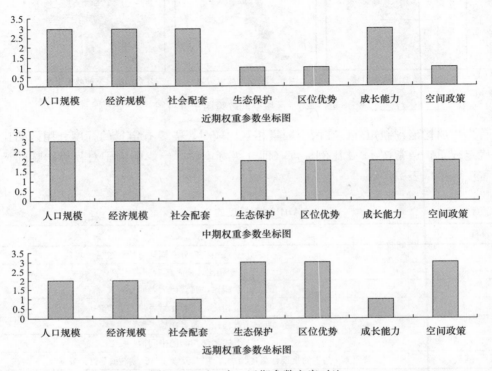

图 7-24　近、中、远期参数方案对比

（1）现状模拟方案：对市域发展现状进行模拟，侧重对现状人口规模、经济规模、社会配套、区位优势、成长能力的权衡。

（2）近期模拟方案：对市域未来五年的发展态势进行模拟，注重区域条件变化对空间发展的引导作用，侧重对已有的发展基础、区位优势、成长能力、空间政策的权衡。

（3）远期模拟方案：对市域未来二十年的发展态势进行模拟，特别注重区域的长期战略对空间发展的引导作用，同时，随着发展水平的提高，生态保护等因素的作用强度也将更加明显，侧重对区位优势、空间政策、生态保护的权衡。

在参数方案确定后，计算各评价单元的空间发展综合条件，然后采用评价因素加权指数和法，即通过各评价因素分级得分与评价因素权重的乘积累计之和来确定地块的最后得分，公式如下：

$$R(j) = \sum_{i=1}^{n} F_i W_i \tag{7-3}$$

式中：$R(j)$ 为第 j 单元的综合得分，F_i、W_i 分别为参评因子等级指数和权重值，n 为参评因子的个数。通过综合，得到最后的参数方案见表7-8所列。

余姚重点发展空间的评价参数方案　　　　　　　　　　　表 7-8

目标层	准则层	指标层	现状方案	近期方案	远期方案
市域空间评价指标体系	人口规模	总人口	0.1613	0.0407	0.0356
		非农化率	0.0486	0.0906	0.0792
	经济规模	人均工业总产值	0.1209	0.0346	0.0339
		企业数	0.1804	0.0590	0.0578
		人均移动电话	0.0811	0.0203	0.0199
	社会配套	汽车站	0.0628	0.0412	0.0331
		学校	0.0202	0.0226	0.0182
		文化站	0.0322	0.0124	0.0100
	生态保护	生态功能区	—	0.0881	0.0770
		城镇适建区	—	0.0396	0.0346
	区位优势	对外交通区位	0.0138	0.0802	0.0784
		内部交通区位	0.0081	0.0412	0.0352
		重要交通节点	0.0523	0.1047	0.0784
	成长能力	城镇发展基础	0.0524	0.0330	0.0352
		人口增长率	0.1425	0.0106	0.0113
		企业数增长率	0.0235	0.0207	0.0221
	空间政策	长三角层面	—	0.0492	0.2398
		浙江省层面	—	0.1429	0.0632
		宁波市域、余慈中心	—	0.1429	0.0371

4）余姚市域重点发展区域空间模拟——基于时间序列

通过空间模型的综合评价（图 7-25），研究模拟了三种基于时间序列的情景方案（图 7-26）：

　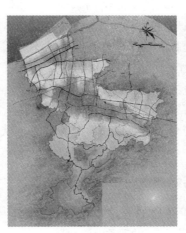　

现状模拟方案　　　　　　　近期模拟方案　　　　　　　远期模拟方案

图 7-25　余姚市域重点发展区域空间模拟

（1）现状模拟方案：该方案模拟的是现状的余姚经济发展形态。市域的空间结构呈现以余姚中心城市为核心，北部发展基础较好的城镇为片区中心的"中心聚合、多点发展"

163

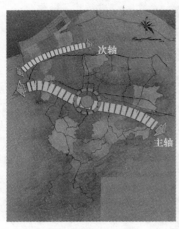
现状模拟城镇主体结构

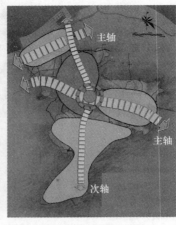
近斯模拟城镇主体结构

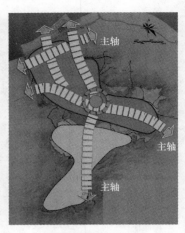
远斯模拟城镇主体结构

图 7-26 三种基于时间序列的情景方案

形态，经济中心位于中心城市，并逐步以圈层状向外辐射。整体上看，以沿 329 国道和杭甬高速公路的两条东西轴线为发展主轴。

（2）近期模拟方案：该方案模拟的是近期余姚可能形成的新的经济发展形态。在区域交通条件改善与城镇快速发展的背景下，市域空间结构转变为以余姚中心城市为重心的"带状"形态，其中沿杭甬高速公路和沿 329 国道的两条呈东西向的"经济带"是主要发展轴，是融入环杭州湾产业（宁—杭）带的主要发展轴线；沿未来的兰曹大道呈南北向的"经济带"为次要发展轴，该轴线上分布了泗门镇、小曹娥镇等城镇，该轴线是近期需要提升的重点发展区域，目标是融入长三角产业发展轴。

（3）远期模拟方案：该方案模拟的是远期余姚可能形成的经济发展形态。通过两座跨海大桥引导作用的逐步发挥，市域的空间结构呈现区域整体发展的"面状"形态，中心城市与周边城镇融合发展，市域呈现南北两个整体功能发展区域：北部为城镇密集区，通过经济功能、产业分工、协调机制、基础设施等方面的不断完善，在大容量公共交通网络的支撑下，逐步形成有机低碳紧凑型和城乡融合型城镇密集发展区；而南部则以生态保护为主，城镇以"点—轴"发展为主，引入生态工业的发展，控制发展规模，提高发展质量，走特色型城镇化道路，积极拓展旅游业和休闲农业。整体上看，呈现"东西向"接轨慈溪和宁波的两条主轴线和"南北向"接轨长三角地区的两条纵向轴线，四条主轴线共同引导的格局。

7.5.4 决策应用Ⅱ：城市写字楼空间布局的辅助决策——杭州案例

伴随着向服务业和金融业转移的全球经济结构转型，赋予城市作为某些特定生产、服务、市场和创新场所的一种全新的重要性（Sassen，2005），同时，城市生活水平提高，消费过程加快，产品更新周期变短，"流行性生产在历史上第一次获得重要意义"（Hall，1982），企业更多地走向由财政金融、生产决策和商业活动获取收益的转变，即生产性服务业（Producer Service）由此而获得迅速发展，以写字楼为空间载体的商务经济也因而逐渐成为城市经济发展和城市文明的象征。从实际操作层面来看，生产性服务业主导的楼宇经济带来的巨大财富效应，近年来随着政府对其重要性认识的提高，各地区政府都在争相打造写字楼经济、总部经济中心、文化创意中心和城市综合体等等，写字楼开发已呈"全面开花"之势，同时质疑也随之产生：如何正确定位商务经济形态与城市空间结构转型的关系，如何实现写字楼空间容量的高效配置，如何科学合理地对写字楼进行空间布局等一系列问题，已经成为政府、开发商、企业、媒体、市民等社会各界探讨的焦点。

1）写字楼容量空间布局的原则

（1）以布局理论和国际经验为借鉴，构筑"多中心、多层级、网络化"的空间框架。根据城市办公区位分布的相关理论和国内外大都市的城市空间结构演化经验，可以判断杭州城市写字楼空间结构未来会朝着"多中心、多层级、网络化"的方向演进。"多中心"是指通过聚集与扩散机制，主城区通过集聚作用强化其中心的综合服务功能，周边地区通过扩散作用形成新兴副中心，并最终形成多个规模等级的城市商务中心体系；网络化是指未来写字楼的基本空间模式是以多级中心为节点，线形公共建筑为连接纽带，快速便捷的现代交通与通信设施为支撑的网络状的空间布局结构。这种网络型中心结构既是杭州城市历史发展与现有功能格局的有机延续，也是发达国家与地区城市发展规律性的再现。

（2）以政府相关空间战略为参照，筹划与城市发展相耦合的办公空间格局。详细解读与杭州写字楼发展相关的现实依据，如城市总体规划、分区规划及相关专项规划等，一方面吸取相关规划中对于写字楼布局的战略思想，从而建立起与城市其他用地布局、基础设施、开放空间等空间发展战略的耦合关系；另一方面，通过对相关规划的内容进行修正与完善，将理论研究与实证分析相结合，为城市写字楼布局提供科学依据。

（3）以办公空间均衡有序为目标，确定合理的写字楼容量等级分区结构。在容量预测结果与杭州多中心体系构想的基础上，通过对写字楼，特别是生产性服务业的影响因素体系的分析，统筹考虑城市总体规划与各个专项规划内容，借助 AHP 分析法与 GIS 空间分析模型进行方案模拟与比较，选择综合效用最大的方案，力求构建杭州写字楼开发总容量与分区容量相均衡有序的规模等级结构。

2）空间布局模型构建与关键区位因素识别

区位因素是指决定区位主体的现状区位或影响区位主体决策的主要因素（张文忠，2000），对于写字楼的空间分布具有至关重要的影响，研究在 GIS 平台上通过建立写字楼分布密度模型，实现多因素空间分析，力求避免人为主观臆断的缺陷，使分析结果更为客观与精确。根据对写字楼空间分布影响的机制和重要性的不同，以最优化配置为原则对生产性服务业区位影响因素进行综合分析，最终推导出写字楼在空间上合理配置的方案，为城市写字楼的空间布局提供理论基础和科学引导。密度模型分为引导性模型和控制性模型两部分：引导性模型作用于写字楼布局的整个地域范围，是普遍的和全局的影响模型；控制性模型则是作用于局部区域，主要对影响写字楼空间分布的特殊因素进行考虑，起到限制和控制的目的。两个模型是由相应的关键区位影响因素构成的，不同的因素对写字楼的区位又有不同的影响机制和影响方式，在空间分析中采用不同的表征变量进行解释，具体见表 7-9 与图 7-27 所示。

布局模型的关键区位因素及变量表征　　　　　　　　　　　表 7-9

模型类别	区位因素	影响机制	布局因子	模型表征变量
引导性模型	区位可达性	反映交通成本的基本指标，通过改变可达性可以提高使用者的交易效率，交通条件越好，密集程度越大	城市交通系统结构	基于缓冲区模型的与主、次干道的距离
	交通枢纽辐射	公共交通设施的分布是重要的结构性因素，交通网密度大的地区，并不一定是最便利的地区，还要取决于交通网的结构，区域性的交通枢纽设施周边更易形成办公集聚地	门户枢纽、常规枢纽	基于缓冲区模型的与不同交通枢纽的距离
	集聚经济	经济活动在空间上的接近而产生的收益的增加，成本的节约以及带来的诸如人力、信息、知识等各种资源的利用效率提高等	商务活动集聚区	基于密度模型的现状商务办公楼分布密度
	商圈结构	商业是消费性服务业的主导产业，也是生产性服务业的重要配套产业，企业更趋向于相关配套完善的区域	市级商业中心、市级商业副中心、区域商业副中心	基于缓冲区模型的与未来商圈的距离
	人口密度	人口既是写字楼的使用者，也是写字楼服务的主要对象，一定规模和密度的人口是办公空间形成的必要条件，与商务活动存在明显的相互吸引效应	各类居住区分布	基于密度模型的未来居住用地分布密度
控制性模型	土地利用规划	随着城市规划对城市空间结构的引导作用进一步加强，城市结构的调整和写字楼公建的空间布局也受到城市土地利用规划的约束	市级公共中心、地区级公共中心	公建用地范围（鼓励在公建用地范围内发展，超出范围则受到一定的约束）
	城市服务业布局	当政府确定在某个地区对生产性服务业加以重点发展时，会提供相关的支撑条件和倾向性政策等，都会促进写字楼的发展	创意园区、新城、城市综合体	基于缓冲区的服务业空间载体分布
	区域环境质量	公共空间、公共绿地等环境条件会影响土地价值，写字楼需要相对较高的环境质量	城市开放空间	基于空间模型的未来城市开放空间分布密度
	区域创新环境	生产性服务业企业倾向于接近信息源和信息基础设施，接近信息技术的创新源	高校与科研中心	基于缓冲区的与高校和科研中心的距离

（a）区位可达性因素　　（b）交通枢纽辐射因素　　（c）集聚经济因素　　（d）商圈结构因素　　（e）人口密度因素

图 7-27　关键区位影响因素单因素分析图（一）

  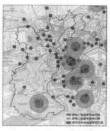  

（f）土地利用规划因素　　（g）创意园区因素　　（h）新城与综合体因素　（i）区域环境质量因素　　（j）创新环境因素

图 7-27　关键区位影响因素单因素分析图（二）

3）多目标决策与方案（Scenarios）生成

多目标决策方案的生成依赖于计量经济分析中的 AHP 法，本研究共确定了三套不同目标指向的空间模拟方案（Scenario），见表 7-10 所列：

三种不同目标指向的模拟方案模型参数表

表 7-10

一级因素	二级因素	影响等级	区位效用	模型参数		
				Scenario 1	Scenario 2	Scenario 3
区位可达性	道路便捷度	高可达性区域	1	0.1326	0.043	0.0558
		中可达性区域	0.7			
		弱可达性区域	0.4			
交通枢纽辐射	门户枢纽	门户枢纽一级辐射影响范围	1	0.2	0.0156	0.08
		门户枢纽二级辐射影响范围	0.5			
	常规枢纽	常规枢纽一级辐射影响范围	1	0.1196	0.01	0.0443
		常规枢纽二级辐射影响范围	0.5			
集聚经济	集聚经济密度梯度	高集聚度区域	1	0.0963	0.0724	0.0495
		中高集聚度区域	0.8			
		中集聚度区域	0.6			
		中低集聚度区域	0.4			
		低集聚度区域	0.2			
商圈结构	市级商业中心	市级商业中心一级辐射	1	0.08	0.03	0.1
		市级商业中心二级辐射	0.5			
	市级商业副中心	市级商业副中心一级辐射	1	0.05	0.02	0.04
		市级商业副中心二级辐射	0.5			
	区域商业副中心	区域商业副中心一级辐射	1	0.0238	0.0093	0.0244
		区域商业副中心二级辐射	0.5			
人口分布密度	居住区密度梯度	高人口密度区域	1	0.0645	0.0312	0.1059
		中高人口密度区域	0.8			
		中人口密度区域	0.6			
		中低人口密度区域	0.4			
		低人口密度区域	0.2			
城市土地利用规划	市级公共中心	市级公共中心一级辐射	1	0.04	0.3	0.15
		市级公共中心二级辐射	0.5			
	地区级公共中心	地区级公共中心一级辐射	1	0.0244	0.1691	0.0744
		地区级公共中心二级辐射	0.5			

续表

一级因素	二级因素	影响等级	区位效用	模型参数		
				Scenario 1	Scenario 2	Scenario 3
城市服务业布局	创意园区	创意园区一级辐射影响范围	1	0.03	0.05	0.0432
		创意园区二级辐射影响范围	0.5			
	新城	新城一级辐射影响范围	1	0.03	0.05	0.04
		新城二级辐射影响范围	0.5			
	城市综合体	城市综合体辐射影响范围	1	0.0361	0.0413	0.04
区域环境质量	开敞空间密度梯度	高环境优越度区域	1	0.032	0.0635	0.0912
		中高环境优越度区域	0.8			
		中环境优越度区域	0.6			
		中低环境优越度区域	0.4			
		低环境优越度区域	0.2			
创新环境	创新核心（高校、大型科研机构）	创新核心一级辐射影响范围	1	0.0391	0.0947	0.0612
		创新核心二级辐射影响范围	0.5			

（1）Scenario 1：TOD 开发模式

TOD 是指"以公共交通为导向的发展模式（Transit Oriented Development，简称 TOD）"，即是在规划办公楼公共建筑时，使公共交通的使用最大化的一种规划设计策略，鼓励公共交通的使用，形成包括地铁、BRT 和常规公交等的综合交通枢纽，这些节点上包含了相互临近的写字楼、住宅、商业和公共设施等多种复合用途，是进行高密度、高质量开发的综合性功能区域。基于 TOD 开发模式的办公楼方案着重考虑区位可达性，综合交通枢纽和城市重要节点的耦合关系，遵循办公室区位均衡理论，以降低空间交易成本，提高商务运行效率为目标，将城市大运量公交体系与公建体系相结合布局，是效率指向的布局方案，强调的是城市交通对土地开发的引导（图 7-28a）。

（2）Scenario 2：政府主导开发模式

政府是城市开发活动的主要组织者，政府组织的城市开发活动是为了推进城市不断发展的需要，防止产生偏离城市协调发展目标的问题。政府仍是当前城市发展策略选择的主导因素，政府对于城市的中长期发展都有一系列的规划进行引导。在城市总体规划的框架下，还有各类专项规划，以杭州为例，城市写字楼的空间布局属于专项规划的范畴，与其平行的还有城市商圈规划、城市创意园区规划、新城规划、城市综合体规划等等，都体现了政府对未来杭州服务业发展的引导，相关规划之间的衔接与呼应十分重要。基于政府主导的开发模式注重对政府当前时期对服务业的发展意图，着重考虑与其相关规划的衔接，通过对各种不同影响因素的综合考虑，对相关规划进行布局上的引导与修正，强调的是政府对写字楼空间布局的控制（图 7-28b）。

（3）Scenario 3：职住均衡开发模式

城市公共中心集多种功能于一体，应避免功能的单一化和简单化，提倡商业、办公、休闲、交通等功能的混合布局，尽量满足地区的就业岗位与人口居住之间的平衡，缓解城市中心区的交通压力，建设相对独立具有多种功能的复合中心。基于职住均衡的开发模式，注重城市人口的未来分布及集聚特征与写字楼工作岗位之间的空间对应关系，综合考虑城市交通对居住空间的引导，居住及办公的环境质量与区域创新氛围，以居住和办公出行的便捷，服务的空间全覆盖为目标，对城市写字楼进行布局，强调引导与控制相结合（图 7-28c）。

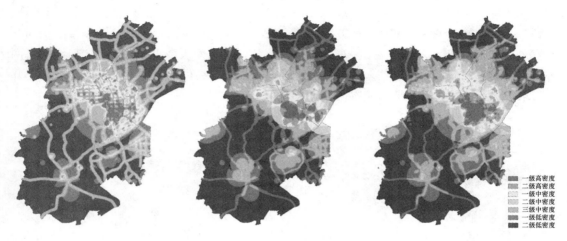

（a）Scenario1：TOD开发模式　　　（b）Scenario2：政府主导开发模式　　　（c）Scenario3：职住均衡开发模式

图 7-28　三种不同目标指向的方案模式图

4）多方案（Scenarios）效用比较与选择

本研究在分析总结杭州城市写字楼三种方案（Scenarios）的基本形式和特点，从写字楼分布的关键效益指标，即空间（交通）效率、创新环境、政府战略符合度、办公整体环境、服务域效率 5 个方面，采用伊尔德布兰德·弗雷（Hildebrand Frey）在《设计城市：通向更可持续的城市形态（2000 年）》（Designing the city：Towards A More Sustainable Urban Form（2000））一书中的评价方法：将效用等级简化为好（＋＋）得 2 分，较好（＋）得 1 分，无关紧要或不好不差（＋/－）得 0 分，差（－）得－1 分，很差（－－）得－2 分，对上述三种空间布局模式的综合效用进行评价（表 7-11）。

写字楼空间布局方案效用比较　　　　　　　　　　　　　　表 7-11

评价指标	模式一	模式二	模式三
空间效率	＋＋	＋	＋
政府战略契合度	－	＋＋	＋＼－
服务域效率	＋＼－	－	＋＋
创新环境	＋＼－	＋	＋＼－
办公整体环境	－	＋＼－	＋
综合评价	0	3	4

从各方面指标的综合效用评价来看，TOD 模式在空间效率、出行成本方面具有明显优势，而在与政府其他战略的耦合程度和城市环境方面较差；而政府主导开发模式中密度过于集中，强化了公共中心的建设，但缺乏服务范围的广度，也不利于办公的整体环境质量的提高；职住均衡模式综合效果最好，在服务效率方面优势比较明显，在空间效率和整体环境方面也较好。故本研究采用第三种模式对杭州城市写字楼的预测量进行空间布局。

5）写字楼开发容量的空间分配

写字楼空间总容量的分布密度（图7-29a）是由存量（现状）的分布密度（图7-29b）和未来的开发密度（图7-29c）构成的，研究通过空间分析工具对栅格密度进行空间运算，得到写字楼开发量的空间密度分配方案（图7-29d），不同的密度等级对应写字楼的空间开发容量高低。在宏观层面的写字楼总容量预测部分，基于面板数据模型和BP神经网络两种模型，对杭州城市写字楼的未来开发总量进行预测，得到目标年杭州主城区的写字楼开发需求量的预测值，该值即对应本研究中的开发密度。

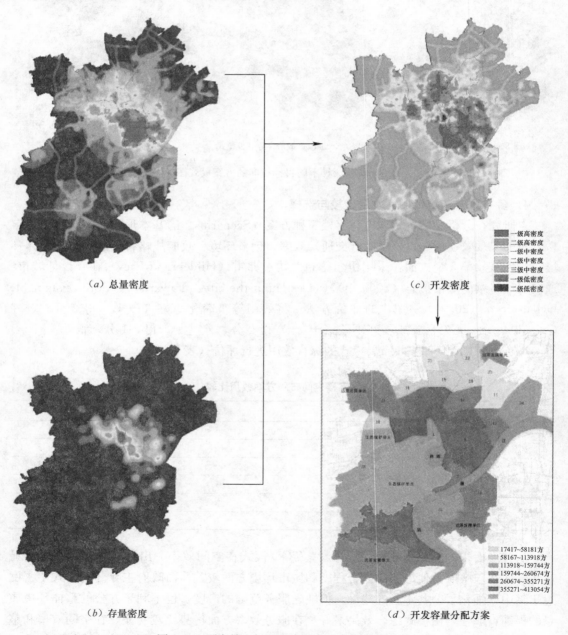

（a）总量密度

（c）开发密度

（b）存量密度

（d）开发容量分配方案

图7-29　写字楼空间开发容量分配方案生成过程

GIS-Scenario 部分的研究对写字楼的空间布局属于中观层面的引导策略，故选择了以城市规划管理单元为基础，对邻近地块中市民认同性较高，现状发展情况相似，功能区所属相同的单元进行了适度合并，最后确定了 26 个容量分配区块（另外还有 4 个远景发展单元与 2 个生态单元不纳入容量分配范围），将杭州核心区写字楼开发的预测容量依据开发密度的比例分配到各个区块，最终形成写字楼开发容量的空间布局方案。

7.6　本章小结

本部分内容主要以转型期治理结构变迁对城市空间演化绩效的影响效应为主要研究对象。通过对城市空间演化中治理结构变迁的回顾，从利益格局与空间规划视角，总结了转型期中治理结构的变化对以城市土地为主的空间资源配置产生的不利效应，并通过构建不同时期的决策网络概念模型，对问题产生的原因进行分析，进而从理念革新和技术方法创新两个方面，分别提出转型期空间治理结构效应改善的方向。主要的研究结论如下：

（1）转型期政府地域空间治理结构的变迁，主要体现在三个方面。首先，治理结构内部的控制模式，转型期各层级政府之间的控制模式主要由行政命令、指令性计划、资源与财政分配体制和人事任免组成。其次，转型期，政府地域治理的空间关系变革主要经历了四个阶段，即市县分治时期（20 世纪 80 年代之前，市县分治）、地级区划改革（20 世纪 80～90 年代，撤地设市，地市合并，实行"市管县"体制）、县级政区改革（20 世纪 80～90 年代，县改市）、大城市政区改革（20 世纪 90 年代至今，撤县（市）设区）、基层政区改革（县级以下）则主要为撤乡镇。最后，政府治理结构演化的逻辑主要体现在三个方面，即利益协同的宏观经济效率改进效应，权力下放的微观经济效率改进效应，空间资源整合与拓展的市场放大效应。

（2）从空间规划的视角审视转型期治理结构的效率特征，研究认为当前制约新时期空间协调发展与资源利用的主要根源为"利益冲突"，主要体现在以下三个方面：首先，是治理结构中纵向竞争导致的权力博弈下的地方主义与机会主义；其次，是治理结构中横向竞争过度导致的负反馈效应；最后，是治理结构决策单元内部竞争导致的多元利益主体的空间利益争夺现象。

（3）本部分研究通过构建转型期空间规划治理结构的决策网络模型，将计划经济体制下与转型背景下的决策网络分别进行定性与定量的对比分析，分析结果表明：①转型背景下决策网络维度更为复杂，从纵向控制向网络状转变，逻辑联系径数量在纵向和横向上的增加都十分明显；②出现纵向反馈机制，在"政绩"考核和利益激励效应下，地方政府已经不单以服从上级政府和完成任务为决策原则，更多地开始考虑在服从上级政府的同时，如何最大化自身的发展绩效；③横向反馈机制加强，同一级决策个体之间的互动决策行为越来越突出，如财政支出竞争、税收竞争、资源分配竞争等等；④决策格局趋向"多中心"，从政府单一控制转向多利益相关者互动决策，政府的决策控制力有所削弱；⑤决策环境趋于复杂，决策节点增多，决策协调成本增加，决策效率下降；⑥决策模式由时间驱动型向事件驱动型转变。

（4）研究从空间规划理念视角提出了转型时代城市空间演化治理结构的改进方向，具体包含以下几个方面：①规划的价值体系应重新从区域利益争夺回归到公共利益，保证公共领域中资源分配的效率与公平，体现"公共利益"的根本价值取向；②通过规划编制体系的重构来促进纵向利益的协调，规划编制体系要做到"自上而下"与"自下而上"的有机结合，实现上下级政府空间资源配置目标的一致；③通过区域战略资源的整合来促进纵向利益的协调，重点是处理好核心发展资源与战略控制资源之间的关系，城乡统筹发展的空间布局关系，各专业规划的衔接与平衡关系，区域性基础设施的整合建设关系；④通过全覆盖型空间分区及管制手段，即制定空间准入的规则，是实现由虚调控型规划转向实调控型规划，以保障不同规划层次、行政单元主体的利益，规范空间开发秩序，约束政府权力滥用；⑤通过公共物品优化，促进城乡公共服务的均等化，政府有责任运用公共权威和公共资金向社会提供各种公共物品和服务，作为公共政策之一的空间规划应保证单一城市或地区无法提供的城乡公共物品的供给空间。

（5）研究从空间规划技术视角提出了转型期城市空间演化治理结构的改进方向。经验决策、理性主义决策和有限理性决策均有其一定的缺陷，因而它们常常以组合形式出现，就目前转型期中国的空间规划决策方面，需要向着更多的理性和有限理性方式转变。研究提出了基于有限理性的决策方法，即 GIS-Scenario 决策技术，其主要技术框架如下：①从规划的背景出发，对布局战略进行初步认识；②通过理论与规律的把握，综合考虑多元主体利益格局，对目标进行深入与分解，即制定模拟方案的研究目标，本研究指写字楼容量的空间合理高效配置；③识别其中的关键因素与事件，引导与控制相结合，对影响写字楼区位的因素进行空间维度的分析；④根据不同的方案目标，建立决策矩阵确定其发生概率，即影响因素的不确定性强度；⑤在 GIS 空间分析平台上生成多个模拟方案（Scenario）；⑥通过效用分析对方案进行评估与选择；⑦最后生成具体的布局战略。在研究中将该空间决策技术应用在宏观层面的城镇空间发展战略决策与微观层面的城市服务业用地布局两个案例中，其优势主要体现在以下方面：①能更加精确地对空间布局因素进行定量分析，避免了通常规划中存在的盲目主观臆断现象；②方案规划（Scenarios Planning）能充分考虑现实环境中纷繁复杂的情况并与合理的价值判断相结合，通过合理的价值目标来指导实现该目标的行为；③情景规划是一种战略规划方法，它能使得决策者可以在一个充满不确定性和不可预知性的环境中作出决策；④GIS 环境能为各种影响因素的综合考虑提供互相联系比对的空间分析平台，并能借助多属性决策等计量经济方法生成多种预期的方案以供决策参考，过程较为形象与直观。

（6）在经济社会转型期，以行政区划为边界的地方竞争所造成的问题已经逐步外部化，"囚徒困境"使得地区生态环境保护、公共资源利用、城乡公共物品供给等领域陷入难以调和的窘境，地方政府的行动策略表现出区域性的无序和非理性。但实质上，一个良性合作的区域发展环境是各地方政府的共同期望，地方政府也希望能有一个协调各方利益的区域规划加以引导、约束和调控，引导区域发展从"恶性竞争"走向"竞合博弈"，实现区域整体竞争力的共同提高。当前的利益冲突格局赋予新时期县市域总体规划的核心任务是搞好区域空间的综合协调。综合协调会涉及到部门之间、地区之间的利益矛盾，国家利益、地方利益、集体利益与个人利益之间的矛盾，也会涉及到经济效益与社会效益、生态效益的矛盾，因而，适时转变规划理念，重新定位规划职能，建立起与政府职能转变相耦合的空间规划价值体系与操作路径，必将对区域的良性健康发展起到重要的推动作用。

通过本部分对转型时代城市空间演化绩效的治理结构分析，发现治理结构的决策行为缺陷主要表现为区域利益的冲突与资源配置的低效，那么作为治理结构行动规则的制度环境必定存在一定的不足，有必要在空间资源配置的制度设计中寻找配置效率欠优的原因，即进入制度环境的研究层次。

8 制度环境：制度变迁对城市空间演化绩效的影响效应

8.1 制度环境分析的基本逻辑

8.1.1 "资源配置—治理结构—制度环境"之间的逻辑层次性

威廉森（Williamson，2000）将社会科学研究划分为资源配置、治理结构、制度环境和社会基础四个层次；奥斯特罗姆（Ostrom，2005）把制度分为超宪法层次（Meta-constitutional Situation）、宪法层次（Constitutional Situation）、集体行动层次（Collective Situation）、执行行动层次（Operational Situation），两种方法的划分方法在内涵上是基本一致的。通常，人的行为有三个纬度（汪丁丁，2005）：第一个维度是"物"的维度，或者物的秩序，是理性为自然立法立出来的结果，是自然科学的研究对象；第二个维度是主体间的，是社会科学的研究对象；第三个维度一种感召，一种信仰，总之是一种价值维度，是人们行动的价值判断，是人文学的研究对象（图 8-1）。在实际中，资源的空间配置属于第一个维度的物的秩序范畴，治理结构属于第二个维度的主体间性范畴，而价值判断则更多的是属于社会基础层面。可见，"三个维度"和"四个层次"都将"制度环境—治理结构—资源配置"三者作为一个统一的整体进行阐述。

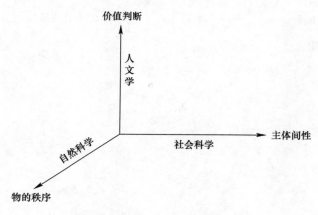

图 8-1 人的行为的维度划分图
来源：汪丁丁（2005）

米塞斯在其《人类行为》中，把经济行为放到人类行为中去考虑（图 8-2），认为经济行为是一个过程（不是静态的），是专业化、分工和协调的动态演进制度。经济行为决定了资源的配置及其绩效，而心智结构（Mental Construct）、世界观和知识结构则决定了经济行为的差异。这是第一个层面的作用机制。第二个层面的作用机制是激励结构。从经济资源配置及绩效，通过价格体系及其诱致的制度变迁影响到激励结构，然后激励结构对主体的心智结构、世界观和知识结构产生反馈作用，并产生相应的调整过程。而社会博弈（Social Game）则是更大的影响层面，在这个层面上激励结构是作为一个均衡的格局（汪丁丁，2005）。资源配置的绩效决定了社会物质条件的水平，而物质条件影响社会博弈；同时，主体要对经济行为赋予意义。所以，物质生活条件和主体对"生命"的阐释同时会影响社会博弈的均衡格局。

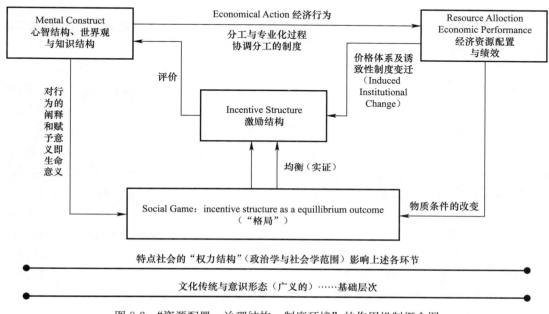

图 8-2 "资源配置—治理结构—制度环境"的作用机制概念图
来源：根据汪丁丁（2005）中米赛斯《人类行为》相关内容改绘

可见，不论是威廉森、奥斯特罗姆还是米赛斯，都将制度环境及其变迁作为资源配置、治理结构（权力结构）及广义的社会基础三个层面或机制的重要组成部分，是不同层次之间影响与反馈的关键节点，制度环境构建了相应的激励结构，而激励结构则通过治理结构影响主体的资源配置行为，进而间接影响到资源配置的绩效。在城市空间资源配置中，行为的主体（也即是治理结构的组成）包括政府、开发商、公众等，它们的共同决策结果决定了资源配置的绩效，该绩效体现在城市经济增长，城市空间结构效率提升，城市管理水平提高等等方面，而制度环境则决定了资源配置和治理方式的"游戏规则"，通过"激励"和"约束"等方式进行调整。当然，制度作为广泛的行为准则，是相对公平的，但其制定者本身也是治理结构的组成部分，因而无法回避其主观性，这个主观性则可以划分到之前提到的社会基础层次，即文化传统、意识形态、风俗等主体（决策者）的隐性知识结构。

8.1.2 制度分析理论基础及 IAD 制度分析框架

1）制度的概念

制度是一个社会的游戏规则，更规范地说，是为决定人们的相互关系而人为设定的一

175

些制约。制度构造了人们在政治、社会或经济方面发生交换的激励结构，制度变迁则决定了社会演进的方式，因此它是理解历史变迁的关键（诺斯，1994）。在《辞海》和《韦伯斯特大字典》中对于制度的解释为：需要共同遵守，按统一程序办事的规程，以及行为规范的集合。制度首先是指"制度环境"，即"一系列用来确定生产、交换与分配基础的政治制度与法律规则"，是一国的基本制度规定；其次是指制度安排，即"支配经济单位之间可能合作与竞争的方式的一种安排"。前者相对稳定，但法律或政治上的某些变化就可能影响到制度环境（科斯，1991）。

2）制度的类型

按照诺思的思路，可以将制度所包含的制约类型分为三类：社会普遍认同的非正式规则（制度），国家所规定的正式规则（制度），及其实施机制。

非正式规则（Informal Constraints）来源于社会所流传下来的信息以及我们称之为文化的部分遗产（诺斯，1994），包括人类社会在长期发展过程中所形成的意识形态、伦理道德、文化传统、价值观念、风俗习惯等。主要包含三种类型：一是对正式规则的扩展和修改，二是社会所认可的行为规范，三是自我实施的行为标准。

正式规则（Formal Constraints）和非正式规则只是程度上的区别，泛指人们有意识建立起来的各种制度安排，主要包括政治（及司法）规则、经济规则和合约，以及它们之间内在的等级结构关系。正式制度具有强制性特征，其中政治规则是决定性的、基础性的制度。

制度的实施机制是制度的重要组成部分。脱离了有效的实施机制，任何制度就会偏离其制定的初衷，这势必破坏社会经济活动的正常秩序。制度的实施机制包括激励和惩罚两个方面。

从制度环境的角度来看，我国城市空间规划和土地资源配置在建立正式制度的约束方面已取得了较大进展，但是非正式制度约束与市场经济还存在诸多矛盾，而制度实施机制的"弱化"更是我国制度创新中一个突出的问题（高中岗，2007）。

3）空间资源配置的制度分析框架

IAD（the Institutional Development and Analysis Approach）是一个制度和政府组织的研究框架（图 8-3），起始于"政治理论和政策分析"。关于制度（Institutions），该框架认为它涉及到许多主体，是现实中的隐形"博弈规则"（the Rules of the Game），并能控制资源配置；最终的资源配置结果同时依赖于行动者（Participations or Organizations）、一系列规则（Rules）和战略（Strategies）。该框架基于制度来组织整个研究，能帮助识别包含在理论和模型中详细的变量种类，是由一个相互联系影响的多子系统组成的复杂系统。能应用于任何稳定的有机体系或社会层级，具有规则——管制行为或恒定的结构形态。该系统的核心是由两个子系统（参与者与行动环境）组成的并受外生变量影响的行动环境，同时这两个子系统也受到最后结果的影响（Ostrom，1998）。

IAD 框架是一个多重的概念分析图（Ostrom，2007），主要是在讨论制度（规则）、自然禀赋和物质条件、团体的特征如何影响行动场地（Action Arena）的结构，个体面临的激励，以及所产生的结果等（Ostrom，2007）。IAD 架构成功地用在分析许多新的议题及领域，包括社会生态系统，不同制度安排中以代理人为基础模型的有关行为，例如在实验室中的行为，公共财政研究，渔业政策分析，数字时代的知识共享，企业与组织间的伙伴关系等（Ostrom，2007）。

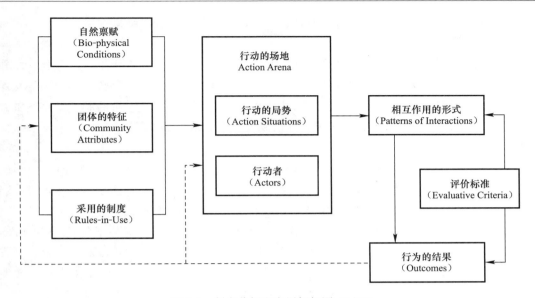

图 8-3 制度分析和发展框架图（IAD）

来源：根据 Kiser and Ostrom，1982；Ostrom，Gardner，and Walker 1994 改编

8.1.3 基于 IAD 的城市空间资源配置的制度分析框架

城市空间资源配置也是一个复杂系统，并且具有显著的层级特征，且属于社会生态系统中的行为。研究认为借鉴该框架可以分析我国城市空间资源配置中的制度，并构建了下述分析框架（图 8-4）。

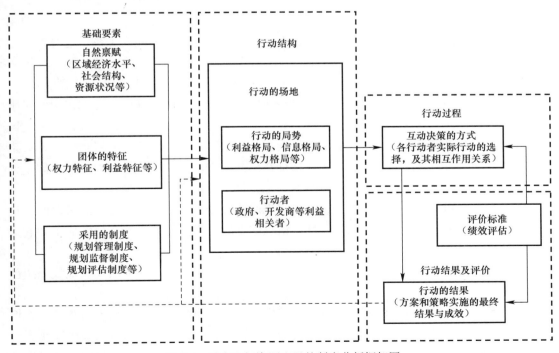

图 8-4 城市空间资源配置的制度分析框架图

在该框架中包含四大部分，基础要素、行动结构、行动过程与结果评估。

1）基础要素

包括三类因素的影响：一是自然禀赋，即该城市的区域经济发展水平，工业化、城镇化水平，社会结构状况，拥有的资源情况等；二是团体的特征，如城市政府的权力等级结构，各利益主体的利益特征及这些团体的社会和历史背景等；三是采用的制度（游戏的规则、契约），如城市规划审批制度、规划评估制度、规划监督制度等。

2）行动结构

行动结构主要指行动场地（Action Arenas）中的各方格局。行动场地指家庭、市场、公司、社会阶层、联合体、地方团体、政府、国际协定等，即行动者相互作用的地方。行动场地是指个体互动，交换商品与服务，解决问题，彼此互相支配或者争斗的社会空间（Ostrom，2007），包括行动的局势（Action Situations）及在那个情势下的行动者（Actors）。在城市空间资源配置中，行动场地便是城市空间，在该场地中，政府、公众、开发商、企业等行动者相互作用。其中，行动的局势（Action Situations）可用来分析、预测和解释制度安排中的行为等，它具备七个特性要素：

（1）参与者或行动者（Participants），可以是政府组织、公众个体、开发商等。

（2）状况、形势（Positions），资源配置过程中的各个行动者和参与者的相互结构关系，如在不同规划决策中，会有不同地位和背景的利益相关主体。此时，由这些主体之间的关系构成的整体格局便为当前的形势。

（3）行动（Actions），即采取的行动，在空间资源配置中，常常以规划方案和发展战略（策略）的形式表现。

（4）结果（Outcomes），采取行动后形成的结果，如方案和战略的实施情况。

（5）转变（Transformation），即"行动—结果"的连接，表示行动与结果之间的转化关系，如制定规划方案后所采取的相应措施和行动，与实施结果之间的关系，也可以说是规划制定后行动者对特定行动的选择过程。

（6）信息、消息（Information），即不同行动者获取信息的完备程度，如规划制定时，对于规划中涉及的各方面信息，不同的行动者所掌握的程度不同，进而会影响到他们对于方案的决策选择。

（7）结果和报酬（Payoffs），即行动所产生的成本和利益，如空间规划制定后，对于某个地块的开发所带来的经济效益；企业选址在不同地方，由于污染控制的标准不同，会产生不同的污染治理成本；开发区开发行为为地方带来的经济增长收益等。

因而在对空间资源配置的制度分析前，需先厘清行动者、形势和状况，能采取的行动集合，潜在的结果，对行动选择的控制性，信息的获取及行动与结果所产生的成本和利益等。以城市郊区某公共建筑开发为例：

（1）行动者：该案例中的主要行动者为政府、拆迁农居住户、开发商及该地块周边已有居民。

（2）形势、状况：资源的管理者有一个转换过程，征地前为农户，征地后为政府，但在该案例中，根据当前权力结构特征，主要的资源管理者仍为政府；开发商和政府是合作团体关系，政府负责土地征收，开发商负责农居安置和公共建筑的开发，政府通过开发商实现城市开发的目的，开发商通过政府取得土地（资源）利用权，并以此实现自身的经营利润；拆迁农户和周边地区居民有表达自己对该项目开发意愿的机制，但没有项目实施与否的决定权。在当前的权力结构下，该形势中的强势群体为政府和开发商，拆迁农户和周边地区居民为相对弱势群体。

（3）行动集合：使用哪一种模式进行开发，如政府对于该用地的出让可以有划拨、协议和拍卖等方式；开发商可以选择该土地的开发模式，如公建与居住建筑开发量的比例，公建的功能类型；农户安置主体可以选择政府安置和开发商安置，安置方式可以选择原地安置或异地安置；农户可以选择服从政府或开发商安置，或拒绝服从拆迁；周边居民可以选择支持该项目开发，也可选择反对该项目开发（如该项目的外部性对他们产生了显著影响）。

（4）结果：产生的结果根据采取措施和方案（策略）的不同而不同，可能该项目符合区域整体利益，得到了所有行动者的支持，那么可能顺利实施；可能该项目符合了政府和开发商的利益，而损害了农户和周边居民的利益，那么该项目的实施可能会受到相当大的阻力，甚至被终止。

（5）转变：要取得项目的成功，最为稳妥的方式便是符合各方行动者的利益，那么政府在土地出让时要公开、公正、公平，开发商在土地取得后要按照区域认可的规划进行项目开发，对于农户的安置方案要符合农户的利益和需求，项目开发过程和完成后不能产生对周边居民有害的影响等等。

（6）对信息的取得：信息包括行动者对资源与情况的熟悉度，行为对结果的影响等，即在该项目的开发过程中，各方行动者的信息对称往往只能是理论上的预期，实际过程中是难以达到的，那么必须考虑行动者之间的信息不对称程度是否控制在合理的范围内，如项目规划和策划方案是否在制定过程中进行了公众参与程序，意见的收集范围和应对措施做得是否充分等。

（7）行动与结果的成本和利益：该项目所产生的成本以及结果所带来的收益，如采用不同行动时，开发商所付出的开发成本是不同的，政府和开发商所获得的收益也是不同的。另外，对于拆迁农户和周边居民所产生的服务效益（也可能是负面影响）的程度也是不同的。

3）行动过程

行动过程是一个描述各方行动者网络决策的方式及其相互作用的关系（图8-5），即在既定的行动结构下，规划方案（战略或策略）的实施中，包含了多个行动者，他们可能具有，也可能不具有相近的利益。他们为了追求各自利益而以多种方式相互作用，这些相互作用的结果便是该项目或战略实施的结果。从公共选择理论的角度，无论是利益表达、整合还是确认，都可以归纳为利益选择的过程。

图8-6表示了一个方案（策略）实施的内部局势关系：局势外部，受到外部变量（各类背景因素，以及不可观察到的潜在影响因素）的全局影响；局势内部，行动参与者根据所处的地位和状况，决定相应的行动集合，对于参与者将通过获取的信息进行决策，并体现在行动控制上。参与格局、信息程度和行动控制三者的连接，也即行动过程，将决定其潜在的产出，进而决定了结果的成本与收益。

对于该行动过程的分析可以分为实证分析和理论分析两个方面：实证分析通过对行动者使用的潜在模式，观察到的相互作用及其结果，根据相应的评估标准进行分析；而理论

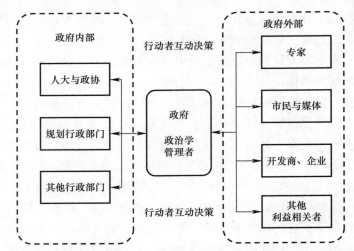

图 8-5　行动过程中行动者的互动决策关系图：以城市空间规划为例

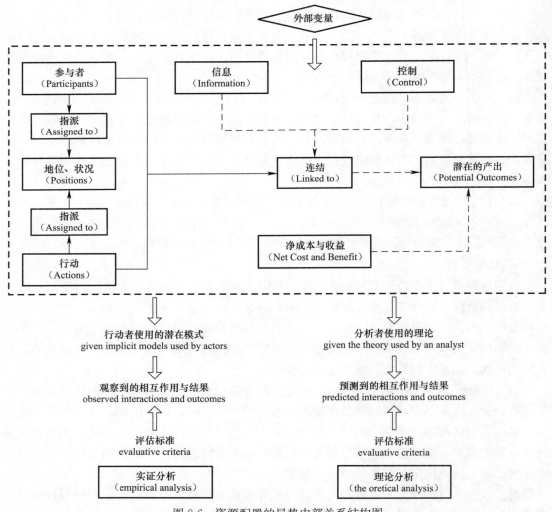

图 8-6　资源配置的局势内部关系结构图

研究则根据相关理论和预测到的相互作用与结果，根据相应的理论标准进行分析。这也对应了制度分析中关于事前预测与事后评估的思路。

例如上述项目在城市土地市场和开发竞争的背景下，是不确定和复杂的，以及缺乏选择压力和信息产生能力的，这类项目的开发相对于公理选择理论中完全信息和效用极大化的假设是不适用的。首先信息的搜寻是昂贵的，且人类的信息处理能力有限，在现实世界中，人们虽是理性的但只能是有限理性。因此，行动者只能在不完全信息的情况下，在多种可能的结果中作抉择。由于不完全信息和有限的信息处理能力，行动者可能在选择行动策略和计划上犯错。利用 IAD 框架除了可以在其行动场地内预测结果外，亦可对结果进行评价和衡量。奥斯特罗姆提出了八条评价原则，这部分内容本研究将在对现行制度环境的缺陷中进行阐述。

4）行动结果及其评估

在实际的城市开发过程中，我们往往十分重视行动的结果，而缺乏对其进行评估的过程。应当加强评估和决策之间的联系，而加强联系的主要障碍是缺乏对政策评估的概念的理解，即评估功能的组成如何，评估功能如何支持政策决定（comtois，1981）。以政策制定过程中，每个参与者的认知和价值的主观性为前提，梁鹤年（1985）提出了用于政策评估的 S-CAD 框架，该框架承认和接受不同参与者有不同的信息、期望、价值和选择。该方法给予评估诸多启示：理性主义者所强调的系统化的评估方法和政策的内部逻辑，渐进主义者所观察到的政策制定中"认同"的本质，政策设计中不可缺少也不能替代的创意；政策实施之前与之后评估标准一致性的重要，事实和价值间的相互关系；决策过程中的利益多元化及其对实施者的依赖（梁鹤年，1985）。借鉴该评估方法，本研究提出适合城市空间资源配置的制度评估框架（图 8-7）。

在使用该评估框架时，主要步骤和要点如下：

（1）制度是制定政策的依据，在实际运作过程中，往往会为了达到某种期望的状态而设计的一系列决定，主要形式为行动规范和制约，而政策是制度实行的主要手段。政策包括目标、手段和预期的结果。实际的项目运作过程包含一个政策的所有要素。

（2）在制度和政策的制定中，不同的参与者拥有不同的价值定位、尺度和选择。

（3）制度和政策的制定就是不同参与者协调和构建他们之间的价值关系。参与者可以是

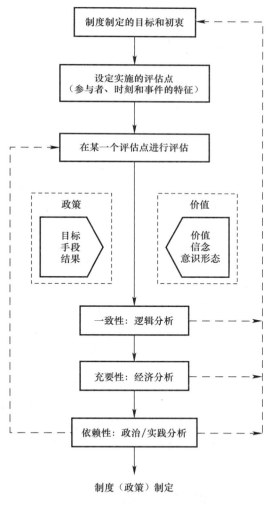

图 8-7 基于 S-CAD 评估理论的制度评估框架
来源：参考梁鹤年（1985）进行修改

个人、团体或组织。在制定过程中，要充分认识自身和其他参与者的价值关系。

（4）建立评估的参照框架。根据制度和政策所期望达到的目标，选择自身的价值定位。这是主观性的，它决定了执行行动的相关性、重点和紧急程度，以及价值的优先结构。该参照框架将根据参与者的不同而不同。

（5）通过每个设定的参照框架去分析政策一致性、充要性和依赖性。在此，首要参与者的参照框架首先被应用。

（6）一致性分析：分析的焦点是价值、目标、手段和结果之间的逻辑关系，强调采用的观点、使用的信息、持有的价值，以及用于分析的假设和概念的稳定性（前后一致）（梁鹤年，2009）。厘清目标是否与参与者的职能与责任一致，价值、目标、政策（制度）之间是否一致，实际的结果与预期是否一致，是否产生了副产品和负效应，是否需要改变现有的治理和组织结构。

（7）充要性分析：主要检验制度和政策在经济层面的可行性，即实现该目标所需的工具和资源的必要性及充分性。考察追求的目标以及采取行动是否过多，行动目标的达成情况，行动之间的互补可能，行动中所需的资源数和组合，行动所需的管理和行政能力，行动结果的收益程度等。

（8）依赖性分析：检验某个行动对于个体或组织合作的依赖性，这些个人和团体的职能及其对制度和政策的认知，它们对政策和制度的成功实施的潜在影响，制定替代行动以规避实施风险，制定相应的应急计划和措施。当然，这些替代行动、应急计划和措施必须与目标相一致。

（9）要同时注重首要参与者与相关参与者的评估，用该框架对相关参与者进行评估，考察制度和政策对其的满足情况，以修正制度和政策的制定。

运用该评估框架，能了解制度和政策在运行过程中的各个环节的情况，检验价值与目标之间的关系。同时，对于政策中的行为和因果的假设，以及政策手段中的资源使用会掌握得更加清晰，进而可以判断制度和政策的可行性，监控与评估其绩效。充要性分析能够识别其中的薄弱环节，并采取应急计划和措施。依赖性分析可以分析实施过程中可能产生的阻力，以提醒行动者进行预防。当然，实际项目的运作与城市开发活动往往是较为复杂的，价值观和参与者格局也较为复杂，但如不能将此通过解构的思路进行评估，只进行目标和结果之间的一致性检验（当前评估主要属于这一类，过程评估的实施仍较少），那么其结论的意义就很有限，因为过程的"黑匣子"往往才是产生问题的关键。因此，采用该评估框架对当前的空间规划、资源配置的相关制度和政策进行评估有助于决策者更好地设定目标，制定政策和手段，以最大程度达到预期的效益。

8.2 现行制度环境的缺陷：理论对比视角

奥斯特罗姆（Ostrom，1990；2005）通过大量的实证研究总结出了符合可持续利用的资源治理的八条原则，这八条原则也即是对前面部分基于 IAD 制度分析框架中关键要素的具体标准，对比这八条原则可以试图找出当前制度环境中的缺陷及其改善的导向。

8.2.1 原则Ⅰ：清晰的边界

清晰的边界包括资源的边界（如城市土地和农村土地的界定）和资源利用者的边界

（拥有资源配置权力的主体，如政府、开发商等）。

1）资源的边界

中国城市土地和农村土地有严格的产权区别，城市土地国有，农村土地集体所有，因此两者之间的边界是清晰的，但在空间上两者之间的边界是模糊的，或者说是交织的。因为城市的空间拓展是一个动态推进的过程，功能意义上的城市空间内的土地产权，在同一时期并不一定是单一的，如在城市建成区内尚可能存在农村土地，可能是耕地和基本农田，也可能是"城中村"这类农村居民点用地，城乡割裂的产权性质与城乡混合的空间形态是造成大量土地投机和低效率开发的主要原因。

2）资源利用者的边界

在当前，中国的城市土地和农村土地资源利用者的边界都是不稳定和模糊的。

在政府垄断配置的土地一级市场层面：城市土地资源利用者是城市政府，但城市政府的代表人（行政长官）并不是长期稳定的。同时，实际操作过程中，城市土地资源利用者——政府本身的界定也是模糊的，城市建设规划部门、城市土地管理部门等，在行政职能上，均有一定的土地资源利用权，这就缺乏一个明确的代表主体。类似地，农村土地资源的利用者为农村集体，但"集体"的概念也缺乏清晰的界定，没有一个代表村集体的明确主体。因此，在资源利用中就出现了政府多头管理与征地农民弱势的问题。在市场自发配置的土地二级市场层面：土地资源的利用者为主要为开发商、企业、市民等，资源利用者的边界是清晰的，但土地资源拥有的年限限制却是模糊的，如住宅用地产权为 70 年，那么 70 年后，该土地的产权主体是谁？当前并未有明确的制度加以界定。

8.2.2　原则Ⅱ：合理的成本收益分配机制

合理的成本收益分配机制指资源利用过程的成本投入和利用后的收益在资源利用者间的分配方式与份额比例的合理性。

1）土地资源利用收益的分配机制

征地过程中，农地所有者获得一定的补偿（按照不超过原用途年均产值的 30 倍进行补偿）；如果一级市场采用竞争性出让方式，则政府获得大部分增值收益；如果一级市场没有按照竞争性方式，则取得土地使用权的用地者获得大部分的增值收益（曲福田、谭荣，2010）。据国土资源部统计，1987～2000 年征地收益分配中，政府大约得到 60%～70%，村级集体组织得到 25%～30%，农民得到的少于 10%（许经勇，2004）。在政府获得的土地有偿使用费中，30% 上缴中央财政，70% 留给地方人民政府，都专项用于耕地开发（《土地管理法》，1998）。另有一项调查表明，中央政府大约占 30%，省级政府约占5%，市级及以下政府约占 65%（诸培新、曲福田，2006）。另外，土地有偿使用费由于没有进入财政体系，致使地方政府在分配土地有偿使用费时经常瞒报实际数据，以达到更多占有土地收益的目的。自 2007 年起，土地出让收支全额纳入地方基金预算管理，收入全部缴入地方国库，支出一律通过地方基金预算从土地出让收入中予以安排，实行"收支两条线"，以避免地方政府不合理利用土地出让收入。在土地出让后，其资源的实际使用者获得的经营性收益归土地使用者所有，但需要向国家交纳规定的税收。

2）土地资源利用成本的分配机制

征地过程中产生的成本方面，农地的生产价值成本由农地所有者承担；农地的非市场价值由全社会承担（谭荣、曲福田，2006）；相关行政手续费用由政府承担；土地的开发成本中，有两种情况，一种是全部由土地使用者承担（如房地产开发过程中要承担原有农居的安置成本与及项目建设成本），另一种是由土地使用者和政府分担（如政府承担农居安置和配套基础设施建设，土地使用者承担项目建设成本）。

从征地角度看成本与收益的分配关系：农民在土地资源被收购时承担了巨大的成本（土地是其最主要的生产资料），但在土地收益中所占的比例却很小；而政府和开发者获得了土地资源利用的大部分收益，但承担的成本很低。这就体现了当前制度环境下，政府征地行为的分配不公。

8.2.3 原则Ⅲ：符合集体选择

符合集体选择，即绝大多数受制度约束影响的个体能够参与制度的修改过程。当前城市开发过程中，主要的决策个体为各级政府、农民或集体、开发商、公众及其他利益相关者等。而在这样的决策格局下，起主导作用的往往是各级政府和开发商（利益团体），其他决策参与者的决策权则相对弱化。因此决策往往符合少数精英的选择，而不是集体选择。

8.2.4 原则Ⅳ：监督者（机制）

要积极检查资源利益状况，而使用者行为的监督者，应得到大多数资源利用者的信任，或其自己是资源利用者的中立者。当前城市土地开发的主要监督者是中央政府和各级地方政府，其他利益相关者包括公众、媒体等的监督权力较弱，中央政府由于监督成本太高，又缺乏有效的激励机制与第三方监督者，因而无法实现有效的监督。同时，长此以往，公众对政府的信任度也逐渐下降，因此难以获得资源利用者的信任（除了政府自身为资源利用者的情况）。监督机制的缺乏，也体现在近年来土地相关的违法行为呈现显著的空间蔓延趋势上（陈志刚等，2010）。

8.2.5 原则Ⅴ：分级制裁机制

违反规则的使用者要受到其他使用者、监督者或两者共同的分级制裁（制裁的级别和程度取决于违规的方面和程度）。当前在城市开发过程中，还未有成系统的分级制裁机制。在现行制度体系中，关于空间开发违法的制裁条款有以下几个（表8-1）：

现行法律中对城市开发违法行为的相关责任条款　　　　　　　　　　　　　　表8-1

法律依据	条　款	内　容
《刑法》	第228条	以牟利为目的，违反土地管理法规，非法转让、倒卖土地使用权，情节严重的，处三年以下有期徒刑或者拘役，并处或者单处非法转让、倒卖土地使用权价额百分之五以上百分之二十以下罚金；情节特别严重的，处三年以上七年以下有期徒刑，并处非法转让、倒卖土地使用权价额百分之五以上，百分之二十以下罚金
	第342条	违反土地管理法规、非法占用耕地改作他用，数量较大，造成耕地大量毁坏的，处五年以下有期徒刑或者拘役，并处或者单处罚金

法律依据	条　款	内　容
《刑法》	第410条	国家机关工作人员徇私舞弊，违反土地管理法规，滥用职权，非法批准征用、占用土地，或者非法低价出让国有土地使用权，情节严重的，处三年以下有期徒刑或者拘役；致使国家或者集体利益遭受特别重大损失的，处三年以上七年以下有期徒刑
《城乡规划法》	第58条	对依法应当编制城乡规划而未组织编制，或者未按法定程序编制、审批、修改城乡规划的，由上级人民政府责令改正，通报批评；对有关人民政府负责人和其他直接责任人员依法给予处分
	第59条	城乡规划组织编制机关委托不具有相应资质等级的单位编制城乡规划的，由上级人民政府责令改正，通报批评，对有关人民政府负责人和其他直接责任人员依法给予处分
	第60条	镇人民政府或者县级以上人民政府城乡规划主管部门有下列行为之一的，由本级人民政府、上级人民政府城乡规划主管部门或者监察机关依据职权责令改正，通报批评；对直接负责的主管人员和其他直接责任人员依法给予处分
	第61条	县级以上人民政府有关部门有下列行为之一的，由本级人民政府或者上级人民政府有关部门责令改正，通报批评；对直接负责的主管人员和其他直接责任人员依法给予处分
	第62条	城乡规划编制单位有下列行为之一的，由所在地城市、县人民政府城乡规划主管部门责令限期改正，处合同约定的规划编制费一倍以上二倍以下的罚款；情节严重的，责令停业整顿，由原发证机关降低资质等级或者吊销资质证书；造成损失的，依法承担赔偿责任
	第63条	城乡规划编制单位取得资质证书后，不再符合相应的资质条件的，由原发证机关责令限期改正；逾期不改正的，降低资质等级或者吊销资质证书
	第64条	未取得建设工程规划许可证或者未按照建设工程规划许可证的规定进行建设的，由县级以上地方人民政府城乡规划主管部门责令停止建设；尚可采取改正措施消除对规划实施的影响的，限期改正，处建设工程造价百分之五以上百分之十以下的罚款；无法采取改正措施消除影响的，限期拆除，不能拆除的，没收实物或者违法收入，可以并处建设工程造价百分之十以下的罚款
	第65条	在乡、村庄规划区内未依法取得乡村建设规划许可证或者未按照乡村建设规划许可证的规定进行建设的，由乡、镇人民政府责令停止建设、限期改正；逾期不改正的，可以拆除
	第66条	建设单位或者个人未经批准进行临时建设的、未按照批准内容进行临时建设的、临时建筑物、构筑物超过批准期限不拆除的，由所在地城市、县人民政府城乡规划主管部门责令限期拆除，可以并处临时建设工程造价一倍以下的罚款
	第67条	建设单位未在建设工程竣工验收后六个月内向城乡规划主管部门报送有关竣工验收资料的，由所在地城市、县人民政府城乡规划主管部门责令限期补报；逾期不补报的，处一万元以上五万元以下的罚款
	第68条	城乡规划主管部门作出责令停止建设或者限期拆除的决定后，当事人不停止建设或者逾期不拆除的，建设工程所在地县级以上地方人民政府可以责成有关部门采取查封施工现场、强制拆除等措施

法律依据	条　款	内　　容
《土地管理法》	第 73 条	买卖或者以其他形式非法转让土地的，由县级以上人民政府土地行政主管部门没收违法所得；对违反土地利用总体规划擅自将农用地改为建设用地的，限期拆除在非法转让的土地上新建的建筑物和其他设施，恢复土地原状，对符合土地利用总体规划的，没收在非法转让的土地上新建的建筑物和其他设施；可以并处罚款；对直接负责的主管人员和其他直接责任人员，依法给予行政处分；构成犯罪的，依法追究刑事责任
	第 74 条	违反本法规定，占用耕地建窑、建坟或者擅自在耕地上建房、挖砂、采石、采矿、取土等，破坏种植条件的，或者因开发土地造成土地荒漠化、盐渍化的，由县级以上人民政府土地行政主管部门责令限期改正或者治理，可以并处罚款；构成犯罪的，依法追究刑事责任
	第 75 条	违反本法规定，拒不履行土地复垦义务的，由县级以上人民政府土地行政主管部门责令限期改正；逾期不改正的，责令缴纳复垦费，专项用于土地复垦，可以处以罚款
	第 76 条	未经批准或者采取欺骗手段骗取批准，非法占用土地的，由县级以上人民政府土地行政主管部门责令退还非法占用的土地，对违反土地利用总体规划擅自将农用地改为建设用地的，限期拆除在非法占用的土地上新建的建筑物和其他设施，恢复土地原状，对符合土地利用总体规划的，没收在非法占用的土地上新建的建筑物和其他设施，可以并处罚款；对非法占用土地单位的直接负责的主管人员和其他直接责任人员，依法给予行政处分；构成犯罪的，依法追究刑事责任。超过批准的数量占用土地，多占的土地以非法占用土地论处
	第 77 条	农村村民未经批准或者采取欺骗手段骗取批准，非法占用土地建住宅的，由县级以上人民政府土地行政主管部门责令退还非法占用的土地，限期拆除在非法占用的土地上新建的房屋。超过省、自治区、直辖市规定的标准，多占的土地以非法占用土地论处
	第 78 条	无权批准征收、使用土地的单位或者个人非法批准占用土地的，超越批准权限非法批准占用土地的，不按照土地利用总体规划确定的用途批准用地的，或者违反法律规定的程序批准占用、征收土地的，其批准文件无效，对非法批准征收、使用土地的直接负责的主管人员和其他直接责任人员，依法给予行政处分；构成犯罪的，依法追究刑事责任。非法批准、使用的土地应当收回，有关当事人拒不归还的，以非法占用土地论处。非法批准征收、使用土地，对当事人造成损失的，依法应当承担赔偿责任
	第 79 条	侵占、挪用被征收土地单位的征地补偿费用和其他有关费用，构成犯罪的，依法追究刑事责任；尚不构成犯罪的，依法给予行政处分
	第 80 条	依法收回国有土地使用权当事人拒不交出土地的，临时使用土地期满拒不归还的，或者不按照批准的用途使用国有土地的，由县级以上人民政府土地行政主管部门责令交还土地，处以罚款
	第 81 条	擅自将农民集体所有的土地的使用权出让、转让或者出租用于非农业建设的，由县级以上人民政府土地行政主管部门责令限期改正，没收违法所得，并处罚款

续表

法律依据	条 款	内 容
《土地管理法》	第82条	不依照本法规定办理土地变更登记的，由县级以上人民政府土地行政主管部门责令其限期办理
	第83条	依照本法规定，责令限期拆除在非法占用的土地上新建的建筑物和其他设施的，建设单位或者个人必须立即停止施工，自行拆除；对继续施工的，作出处罚决定的机关有权制止。建设单位或者个人对责令限期拆除的行政处罚决定不服的，可以在接到责令限期拆除决定之日起十五日内，向人民法院起诉；期满不起诉又不自行拆除的，由作出处罚决定的机关依法申请人民法院强制执行，费用由违法者承担
	第84条	土地行政主管部门的工作人员玩忽职守、滥用职权、徇私舞弊，构成犯罪的，依法追究刑事责任；尚不构成犯罪的，依法给予行政处分

从上表可见，除《刑法》外（刑法不属于对城市建设和土地利用的专项法律），《城乡规划法》和《土地管理法》中都有对违法现象的制裁条款。主要的制裁方式为处有期徒刑、责令改正、罚款、行政处分等，但因为政府部门内部之间存在着过多的利益关联，且没有第三方监督机制，所以很难在这个过程中进行公正公平的惩罚和制裁。

8.2.6 原则Ⅵ：低成本的协调机制

该原则要求使用者和监督者能够快速、低成本地解决使用者之间，或者使用者和监督者之间的冲突和矛盾。因为有了利益冲突，所以才需要协调，空间资源配置的协调机制的本质是对各方利益的调控。协调的主体主要有三个，即政府、开发者、公众。以地区性城市规划为例，政府内部的协调形式是评审会，在会上各个部门根据本部门的专项管理职能对规划提出修改建议，如有冲突则通过会上部门间的协商进行解决，如还是不能解决则常常由本区域的首席行政长官进行裁定，该过程常常是公开的；政府与开发者之间的协调主要通过内部交流进行，过程不公开；规划编制阶段，政府与公众之间的协调主要通过规划公示和听证形式进行，广泛收集意见后进行有选择性地修改，该过程也是公开的，但在规划实施过程中，政府与公众如发生利益冲突，一般通过内部协调解决，该过程基本不公开。前述为地区性城市规划，如果为区域性规划，一般情况下同级政府为争夺资源配置的份额产生的冲突，需要通过上级政府进行协调解决。在这种协调格局下，当前我国还未有建立规范化的协调机制，因此导致反复协调次数多，协调行政成本高，且也有可能无法协调成功的问题。

8.2.7 原则Ⅶ：制度的独立制定权和稳定的资源占用权

该原则要求资源使用者的制度制定权不应被外界权威等外部因素所干扰，且资源使用者拥有对资源的长期的、稳定的占有权。对于前者，在我国除了法律规定的相关内容外，各个地方政府也推行了试验性的地方性制度模式。以农地流转为例，天津的"宅基地换房"模式①、浙江嘉兴的"两分两换"模式②、广东的"宅基地出租"模式③、成都的"地票"模式④等（陈前虎等，2010）；以城市规划技术标准为例，每个地方根据区域差异，在国家标准的基础上再进行适当调整，形成地区性规范。因此，地方政府具有一定的地区性制度制定权，但也受国家法律框架的限制，并非完全独立制定。对于后者，我国城市土地资源的使用者有稳定的长期的土地使用权年限，但农村集体土地其所有权是不稳定的，首先是所有权主体不稳定，其次是土地所有权随时可能面临调整，如城市扩张中的征地拆迁，农转用等。

8.2.8 原则Ⅷ：多层套嵌式的管理模式

该原则要求资源的占用、供应、监督、强制执行、冲突解决和治理活动都是通过多层套嵌式的管理模式。1949～1978 年，中国基本上是以政府为主体的一元治理结构；1979～2000 年，以政府和市场为主体的二元结构在一些领域已经出现；2001 年至今，随着政府社会管理和公共服务职能的强调，"社会"的地位逐步上升，成为第三种治理力量。至此，已经形成了"政府—市场—社会"三元治理结构的雏形。但是，实际的资源配置权力仍掌握在政府手中，是以政府为主导的不均衡三元治理结构，同时，也未有相应的类似多中心治理和协调管理制度和模式相配套，多层嵌套式的管理模式并未形成。

---

① 从 2005 年下半年开始，天津市在广泛征求农民意愿和深入调研的基础上，探索性地实施了"以宅基地换房"的新模式，并被列为全国试点城市。该模式是指在国家现行政策的框架内，以不减少耕地为前提，高标准规划、设计和建设一批现代化、有特色、适于产业聚集和生态宜居的新型小城镇，农民以其宅基地，按照规定的置换标准无偿换取小城镇中的住宅，迁入小城镇居住，其后由区县政府统一组织在原有村庄范围内，对相当于新建农民住房占地面积大小的土地进行复垦，其余的村庄土地面积即为实施"宅基地换房"节约出的建设用地，一部分整理后进入土地市场拍卖，补偿为农民建设小城镇所需各项费用；另一部分作为区县内经济社会建设的储备用地。宅基地换房建设小城镇，因为统一规划了建设基础设施，注重绿化、美化，镇村的面貌和环境发生了根本性变化，农民平均现有宅基地和房屋也大幅升值，同时，农民迁入小城镇后，就业更多地向二、三产业转移，收入也明显增加了。

② 嘉兴模式则是采取"两分两换"的流转办法，即把宅基地与承包地分开，搬迁与土地流转分开，以宅基地换货币、换房产或换地方，以土地承包经营权换租金、换股份或换社会保障；通过"两分两换"改革使农民离开了宅基地和承包地完全成为城市居民，不但促进了农村土地的整理和流转，也改善了失地农民的社会保障和再就业的水平，节约集约利用土地资源，促进农业规模经营，改善了生活条件和环境质量。

③ 2005 年 10 月，广东省以政府令的形式发布了《广东省集体建设用地使用权流转管理办法》，集体建设用地使用权与国有土地使用权同权、同价，可以直接进入土地一级市场流转，这是全国首个在全省进行集体建设用地流转规范化管理的省份。在《管理办法》中规定村民住宅用地使用权不得流转，但因转让、出租和抵押地上建筑物、其他附着物而导致住宅用地使用权转让出租和抵押的除外，村民出卖和出租住房后，不得再申请宅基地，这也即是宅基地使用权虽然不能单独流转，但可以随地上建筑物的转让而发生流转。在流转方式上，通过流转取得的建设用地使用权不得用于商品房地产开发建设和住宅建设；而集体土地流转的收益应当纳入农村集体财产统一管理，其中 50% 以上用于集体成员的社会保障。同时流转过程中存在的问题也较多，包括与土地规划的冲突，政策多是为了使过去的私下交易变为合法，在新开发土地中流转非常少，另外珠三角地区由于土地增值潜力大，农民更愿意长期出租而不出让。

④ 重庆自 2008 年成立了全国首家农村土地交易所，以建立城乡统一的土地市场为目标，逐步建立起一套最大限度发掘农村土地资本价值，促进城乡要素相互流动的新机制。农村土地交易所是开展农村土地实物、指标交易，这里分为两个部分：一是土地实物交易的实盘，二是指标交易的虚盘，即"地票"，农村土地交易所的创新性，主要体现在地票交易上。所谓"地票"，通俗地理解就是一种用地指标，是把农村集体建设用地复垦为耕地后，增加等量城镇建设用地，如此，农村建设用地减少，城镇建设用地增加，而城镇和农村的建设用地总量维持不变。这种用地指标背后所体现的土地流转，需要通过农村土地交易所交易来完成。对于地票交易的溢价，利益分配主要是三块：一是支付复垦成本，对农民的宅基地上的房屋，比照征地的标准，给予补偿，并对其新购房给予补贴；二是由于农村集体组织是土地所有权人，要付其类似于出让金的价款，而农民则可以在集体中得到自己的份额；三是如果还有结余，就由政府建立耕地保护基金。当前主要是将废弃闲置的宅基地复垦为耕地，而不是直接流转。

8.3 现行制度环境的缺陷：空间效应视角

8.3.1 土地产权的制度环境效应：城市蔓延、"城中村"与空间结构失衡

1）缺陷Ⅰ：土地产权模糊

我国实行的是城市土地国家所有制与农村土地集体所有制的二元产权结构，但都存在所有权主体不清的问题。城市土地在土地法中规定属国家所有，但"国家"的主体概念界定不清，"政府"一般被认为是国家主体的代表，但由于政府内部存在层级特征的治理结构。因此，中央政府与地方政府同是法定的所有权主体。在财政分权制度的变迁背景下，中央政府的利益与地方政府的利益出现了交叉空间，也因此导致了治理结构中的纵向博弈现象。而地方政府受"任期绩效制度"的驱动，往往为了本级的财政和税收收入，出现违规现象，土地供应规模失控，闲置现象普遍，造成了严重的资源浪费。农村土地产权归集体所有，但同样存在代表"主体"模糊的问题，相关调查表明样本中农地属于承包户和国家的比例超过50%，这也反映了农地实际产权分配的现实（蒋文华，2004），由此加之政府行政权的干涉，农民在征地过程中的利益往往难以保全，土地也无法顺畅流转，农地利用效率低下，出现耕地撂荒等现象。

2）缺陷Ⅱ：土地产权结构分化

通过行政划拨土地的使用者，拥有使用权和部分收益权，但没有处置权，而有偿出让土地的使用者，则拥有使用权、收益权和处置权，但有使用期限的限制。在这种产权结构下，前者不会尽力提高土地效益，而导致土地资源的粗放利益，如我国大量的高校都以划拨方式取得土地，而高校普遍存在土地利用效率低下的问题；后者，则会因为自身收益而过度利用土地，从而产生较大的外部性，如房地产开发商往往为获得更多的利润而提高建筑容积率，其结果便是超出了建筑日照间距的控制界线，从而损害了周边建筑使用者的利益。

3）缺陷Ⅲ：征地制度不完善

我国土地征用制度中明确规定征地必须是以公共利益为目的，但事实上大量的征地是以房地产开发"圈地"为目的的，这显然是违背了征地的公共利益导向原则。同时，征地的补偿制度也不合理，以"土地换资本"的时代已经过去，而征地补偿标准却仍未作相应的改变，村集体（农民）与征地政府之间的强弱势差异，往往使农地所有者的利益受到损害，近年来频频出现征地冲突，说明该缺陷已经产生了严重的社会负面问题。此外，征地过程往往缺乏公正公开合理的程序，在制定土地利用计划和规划方案时，公众缺乏广泛的意见表达平台和渠道，补偿时缺乏合理评估，实施时缺乏司法监督，结果征地冲突不断，社会矛盾日渐突出。

8.3.2 土地市场的制度环境效应：恶性竞争、地产投机、"双轨制"漏洞

1）效应Ⅰ：土地储备制度的负面效应

在市场经济条件下，城市建设中出现了"城市经营"的趋势。地方政府在市场化的竞争背景下，随着财政分权化的实施，地方政府拥有了更大的地区经济社会发展的自主权。

地方政府为了本级财政的收入，追求城市的经济效益，开始把城市这种资本的实物形态看成是有形的国有资产加以利用，城市资产的概念从公益性财产转变为可经营性资产。对于稀缺的城市土地资本，地方政府要尽量增加土地供给规模，提高其使用效率以获取更大的"经营收益"。

城市土地储备制度的基本思路是由城市政府的委托机构，如储备中心，通过征用、收购、置换等方式，将土地使用者手中分散的土地集中起来，进行整理和开发。土地的面积、形状、规划条件随不同的开发目标而有所调整，在完成一系列前期开发整理工作后，变成可建设的"熟地"。然后，根据城市土地年度计划，通过招标、拍卖有计划地将土地投入市场，以供应和调控城市各类建设用地需求的一种土地经营管理制度（张京祥等，2007；陈鹏，2009）。

该制度产生的直接空间效应体现在城市空间功能、规模与形态方面的变革。有益的方面如城市的旧城改造、功能置换、中心区"退二进三"、"腾笼换鸟"等等，起到了利用市场机制提高土地利用效益的目的。但同时，也产生了许多负面效应：①恶性竞争，地方政府为"政绩"努力，竭力招商引资，不惜采用"批发价"、"优惠战"、"形象工程"等资源短视利用策略；②地产投机，为了短期快速提升城市的竞争力和发展水平，政府主导拉动需求，干预房地产市场的正常运行，间接推动"房价"、"地价"的非正常上涨；③权力寻租，由于政府在土地一级市场中的"垄断性"政治化架构，同时其土地储备运作过程中尚存许多不规范的环节，由此也引发了大量腐败、高交易成本和高社会成本问题。

2）效应Ⅱ：土地供给市场化制度的负面效应

从 20 世纪 90 年代初开始，城市土地制度由"无偿、无限期、无流动"向"有偿、有限期、有流动"转变，这样的变革使土地成为了真正的城市资本。随后，经营性土地使用权转让制度，从实行招拍挂出让开始，城市土地配置正式进入了由行政和市场双轨运行的阶段。在这种制度环境下，"效用最大化"博弈各方的"优化选择"，直接扭曲了竞争性市场机制的运行秩序（陈鹏，2009）。虽然，土地配置的市场化治理无疑会带来利用效率的提升，但在我国渐进式改革的背景下，行政划拨仍有其继续存在的必要性（Xie et al.，2002）。但在实际中，这样的"双轨制"也给城市管制和空间结构发展战略的实施带来了诸多困难。行政与市场的双轨制，直接导致了土地出让价格的双轨制，这就给土地投机带来了运作空间，如采用协议的方式取得工业用地，然后再通过用途改变程序，变为其他商业经营性用途，达到了以协议价格取得原本应通过招拍挂价格取得的土地。此外，近几年，各地频频出现集体用地通过非市场途径出让给开发商作为商品房开发，农民的利益和耕地资源难以保障。

视点：工业用地改变用途

2009 年 10 月，经投诉称，在某市开发区科技园内，原定为要建成"茶叶总部"经济大楼及茶叶加工车间的两栋高楼已摇身变成"商品房"。2009 年 11 月 24 日，《办公大楼摇身变成商品房叫卖》一文刊登后，引起社会各界关注，开发区国土部门立即勒令其停止销售行为，并按法定最高限额作出处罚。目前，该市政府已要求市国土局与城市管理执法局联合执法，处理"茶叶大楼"事件。

8.3.3 土地税收的制度环境效应：闲置空间、形态破碎化与开发区蔓延

我国的土地税收制度按照农村集体土地和城市国有土地分为两种税收方式。农村集体土地的主要功能为农业生产，以前需要缴纳农业税和农业特产税，2006年后取消了农业税收制度。城市国有土地的税收，在城市土地的开发、转让和使用的各个环节进行税费的收取，涉及10个税种（表8-2）。在土地开发环节，需要缴纳耕地占用税和固定资产投资方向调节税（现已暂停征收）等2个税种；在土地转让环节，需要缴纳土地增值税、营业税、城建税及教育费附加、印花税、契税和企业所得税（或个人所得税）等7个税种；在土地使用环节仅需缴纳城镇土地使用税（靳东升，2006）。

我国现行土地税收制度汇总表　　　　　　　　　　　　　　　表8-2

征税环节	税　种	征税对象	税　率	征税依据
土地开发环节	耕地占用税	占用耕地的面积	5～50元/m²	《中华人民共和国耕地占用税暂行条例》（2008年）
土地转让环节	土地增值税	转让土地使用权收入增值税	30%～60%	《中华人民共和国土地增值税暂行条例》（1993年）
	营业税	转让土地使用权收入	5%	《中华人民共和国营业税暂行条例》（2009年）
	城建税	营业税纳税额	1%～7%	《中华人民共和国城市维护建设税暂行条例》（1985年）
	印花税	产权转移书据所载金额	0.5%	《中华人民共和国印花税暂行条例》（1988年）
	契税	转让土地使用权成交额	3%～5%	《中华人民共和国契税暂行条例》（1997年）
	企业所得税	转让土地使用权收益	25%	《中华人民共和国企业所得税暂行条例》（2008年）
	个人所得税	转让土地使用权收益	35%	《中华人民共和国个人所得税法》（2011年）
土地使用环节	城镇土地使用税	城镇使用土地面积	0.6～30元/m²	《中华人民共和国城镇土地使用税暂行条例》（2000年）

注：参照刘佐（2006）进行整理。

目前，我国的土地税收制度初步建立了覆盖各环节、调节全过程的土地税收调控体系，在地方政府的财政收入，提高土地资源的节约和集约利用程度等方面发挥了一定的积极作用。但在转型期背景下，当前的土地税收制度仍然存在很多缺陷：

首先，土地使用和保有环节税负过低。这样的税负结构对持有存量土地的征税压力很小，因此难以形成经济上的约束机制和激励机制。由于城市地价的上升，开发商无需进行实际开发，仅圈地就能获得土地增值的利润，这就促进了城市土地取得使用权后闲置现象的涌现，城市空间形态呈现不连续性与破碎化趋势。

其次，土地流转环节税负过高。由此造成了土地在市场上的流转高成本，但实际上税费又在交易环节中被转嫁给购买方，并没有真正起到控制土地流转收益比例的作用，也间接导致了房地产投机的失控。

最后，税基较小。现行的土地税收制度征税范围一般只针对生产经营活动中所涉及的土地，许多行政单位和个人被排除在征税范围以外，同时，迫于区域竞争压力，许多地方政府在招商引资时还必须主动降低税费，为开发商提供优惠措施，这也导致了地方政府财税收入基础的狭窄，不得不依靠以买地为主的"土地财政"来保障地区发展的资金支持，这也是造成开发区低密度蔓延和区域重复建设现象的主要原因之一。

8.3.4 土地规划的制度环境效应：战略重叠、决策失效、监控不力

1）效应Ⅰ：空间规划体系多头管理、战略布局空间重叠

在我国的行政管理体制下，空间规划的类型呈现多样化，几乎每个行政管理部门都有自己的规划，其中涉及空间布局的也很多，如国民经济与社会发展规划、城市规划、土地规划、交通规划、生态规划、环保规划、教育规划等等，其中，又以前三类规划最为主导。但这三类规划出自不同部门，但其规划的内容均涉及区域发展的整体空间部署，范围覆盖行政管辖地区，在编制内容、规划管理、审批方式、实施过程和监督评估等环节中（表8-3），很多内容相互联系交叉，甚至重叠，极易造成规划内容交叉、标准矛盾、实施分割、沟通不协调等内部"失衡"现象。这种管理格局必定降低规划的实施效能，进而造成规划的权威性丧失，管理容易失控。

三种类型空间规划的过程特征比较　　　　　　　　　　　　　　表8-3

		国民经济与社会发展规划	城市总体规划	土地利用总体规划
管理方面	管理部门	发改部门	规划建设部门	国土管理部门
	规划类别	经济社会综合性规划	城市综合性空间布局规划	土地利用专项布局规划
编制方面	编制依据	上一轮规划及相关专项战略	国民经济与社会发展规划及各类专项规划	上层次规划及各类建设布局专项规划
	主要内容	发展目标和指标、项目计划	建设用地空间布局及其时序	耕地保护、用地指标与空间布局
	编制方式	独立	独立	自上而下，层层分解
审批方面	审批机关	本级人大	上级政府	国务院，上级政府
	审查关键	发展指标体系	人口与用地规模、空间结构	耕地平衡和用地指标
	法律地位		城乡规划法	土地管理法
实施方面	实施方式	引导性	引导性	约束性
	实施计划	年度政府工作报告	近期建设规划	年度用地计划
	规划年限	5年	20～50年	20年
监督方面	监督机构	本级人大	上级政府、本级人大	国务院、上级政府
	评估方式	年度政府工作报告	规划修编中的上一轮实施评价	执法监察
	监测手段	统计数据与报表	实地勘察、研究报告	卫星遥感

简单来讲，"发展规划"管目标，"城乡规划"管坐标，"土地规划"管指标。但实际上规划的内容重叠严重，实施过程也缺乏协调和衔接，产生该问题的原因主要有两个方面：一方面是部门权益的冲突，转型期的经济建设主体多元化趋势，使得地方政府职能发生变化，通过配置其管理辖区内的空间资本，向社会提供有效公共物品，改善区域发展环境，更多地吸引外部资金和要素流入，以实现地区的经济增长绩效。这就使得规划垂直管理中的难度增加，地方政府为了自身的利益常常会违反上层次规划的控制内容。另一方面是政府内部事权分配不合理，三个主管部门虽有不同的行政管理职能，但事实上都具有较强的空间资源的配置权力，而部门之间的利益冲突也导致了规划难以统一，控制力和执行力被弱化等问题。

视点：两规难以衔接

　　浙江某县土地利用总体规划和县域总体规划确定的各类建设用地规模差距较大。总的建设用地规模相差 7408.8hm^2，其中城镇建设用地规模相差 10633.3hm^2（表8-4）。而从空间上看，土地利用规划的边界与城市规划的远期范围线相比，两者相差距离甚远。

"两规"各类建设用地规模比较一览表　　　　　　　　　表8-4

	2020 年规模（hm^2）		差值（hm^2）
	土地利用规划	县域总体规划	
城镇建设用地规模	5319.72	15953	10633.28
农村建设用地规模	5270.54	5094	−176.54
工矿用地	5387.53	2400	−2987.53
交通用地	1484.74	3738	2253.26
水利设施用地	3981.49	2982	−999.49
特殊用地	2838.17	1524	−1314.17
合计	24282.19	31691	7408.81

2）效应Ⅱ：决策模式机械化，计划与市场矛盾突显

在转型期的市场经济环境下，经济计划的角色重要性在减弱，市场的力量在加强（Zheng，1995）。资金、土地、人才和资源等经济要素的配置和流动是主要通过市场的供求关系来配置，但同时空间规划中仍沿用着大量计划经济体制下的控制方式，随着城市空间规划和开发建设过程中的决策分散化（decentralisation）趋势，开始出现市场力量带动下行动者违规和冲突增多的现象（Yeh，1999）。空间规划因为市场因素的种种变化，规划实施评估和公开听证机制的缺陷，而频繁地进行调整与修编，其中的主要原因是土地指标刚性计划供给与市场弹性需求之间、空间布局方案与实际开发区位变动之间的规模与空间的"双脱节"。在计划体制的思路下，城市规划的决策以时间驱动为逻辑，机械地将规划控制点定在 5 年、10 年或 20 年，而北京、杭州等多个城市的规划实施结果表明往往在 10 年的时间点上，甚至在 5 年的时间点上，其空间规模就可能突破 20 年的控制界线，这便是规划对经济社会发展速度的预计不足造成的。当然，因为知识和信息处理能力的有限性，人们在规划制定中不可能达到完全理性，预测与现实存在差距是必然的。在市场机制下，城市的发展往往难以完全预测，因此要解决该问题，可以从技术和模式两个方面进行突破：前者要求在规划制定中应该更多地具有巨量信息处理能力的规划辅助决策技术，提高预测的精度和全面性；后者要求变革规划的决策模式，从时间驱动型决策模式向时间与事件联合驱动型转变，从首领（精英）决策模式向多中心网络决策模式转变，增加规划的弹性，充分认识和尊重规划决策的动态性和复杂性。

3）效应Ⅲ：规划行政执法不严，监督体系欠完善

规划行政执法的边际成本包括执法部门和执法者个人两个方面的边际成本，执法部门执法需要相应的财政和人力成本，执法者个人在严格执法时往往会引起相对人的反抗，会受到潜在的个人损害，因此其个人也存在执法成本。

在我国的城市规划行政执法活动中，由于城市规划类行政案件，通常关系到重大利益的保护和调整、关键资源的利用与分配，相关的利益群体为了获取利益，会通过不同方式积极进行游说，甚至会利用巨额资金对城市规划行政主管部门的决策者进行贿赂，在这样的情况下严格执法没有了推动力，严格执法不仅无法获得合理的收益，还可能带来对自己的否定性评价（梁国启，2008）。在这种行政执法的均衡格局下，如果对于执法部门和执法者个人没有有效的制度激励机制，那么执法的成本会大大高于收益。例如没有按照规划审批手续中规划许可证的规定和要求进行建设，或是私自未经审批乱搭乱建违章建筑，这些现象并未全部受到行政执法的查处。执法不严的原因主要有两种：一种是被动执法不严，由于和执法对象没有利害关系，以及执法成本过高，在执法工作中不愿意严格执法；另一种是执法者和被执法对象有权力寻租关系，而故意执法不严。同时，监督体系的不完善也是造成执法质量和力度缺乏约束的主要原因：首先，由于信息不对称，决定了现有以中央政府负责为特征的监督体系，在监督效率和效果上都无法达到要求，造成了大量的地方政府的违规行为；其次，在政府垄断了规划编制与审批权、土地征用市场和土地一级市场，目的是弥补市场失灵的缺陷，但政府垄断行为的本身缺乏相应的监督；再次，监督者也需要监督，现行行政管理体系中缺乏与政府制衡的第三方监督机制，政府"既是裁判员，又是运动员"，难以起到实际的约束作用。

8.4　城市空间演化的制度环境改善：国际经验视角

8.4.1　空间规划法律体系的改进：日本、英国、瑞士经验

1）完善规划法律体系结构

从1888年的"东京市区改正条例"开始，日本已经拥有100余年的规划立法历史，使其空间规划完全纳入到法制化控制，已经形成一个相对成熟的规划法律体系结构。在日本的法律体系中，与土地、住宅和城市有关的法律共有200多项（王郁，2009），其架构为"核心法＋相关法"（图8-8）。《城市规划法》是日本城市规划法律体系的核心法，相关法律则可以分为法定内容和配套法律两个部分。日本法律体系的结构特点是基本法律体系十分完备，而地区性相关法律相对较少。

英国的规划法律体系也包括三个部分，其中第一部分为基本法——《城乡规划法》；

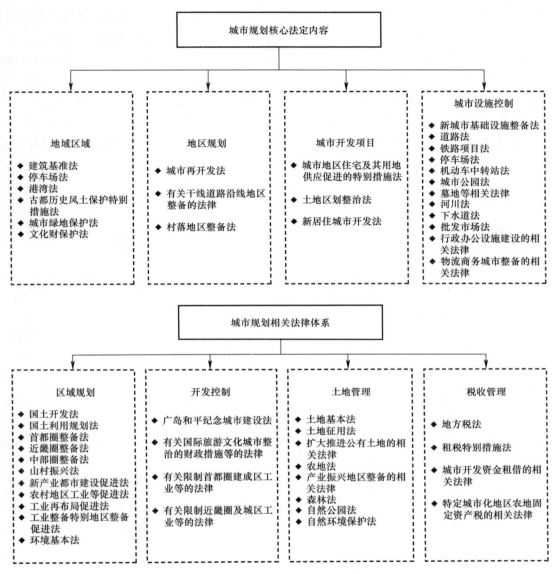

图 8-8 日本城市规划的法律体系结构

来源：根据原田纯孝（2001）与王郁（2009）整理。

第二部分在其框架下，由中央政府的规划部门制定各类文件作为其补充、解释或是技术规范，同样具有法律效力。主要包括规制（Order）、通则（Circular）、条例（Regulation）、指令（Direction）、操作规定（Code of Practice）、规划政策指导（Planning Policy Guidance）、战略政策指导（Strategy Planning Guidance）等，这类法律规定随着经济社会的发展不断进行修订和增补，为地方政府进行规划建设和实施管理提供了完善的制度框架；第三部分是相关法律，如《城市开发法》、《新城法》、《住宅法》、《内城法》、《地方政府法》等，都根据不同的开发对象和规划管理需要进行制定。

从中英两部《城乡规划法》的内容比较中（表 8-5）可以看出，两国的规划法制定逻辑是不同的，英国的规划法采用按不同开发内容划分的控制逻辑，而中国的规划法则采用的是按不同规划过程与阶段的控制逻辑。直观地从内容上看，英国的规划法更为丰富，条款数量也达到了中国城乡规划法的4倍以上，制定的内容更为细致。当然，中英两国本身在地域面积、社会结构和发展阶段上存在较大差异，中国本身幅员广阔，地域差异就十分明显，如果将作为基本法的法律制定的过于细致将失去其可操作性。另一方面，与日本的法律体系较为类似，我国也是由基本法和相关法律规范构成的，但也存在与日本相同的缺点，即地方性法规和制度不完善，在大尺度控制为主的基本法框架下，地方性的规划控制体系尚未建立起来。

中英《城乡规划法》架构与内容比较　　　　　　　　　　表 8-5

| | 英国《城乡规划法》（1990） | | 中国《城乡规划法》（2008） | |
章　节	条　款	内　容	条　款	内　容
第一部分	1～9	规划权限（Planning Authorities）	1～11	总则
第二部分	10～54	发展规划（Development Plans）	12～27	城乡规划的制定
第三部分	55～106	过度开发控制（Controls Over Development）	28～45	城乡规划的实施
第四部分	107～118	影响法令的赔偿（Compensation for Effects of Certain Orders, Notices, etc.）	46～50	城市规划的修改
第五部分	119～136	有限条件下新开发的赔偿（Compensation for Restrictions on New Development in Limited Cases）	51～57	监督检查
第六部分	137～171	业主等的权力（Rights of Owners etc. to Require Purchase of Interests）	58～69	法律责任
第七部分	172～196	规划实施（Enforcement）	70	附则
第八部分	197～225	特殊控制（Special Controls）		
第九部分	226～246	规划用地的获得与使用审查（Acquisition and Appropriation of Land for Planning Purpose etc.）		
第十部分	247～261	公路规划管理（Highway）		
第十一部分	262～283	法定执行者（Statutory Undertakers）		
第十二部分	284～292	法律效力（Validity）		
第十三部分	293～302	王室土地的法律（Application of Act to Crown Land）		
第十四部分	303～314	财政规定（Financial Provisions）		
第十五部分	315～337	总则与补充内容（Miscellaneous and General Grovisions）		

2）建立制度区域创新机制

瑞士的空间规划管理按联邦、州、市镇各个不同层级，均有相应的法律体系相对应，同时，每个州都有制度创新的权力，全部的管理均在法律约定的框架内执行。瑞士实行三权分立的政治体制。在其政治体制中，联邦议会是最高权力机关和最高立法机关，对政府进行监督，由国民院和联邦院两院组成，前者代表人民的利益与观点，后者代表各州的利益和观点。联邦法律层次上，联邦议会主要制定属于联邦管理权限内的法律，联邦议会每年开会4次，一切法令都要经过两院分别通过才能成立（高中岗，2009）；州法律层次上，每个州有自己的立法机构，即州议会，州制定的法律要由联邦议会批准，并不能与联邦的

《宪法》有冲突，但除此之外，州制度的其他一般法律并不需要联邦议会批准。

在制度创新的方式方面，瑞士联邦宪法中规定了一种"直接民主"，也称"民主直接立法"的方式，具体可分为两种：一种是公民对议会法案的"复决"，即全民投票表决，另一种是公民可以直接提出法案的提议，即"制度创新"。前者在我国也是类似人大投票表决的形式，而后者是瑞典立法中的特色所在，瑞士联邦《宪法》规定，公民可以通过书面倡议并征得10万选民的联名同意，就可以有权提议对现有法律进行修改或制定新的法律，如联邦反对则进行全体公民表决进行裁定。除了联邦全体民主直接立法外，各州也都有相应的直接立法规定，即州的公民对本州的法律可以进行"复决"和"制度创制"。

在我国，规划制度创新的过程主要在政府内部进行，国民对法律等制度制定的参与程度不高，在当前转型期社会经济复杂快速变化、资源禀赋与地域发展水平差异巨大的背景下，亟须在国家统一的技术规范和管理制度框架之下，赋予地方政府更多的灵活性，提倡自下而上的制度创新模式。

8.4.2　空间规划行政体系的改进：英国经验

1）建立规划行政监督机制

英国的规划行政体系十分强调内部的自我监督机制，通过严格的制度设计来保证政府官员正确地使用其规划裁量权。英国规划行政监督机制的主要内容包括信息公开、巡视管（Ombudsman）制度、主管监察和监察厅审查。

信息公开是指对未通过审批的规划必须给予不许可理由的解释，申请者可以是规划提案的支持者和反对者，如地方政府、开发者、土地所有者、集团、社会组织以及公众等。同时，还要将规划管理的程序，包括相关规划评审会议记录和相关工作资料向社会公开，公众可以通过对比这些记录和资料，实现对规划的第三方监督。

巡视官制度是指被委派去调查市民的行政投诉的政府官员，其职责是根据申请者对于政府工作的投诉，进行专项调查，并向地方行政委员会提交调查报告（王郁，2009），他们一般具有丰富的政府工作经验，也具有专业知识，这个制度给公众提供了一个有效的沟通和协调方式。

主管监察是指主管大臣对规划行政工作的抽查，如发现问题可要求该部门进行解释，甚至修改规划，其抽查范围包括政府开发许可发放，同时也接受公众的申诉。

监察厅审查是指英国专门设立的规划监察厅，负责规划的公开审查会，监察员处理与开发审批相关的申诉，并在严格的制度下进行公开调查和听证，任何人都可以在公开审查会上提出自己的意见。最后，由监察员根据国家的政策和法律，针对提出的意见进行裁决。"规划监察行为规范"规定，监察员必须遵守公平、公正、公开三项基本原则，带薪的监察员不能在如下三种情况下受理申诉案件：①他所居住的地方的案子；②督察员正在执行开发规划质询并为此撰写报告，或正在接受公众检查；③他的配偶或伙伴在地方规划机构工作（张险峰，2006）。此外，监察厅每年还要通过广泛的反馈意见对工作情况进行合理性的评估。

针对我国的制度环境，其改进方向可以从以下几个方面入手：①借鉴英国经验，建立规划监督制度，其重点是要和城乡规划体制的改革结合在一起；②在法律上明确规划监督者的权限和责任；③由于规划的综合性和技术性，规划监察的人员必须是多学科多领域的专业团队；④加强对规划监督机构的监督和权力制约，要从法律上保证和制约规划监督者遵纪守法（于立，2007）。

2）完善规划社会监督机制——公众参与

英国现行的规划体系分为三个层次，公众参与主要体现在区域规划和地方规划两个层面，公众参与体现在规划从编制到实施的整个过程。以英国区域规划中的公众参与为例，公众在规划咨询期（Consultation Period），任何组织或个人均可提交相关意见。在初步项目规划阶段（Draft Project Plan），公众可以针对整体目标，向规划机构提交书面评论，也可提供自己的研究成果，提出对该项目的设想，并与其他相同观点的个人或团体建立联系；在发展政策制定阶段，公众可以向规划机构提交政策建议，也可以通过与规划机构进行联系来了解详细的政策制定目的；规划提交与公共审核阶段，公众要按照时间安排作出正式的书面评论，并参阅相关文件，在公共审核（Examination in Public）中就共同案例进行陈述，并参与到公共审核中，也可以了解审查的进程；在规划批准与实施阶段，公众可以继续与规划机构保持联系，了解规划的修订情况，并可以继续参阅规划的实施监督报告。

关于公众参与的要点与原则，主要有以下几点（Kingston，2009）：

（1）强调全面的过程。规划行为应当在开始阶段就得以明确。

（2）包容性。试图将相关区域中的每个人纳入其中，包括难以参与的团体。

（3）方式多样性。不仅仅依赖于一种方式，可选择一切合乎目的的方式。

（4）综合管理。参与不应该只是边缘化的、附加的或者受牵制的，而应当是规划制定的核心部分。

（5）对参与范围的定义和管理。

（6）联合其他的咨询。避免因重复努力而使参与者疲惫。

（7）与民主程序相结合。一个程序必须与参与人合作发展。

（8）内部的支持。即其他政府部门明确地提供信息并参与。

（9）避免"决定—公布—辩护"。也就是说，应避免"被公布的规划已经被事先决定，公布只是对其规划内容进行辩护，而不是真正想要听取意见"的现象发生。

（10）以一致同意为基础。协商和一致同意，即使通常在理想主义条件下不能达成。

（11）广度和深度。从利益相关者上深度挖掘所有可能的建议，但同时必须告知更为广泛的团体。

（12）信息。信息应当得到主要被咨询者的普遍认同。

（13）适当的资源。所采取的行动应与可利用的资源相一致，应对所进行的工作进行适当的非正式的监控以评定工作的价值。

（14）技能基础。确保该团队拥有必需的技能。

我国在公众参与空间规划的研究和操作目前还处于起步阶段，英国规划公众参与制度给我国提供了借鉴和启示，主要有以下几个方面：①政府职能定位的转变，政府回归公共服务的执行者的定位，政府必须要代表民意，符合集体选择的原则；②综合使用多种有效的公众参与方式，如"阳光规划"的规划展示方式，公开的规划听证方式，规划机构与公众的定期联系；③将公众意愿咨询覆盖整个规划过程，提倡事前、事后都要参与；④提高公众参与水平，需要有相当比例具有专业知识的人加入到公众参与团队中；⑤推行电子公众参与，如将地理信息系统、能动性协商参与工具等电子规划技术运用在公众参与中。

8.4.3　空间规划运行体系的改进：德国经验

德国的空间规划体系发展较早，至今已有100余年历史，具有十分完备的空间规划体系，每个空间层次的规划都有相应的法规与制度进行控制。德国空间规划是指各种范围的土地及其上部空间的使用规划和秩序的总和，由4个层次构成，如图8-9所示。

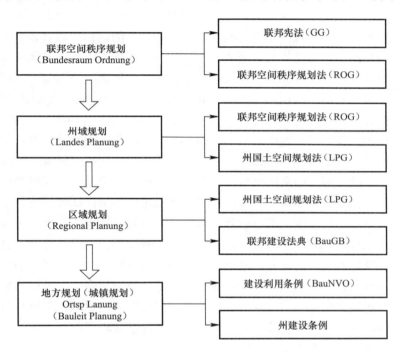

图8-9　德国空间规划体系的法律保障

第一层次为联邦空间秩序规划，由联邦政府和各州政府共同编制。该规划将联邦的全部地域范围纳入到规划发展框架中，主要用于确定全国土地利用的空间协调，制定空间发展的原则，以及在此原则指导下的结构性、纲领性和总体性的发展方案，其中对于空间利用区域边界的约束不进行严格的限制。

第二层次为州域规划，由各州空间规划法进行约束。州域规划必须符合上一层次联邦空间秩序规划所确定的相关政策规定。联邦在州域规划中主要起协调作用。州域规划对于区域和下层次规划起到引导和约束的作用，严格的指令性内容很少。州域规划对联邦和州政府的财政资助、公共设施和基础设施的选址等起着决定性的作用，其核心内容是在调查分析和预测人口、经济发展、基础设施建设和土地利用状况的基础上，确定州空间协调发展的原则与目标、居民点空间结构规划、开敞空间结构规划、基础设施规划建设（张志强，黄代伟，2007）。其主要任务是制定州域空间协调发展的原则和目标，并对州下面各个部门的专项规划进行协调，规定下属各分区的发展方向和主要任务，同时具有审查和批准下层次规划的职能。

第三层次为区域规划，其主要目标是协调城镇之间的空间发展，并将空间秩序规划进行深化和具体化，更注重操作层面。该规划对区域多中心结构、大尺度的发展轴线、生态空间、资源保护区、工业和服务业中心、基础设施空间等进行空间界线的划定，该界线仍是弹性的，具有一定的调整余地。

第四层次为地方规划，由预备性土地使用规划与建设规划两部分组成，主要对每个城镇的空间结构和土地利用进行布局和控制。前者，主要根据城镇发展的战略目标和各种空间需求，通过详细的现状调研，进行相关容量预测，然后确定用地布局的详细规划。该规划对当地各级政府和建设者具有约束力，城镇建设要严格按照规划执行。要求审核其是否符合联邦空间秩序规划、州域规划和区域规划等上位规划的目标。后者，与我国城市规划中控制性详细规划的控制方式类似，采用一系列控制性指标去限制特定地区的开发建设。

从整体规划体系框架中可以看出，我国和德国的规划体系十分类似，从区域到地方规划尺度层层缩小，控制的内容也基本相似。但总体上看，我国的规划实施效果并不理想，主要是背景的差异，德国作为城市化率达到95％以上的西方发达国家，其城市空间演化已经进入相对稳定的阶段，其规划中预测的准确度较高，而我国则相反，城市的发展速度和人口的集聚规模往往难以预测，这就导致了规划滞后于变化，难以保障其实施效果。

虽发展背景不同，但德国空间规划体系中的层层嵌套、弹性控制与区域协调机制仍是值得借鉴的。上下位规划在编制和实施过程中的严格对应，是保证区域协调发展的重要方面。我国各类规划的空间范围大都以行政区来划分，导致对资源、资金、劳动力等跨区域的流动性要素的配置调控效果不佳。规划的实施往往需要跨区合作、协调，共同解决，因而要加强我国区域层面规划的编制，避免区域竞争与资源浪费，针对规划中的区域利益冲突，建立专门的协调机制或部门。此外，在不同尺度的规划控制中，弹性内容和刚性内容要合理确定，以避免类似我国土地规划指标性太强的过度刚性弊端，需要从改变原有"定额"性质的指标规划，向符合土地区域利用效益的弹性空间规划转型，重视空间规划的不确定性和弹性（吴次芳、邵霞珍，2005）。

8.4.4　空间规划实施体系的改进：美国经验

1）开发利益公共还原的制度设计

从20世纪后期开始，美国在大城市的开发许可中，开始实施对开发项目的强制收费（Exaction）政策和捆绑式开发政策。另外，在一些非大城市地区和郊区也逐步实行"社会资本建设项目"（Capital Improvement Program）模式，这些政策的设计目的是要求开发者在项目建设的同时，必须承担部分基础设施或经济性住房的建设费用（王郁，2009）。这种制度设计在起到缓解城市建设资金短缺问题的同时，也将城市开发与解决社会问题联系在一起，起到了较好的效果。开发利益公共还原包括开发者负担、受益者负担和土地增值税三种类型：第一种类型是要求开发者在项目开发时，要负担与项目相关的基础设施建设费用；第二种类型是指在特定的征税地区（Special Assessment District，简称SAD）中，向某个公共开发项目的受益者收取相关建设费和管理费；第三种类型是将土地的增值收益归为全体社会成员的贡献，因而获得土地增值的使用者需要向社会缴纳部分收益，以平衡其土地增值带来的社会成本。

该项制度设计在我国具有广泛的借鉴空间。首先，我国城市建设速度快，规模大，政府财政支撑的压力相当大，很多城市基础设施建设都是以政府为主体进行建设的，致使很多城市负担过重，过于依赖"土地财政"；另一方面，城市在开发征地、拆迁建设时，冲突不断，社会矛盾突出，其实质大多是利益分配不公造成的，普遍认为政府和开发者对利益的占有份额大大高于农民的份额，因而，实行开发利益公共还原的规划实施制度，对城市资金负担和社会矛盾的缓解都能起到积极的作用。

2）规划实施的全程动态评估

美国城市规划的评估由来已久，评估的内容涉及规划从编制到实施的各主要环节，包括规划的编制、规划的实施、规划效果的校测与规划利益的平衡等。

美国规划评估的模式与案例 表 8-6

评估方面	评估类型	评估模式	案 例
实施主体	规划部门自评估	规划编制部门内部评估	波特兰、西雅图、旧金山
	政府内部其他部门评估	成立可持续发展办公室进行评估，成立市长办公室绿色城市领导小组进行评估	华盛顿特区、纽约
	第三方评估	委托独立研究机构、咨询公司等进行评估	波特兰
评估内容	文本评估	内在效度和外在效度评估	大部分城市
	过程评估	年度报告	纽约
	效果评估	指标对比	西雅图、波特兰
成果呈现方式	规划实施年度报告	每年一次	纽约
	评估报告	按需实时	波特兰
公众参与及途径	座谈会	吸纳社会团体的反馈意见	温哥华、华盛顿
	申诉途径	建立申诉制度，回复市民及其他利益代表团体的咨询和投诉	旧金山
成果转化	改善规划	制定规划修订程序，作为下一轮规划基础	奥兰多
	发现并解决规划实施问题	敦促政府部门配合规划实施	西雅图、波特兰
	规划反思、效果检测	指标监测，发现问题	西雅图、波特兰
	利益平衡	广泛采纳公众意见等	西雅图、波特兰

来源：根据宋彦等（2010）进行整理

在规划编制环节，首先要对规划的方案、制定的目标及行动纲要进行一致性的评估，主要评估规划的内在效度与外在效度的有效性（宋彦等，2010）。内在效度评估主要针对规划本身内容的完整性、方案的继承性、规划行动的可行性；外在效度评估主要从上下位规划的协调度、同级规划的配合度以及规划职能部门的职责确定的合理度等几个方面进行评估；在规划实施环节，对规划进行动态监测，对规划实施的过程和进展进行评估，通过研究报告和进展报告的形式进行跟踪，考察规划计划的实施进度情况；在规划效果评估方面，主要采用采访调研与指标监测的方法从定性和定量两个角度，同时监测规划的实施结果；在规划利益的平衡方面，美国采用广泛的公众参与规划评估的方式进行，社会团体可以通过座谈会和咨询会等方式向规划局反馈，政府在规划评估中征询各利益代表对城市发展的看法，以此作为规划修订和重编的依据。

我国的规划评估尚未进入制度内容，但很多城市都已经开始重视，并进行了尝试，但大都是对规划实施的事后评价，侧重于物质性的测度。因此，借鉴美国的经验，改变当前静态时点式的评估，不应只在新一轮规划编制时才对上一轮规划的实施情况进行评估，应该在规划编制和实施环节等全程进行动态监测和实时评估。此外，在规划的公众参与方面，要尽量增加公众参与的广泛性与参与深度。

8.5 本章小结

本部分内容主要以转型期制度环境变迁对城市空间演化绩效的影响效应为主要研究对象，通过梳理"资源配置—治理结构—制度环境"之间的逻辑关系，构建了基于 IAD 的城市空间资源配置的制度分析框架，并应用该框架对现行城市空间演化的制度环境进行分析。从理论对比和空间效应两个视角解析了当前制度环境中的缺陷，最后通过国际经验的对比与借鉴，提出了城市空间资源配置制度环境的改善建议。研究的主要结论如下：

（1）从"资源配置—治理结构—制度环境"的作用逻辑来看，不论是威廉森、奥斯特罗姆还是米赛斯，都将制度环境及其变迁作为资源配置、治理结构（权力结构）及广义的社会基础三个层面或机制的重要组成部分，是不同层次之间影响与反馈的关键节点，制度环境构建了相应的激励结构，而激励结构则通过治理结构影响主体的资源配置行为，进而间接影响到资源配置的绩效。

（2）研究构建了基于 IAD 的城市空间资源配置的制度分析框架，在该框架中包含四大部分，基础要素、行动结构、行动过程与结果评估。其中基础要素主要对自然禀赋、团体的特征及采用的制度进行分析；行动结构主要指行动场地（Action Arenas）中各方的格局，其中最主要的是行动的局势（Action Situations）可用来分析、预测和解释制度安排中的行为等，它具备七个特征分析要素，即参与者或行动者（Participants）、状况或形势（Positions）、行动（Actions）、结果（Outcomes）、转变（Transformation）、信息和消息（Information）、结果和报酬（Payoffs）；而行动过程是一个描述各方行动者网络决策的方式及其相互作用的关系，参与格局、信息程度和行动控制三者的连接，也即行动过程，将决定其潜在的产出，进而决定了结果的成本与收益；在行动结果及其评估方面，基于 S-CAD 评估理论的制度评估框架，有助于决策者更好地设定目标、制定政策和手段，以最大程度达到预期的效益。

（3）基于理论对比视角，本部分研究总结了现行制度环境的制度设计缺陷，主要有以下几个方面：①土地资源的边界不清晰，资源的边界不清晰表现在城乡割裂的产权性质与城乡混合的空间形态上，而资源利用者边界的不清晰，则体现在资源产权主体的不稳定性和模糊性上；②缺乏合理的成本与收益机制，国家和地方政府与农村集体和农民之间的分配不公平，失地农民承担了大部分的成本，但只获得了小部分的收益；③当前的土地资源配置主要以政府和精英（专家）决策为主，不符合集体选择的原则；④监督机制缺位，中央政府由于监督成本太高、又缺乏有效的激励机制与第三方监督者，因而无法实现有效的监督；⑤分级制裁机制缺乏，政府部门内部之间存在着过多的利益关联，且没有第三方监督机制，所以很难在资源配置问题中进行公正公平的惩罚和制裁；⑥当前我国还未建立规范化的协调机制，因此导致反复协调次数多，协调行政成本高，并且有可能无法协调成功；⑦缺乏制度的独立制定权和稳定的资源占用权，地方政府受国家法律框架的限制，并非完全独立制定制度，农村集体土地其所有权是不稳定的，首先是所有权主体不稳定，其次是土地所有权随时可能面临调整；⑧当前实际的资源配置权力掌握在政府手中，是以政府为主导的不均衡三元治理结构，多层嵌套式的管理模式尚未形成。

（4）基于空间效应视角，本部分研究总结了现行制度环境缺陷的空间表现，主要有以下几个方面：①土地产权制度环境的缺陷包括土地产权模糊，产权结构分化，征地制度不完善三个方面，空间效应表现为城市蔓延、"城中村"问题与城市空间结构失衡；②土地市场制度环境的缺陷主要包括土地储备制度和土地供给市场化制度的负面效应，空间上表现为围绕土地资源展开的恶性竞争、房地产投机与"双轨制"的漏洞；③土地税收的制度环境缺陷主要包括土地使用和保有环节税负过低，土地流转环节税负过高和税基较小三个方面，其空间效应表现为城市土地闲置，空间形态破碎化与开发区蔓延；④土地规划的制度环境缺陷主要包括空间规划体系多头管理，战略布局空间重叠，决策模式机械化，计划与市场矛盾突显、规划行政执法不严，监督体系欠完善等方面，其空间效应主要表现为政府空间战略重叠，资源浪费，决策失效与资源配置监控不力等方面。

（5）本部分通过对国际经验的借鉴，提出了制度环境改善的建议，主要包括以下几个方面：①在空间规划法律体系方面，继续完善"基本法＋地方法"的架构，特别要强化地方法的针对性与操作性，在国家统一的技术规范和管理制度框架之下，赋予地方政府更多的灵活性，提倡自下而上的制度创新模式；②在空间规划行政体系方面，重点是要将规划监督制度和城乡规划体制的改革结合在一起，明确规划监督者的权限和责任，组建多学科的专业团队进行规划监察，同时加强对规划监督机构的监督和权力制约，同时，综合使用多种有效的公众参与方式，将公众意愿咨询覆盖整个规划过程，并加强规划技术的创新运用以提高公众参与的效率；③在空间规划运行体系方面，借鉴德国空间规划体系中的层层嵌套、弹性控制与区域协调机制，加强我国区域层面规划的编制，针对规划中的区域利益冲突，建立专门的协调机制或部门，在不同尺度的规划控制中，向符合土地区域利用效益的弹性空间规划转型；④在空间规划实施体系方面，实行开发利益公共还原的规划实施制度，缓解城市资金负担和社会矛盾，在规划编制和实施环节等全程进行动态监测和实时评估，同时，增加公众参与的广泛性与参与深度。

通过本部分对转型期城市空间演化的制度环境的分析，发现与国外相比，我国在空间演化调控的制度设计中还存在很多不足，也由此导致了治理结构的非理性资源配置行为和配置绩效的损失，有必要在充分重视我国所处发展阶段和区域差异的基础上，借鉴国外先进经验，改善制度环境，以此保证前两个层次的绩效得以提升。

9 城市空间演化绩效的研究总结

关于城市空间演化的问题，不管是在国外还是国内，也不论是土地管理学、城乡规划学、城市地理学、城市经济学等领域都是一个长期研究的热点问题。与国外的研究范式和进展相比，我国的研究尚处在初步阶段。首先，国外的研究注重城市空间演化与城市空间形态结构、产业结构、社会结构之间的关系，而国内当前的研究在理论和实证上都缺乏将城市土地资源与城市空间结构、城市产业升级、城市规划实施等方面进行系统深入地研究。其次，国外的研究针对性很强，案例选择也很细致，而国内的研究大都以概况的规律性总结为主，对内在机理的演绎分析不足，也很难提出有效的发展策略与政策建议。最后，国外的研究方法注重跨学科，多领域的交叉融合，而国内的研究多局限在某一领域，同时，定性方法用得多，定量方法用得少，或偏重某一种方法，研究手段缺乏综合性，难以得到有深度和较全面的结论。

当然，另一方面是我国正处于转型时期，社会经济快速发展，结构剧烈变迁，存在许多难以把握的不确定因素，而市场配置与政府治理的"双轨制"也是特有的国情，研究难度相对较大。本研究综合运用土地资源学、城市经济学、城市地理学、城乡规划学、制度经济学、公共管理学等学科的相关理论与方法，通过理论与实证分析系统研究转型期城市空间的重构效应，探析其形成和演变及其中问题产生的内在机理，希望对我国城市空间资源利用模式、战略、效率和相关制度及政策设计提供理论依据，促进城市演化绩效的改善和城市空间结构的进一步升级优化。

9.1 本研究的主要结论

9.1.1 理论层面

1）城市空间演化的多维特征决定了其分析框架的多层次性

城市空间演化是一种复杂的自然、经济、社会和制度过程，是在特定的地理环境和经济社会发展阶段中，人类各种活动与自然环境相互作用的综合结果。在经济维度上，城市土地资源作为重要的生产要素，体现在其空间经济产出能力上，与资本、劳动力等其他要素在城市空间中形成集聚，通过规模效应并促进城市的经济增长；在空间维度上，表现为形态、结构与空间演化趋势，土地作为城市功能的空间载体，在不同时期均有相应的外在表现特征，土地的不同利用方式在空间上的组合模式，该组合模式决定了城市内部各个要素的空间组织关系，进而决定了城市的整体运行绩效；在治理维度上，城市空间资本是政府行政管理和城市经济建设的主要对象之一，而城市土地特有的稀缺性，决定了其在政府治理中的重要地位，因此在治理结构中围绕土地资源展开的竞争日趋激烈；在制度维度上，为控制城市空间开发带来的外部性，保障公共资源与公共利益，作为土地利用主体的政府、开发者和公众，他们的"行动方式"需要"行为规范"的框定，制度体系环境决定了城市空间发展决策者的行为逻辑。鉴于此，本研究提出了**基于资源配置、治理结构和制度环境三个层次的分析框架**：制度环境对前两个层次起到约束与激励的作用，决定了第一阶的效率；治理结构对资源配置行为进行决策，获得第二阶的效率；资源配置直接作用于城市空间资源利用，获得第三阶的效率；在资源配置中自组织机制与被组织机制的同时作用下，决定了空间资源配置最终取得的发展绩效。此外，土地资源利用、资源配置和治理结构在层际作用过程中都会对制度环境进行反馈，制度环境也因此得到不断改善，并启动新一轮的资源配置绩效提升。

2）城市经济增长的规模经济绩效理论分析框架

研究认为城市经济增长效应遵循"**要素投入—空间机制—政策效应**"的作用机理。首先，假设城市经济增长依赖于第一性经济基础（First Nature Economic Base），即资源禀赋，但不是决定性的；其次，第二性经济基础（Second nature Economic Base），也就是"集聚经济"的动态变化是要素投入转化为经济产出的关键，是各种要素在区际流动和重组的空间机制；第三，政策与制度是要素投入、流动的被组织机制，通过控制要素流动中的交易费用以起到资源配置的效应。并以此作为城市经济产出实证分析的理论假设框架。同时，对于要素规模经济效率的影响要素主要有五个方面：①**城市化、工业化**——要素规模经济效率演化的基础性机制；②**规模报酬递增**——要素规模经济效率的集聚经济解释；③**人力资本、人口素质**的效率绩效；④**区域基础设施规模**——要素规模经济效率的空间交易成本解释；⑤**区域政策**对于要素规模经济效率的影响。

3）城市外部空间结构演化理论

城市外部空间结构的演化过程大致分为四个阶段：

第一阶段：各城镇独立发展阶段（工业化与城市化初期）：①工业化初期仍沿袭着农业社会的封闭格局，并开始逐步向工业主导的经济发展模式转变；②单个城镇群落用地规模小，空间结构简单，功能相近；③城镇空间布局规整、紧凑、封闭、均质度高；④群落之间联通不便，结构趋同，以竞争为主。

第二阶段：培育阶段（工业化与城市化加速发展期）：①各城镇群落用地快速拓展，都市区出现核心城市，并伴随其功能辐射，地域功能出现分化；②核心区呈集中式、单中心结构，表现为圈层式规模扩展；③核心区与成长区之间联通加强，要素流动重组；④竞争格局转变成竞争与互补同时存在的内在关系。

第三阶段：发展与扩张阶段（工业化与城市化快速发展期）：①各城镇群落之间区域分工和功能结构日趋合理，有更多的互补性区域被纳入到大都市区域空间内来，区域发展趋于一体化；②核心区功能不断裂变延伸出新的专业化功能中心，大都市中心体系结构调整，形成以专业化水平分工为主的多中心城市（Polycentric City，简称 PC）；③处于区域经济主流上的外围城市（城镇）在专业化功能基础上增加了次级服务功能，从而与核心区形成水平及垂直并存的分工关系，多中心城市区域（Polycentric Urban Region，简称 PUR）雏形出现。

第四阶段：创新发展阶段（工业化与城市化后期）：①大都市区 PUR 网络体系发展趋于成熟稳定；②网络化的中心体系给了都市区强大的功能与辐射能力，通过统一运行机制和制度体系，实现区域资源和要素的更高效配置；③成长区城镇借助核心区的创新能力，实现技术创新、产业创新和制度创新，其用地效率、空间结构和功能形态进一步提升；④在结构相对稳定的状态下，都市区整体不断实现内外部的功能创新，参与更大范围的地域分工。

4）城市空间演化治理结构的决策理论模型

从规划认知的深度和广度，可将空间规划这类复杂决策问题的分析过程划分为四个层次，即环境层、概念层、结构层和技术层，相应地可建立环境模型、概念模型、结构模型和技术模型：空间规划决策中的**环境模型**是决策的前提，该模型主要从现实世界的各种宏观影响机制中，抽离出对该决策问题具有较大影响的因素，也即是对决策环境进行分析的模型；**概念模型**是从知识和经验的角度对空间规划复杂决策的简单抽象，是一种定性分析模型，具有广泛的认识程度；**结构模型**是基于概念模型对复杂决策问题的一种层次结构的划分，表现了定性分析模型与定量分析模型之间的逻辑联系；**技术模型**是决策中应用的定量模型，综合化程度高，但对于问题认识的广度不够。对于空间规划这类复杂巨系统的决策问题研究，在充分了解决策环境的基础上，既要有深度又要有广度，就必须将上述四类模型集成到一个概念模型的框架下，进行综合运用。

5）城市空间演化制度环境的理论分析框架

城市空间资源配置也是一个复杂系统，具有显著的层级特征，并且属于社会生态系统中的行为，研究认为借鉴该框架可以分析我国城市空间资源配置中的制度环境，并构建了相应的分析框架，包含四大部分：①**基础要素**：包括三类因素的影响，即自然禀赋、团体的特征和采用的制度（游戏的规则、契约）。②**行动结构**：主要指行动场地（Action Arenas）中的各方格局。行动场地指家庭、市场、公司、社会阶层、联合体、地方团体、政府、国际协定等，即行动者相互作用的地方。行动场地是指个体互动，交换商品与服务，解决问题，彼此互相支配或者争斗的社会空间，包括行动的局势（Action Situations）及其中的行动者（Actors）。③**行动过程**：行动过程是一个描述各方行动者网络决策的方式及其相互作用的关系。④**行动结果及其评估**：在实际的城市开发过程中，往往十分重视行动的结果，而缺乏对其进行评估的过程。应当加强评估和决策之间的联系，而加强联系的主要障碍是缺乏对政策评估的概念的理解，即评估功能的组成如何，评估功能如何支持政策决定。

9.1.2 绩效层面

1）转型时代城市空间演化的规模经济绩效

当前我国城市空间演化的**经济增长格局的特征**为：东部沿海地区是我国空间经济产出的最高的区域；空间经济产出的空间格局呈现由点状向面状、带状集聚形态的转变趋势；空间经济产出具有显著的空间相关性和邻域辐射效应。**城市要素规模经济效率的空间模式**为：总体空间格局为"东南沿海高，中西部内陆低"；效率空间模式为"效率空间极化显著，呈现区域集聚形态"；效率变化热点"大都市核心与外围区剧烈变动"。

2）转型时代城市空间演化的结构绩效

城市内部空间结构方面：①城市服务业的空间分布形态特征由中心向外围呈现梯度密度递减的格局，并且空间分布由点状集聚分布转向扩散化并趋向网络体系；②服务业的规模容量（开发规模）与现在内城小规模密集分布，而外部大规模分散分布的不均衡形态；

③规模容量等级已经出现多中心趋势，但现状存在第三级区块总体规模偏小与整体发展滞后的问题；④内部各个服务行业的空间集聚程度不同，生产性服务业用地需要空间集聚产生的规模效应支撑其发展，而基础性依赖行业用地更多强调的是空间的均衡分布；⑤服务业的功能形态趋向于地域专业化，发展较为成熟的区块一般具有综合服务能力，而处于发展中的区块则呈现出功能的单一性；⑥服务业的开发强度体现出显著的差异性，城市中心开发强度大，而外围开发强度小，也由此产生了外围次级城市中心的服务能力不足的问题。

城市外部空间结构方面：当前转型期，中国城市大都处于城市外部成长区发展与扩展阶段（工业化与城市化快速发展期），该阶段城市外部成长空间的特征主要有以下四个：①人口与用地规模加速扩张；②用地功能结构快速变革；③城乡空间发展绩效差异显著；④是城市生态安全的关键区域。

3）转型时代城市空间演化的规划调控绩效

对北京 1958～2006 年间的城市规划与城市空间形态演变过程的研究结果表明：①城市空间形态演变随着时间的推移，总体上呈线形趋势，日益复杂，在城市用地的扩张过程中出现了整合、跳跃、蔓延等方式，且在此过程中以蔓延发展为主；②不同时期针对规划实施和城市建设中出现的不同问题，新一轮规划的制定逻辑也以不同方式给予了回应，在城市功能定位、空间规模、空间结构等方面进行了相应的调整，试图重新引导人口和产业等要素在空间上合理分布；③但各个时期北京城市规划的控制效果均不是很理想，且差异显著，呈非线性特征，总体上看，1978 年（改革开放）之前的两个规划版本控制效果比 1978 年之后的三个版本控制效果好；④研究认为 1958～2006 年间，城市发展所处的政治和制度背景、政府对城市发展的意图、规划实施中配套制度的设计、人口与空间规模的决策逻辑和城市建设中利益主体格局的变革是决定各时期规划控制效果的主要因素。

4）转型时代治理结构对城市空间演化绩效的影响效应

研究认为当前制约新时期空间协调发展与资源利用的主要根源为"利益冲突"，其空间效应主要体现在以下三个方面：首先，是治理结构中**纵向竞争**导致的权力博弈下的地方主义与机会主义；其次，是治理结构中**横向竞争**过度导致的负反馈效应；最后，是治理结构决策单元**内部竞争**导致的多元利益主体的空间利益争夺现象。

5）转型时代制度环境对城市空间演化的绩效影响效应

在空间效应视角，本部分研究总结了现行制度环境缺陷的空间表现，主要有以下几个方面：①土地产权制度环境的缺陷包括土地产权模糊，产权结构分化，征地制度不完善三个方面，空间效应表现为**城市蔓延、"城中村"问题与城市空间结构失衡**；②土地市场制度环境的缺陷主要包括土地储备制度和土地供给市场化制度的负面效应，空间上表现为围绕土地资源展开的**恶性竞争、房地产投机与"双轨制"的漏洞**；③土地税收的制度环境缺陷主要包括土地使用和保有环节税负过低，土地流转环节税负过高和税基较小三个方面，其空间效应表现为城市**土地闲置、空间形态破碎化与开发区蔓延**；④土地规划的制度环境缺陷主要包括空间规划体系多头管理，战略布局空间重叠，决策模式机械化，计划与市场矛盾突显，规划行政执法不严，监督体系欠完善等方面，其空间效应主要表现为**政府空间战略重叠，资源浪费，决策失效与资源配置监控不力**等方面。

9.1.3 机制层面

1）转型时代城市空间演化的规模经济绩效

城市空间演化的经济增长绩效的影响机制：①从全国层面上看，自然资源禀赋总体上对空间经济产出有着正向的作用，但中西部城市的空间经济产出与东部相比更偏向于依赖初始禀赋；②在我国城市中产业的空间集中效应十分明显，但产业关联的经济效应还不显著，这也说明我国的产业集聚仍处在初步的空间集中阶段，尚未完全发挥产业集群的"化学反应"，并且在当前阶段，产业多样性比专业化更有利于经济增长；③城市中交通费用的降低有利于空间经济产出的增长，同时，对于东部城市的作用强度要高于中西部城市，这也支持了东部集聚与溢出效应比中西部更为显著的观点；④消费的多样性确实能促进企业的集聚，并带来空间经济产出水平的提高，同时，人力资源素质对于东部城市的促进作用也要大大高于中西部城市，这是因为中西部城市大都仍处于工业化的初级阶段，对劳动力的素质要求不高，其效应也就不如东部来得强；⑤不同政策的作用机制不同，影响效果也不同，但政策对空间经济产出的影响效应是显著的。

城市要素规模经济效率的影响机制：①初始自然资源禀赋对要素效率的提高具有负面影响，在我国资源型城市的要素效率并不高，而具有经济资源禀赋的城市则效率更高；②集聚经济带来的人口和经济要素在空间上的集中，会产生产业链接化，消费市场扩大等效应，对城市要素效率起到了显著的推动作用；③空间成本对效率也有影响，但当前对区域内部空间成本较区际成本更为敏感；④政策效应也体现在东部城市与中西部城市要素效率的差异上。

2）转型时代城市内外部空间结构绩效的影响机制

城市内部空间结构演化的驱动机制：转型期中国城市发展中的政治、经济和企业微观主体等各种要素，通过相互交织的综合作用机制，塑造着城市的经济空间、功能空间以及企业个体的空间分布，有效地推动了城市服务业在空间上集聚与分散相结合的时空演化进程，导致城市空间结构也发生了剧烈的变革，其中表现较为显著有四个方面：①城市功能转型促进服务业的空间演化；②城市郊区化诱导服务业用地在外围副中心的集聚发展；③城市用地结构调整引导城市功能的地域专业化；④政策与政府行为引导了城市空间结构多中心形态的形成。

城市外部空间结构演化的驱动机制：①融入都市区外部扩张的功能地域促进强化成长区次中心培育；②应对大都市核心区功能的疏导促进建立成长区专业化反磁力体系；③成长区城镇土地资源与经济要素整合促进了网络化组群化发展战略的实施；④多中心城市（PC）结构与多中心城市区域（PUR）结构在空间上的融合发展引导；⑤成长区生态用地空间、大都市区域绿地生态走廊的控制约束。

3）转型时代城市空间演化的规划调控绩效影响机制

①传统的基于物质空间的城市规划逻辑应加以改变，这是造成北京多次规划控制效果不理想的根源；②由于城市发展存在不可逆性，因而前一时期对于城市功能定位造成的建设结果将影响到很长时期内的城市发展，且无法通过修改规划的方式在短时间内进行改变；③城市发展的不可分割性也决定了城市"多中心"结构的形成是一个复杂的系统工

程，单从人口和产业方面考虑是无法达到目标的，还应包括公共财政、土地投放等方面的制度设计，以及基础设施和重要设施建设的保障；④城市发展的不完全预见性使得城市规划中关于空间和人口的决策结果往往与实际发展相距甚远，在规划实施过程中应对不同时期城市的产业结构、财政能力、生产服务能力、生活服务能力进行综合评估，确定合理的发展规模；⑤城市发展的相关性则显著体现在城市开发的利益主体格局中，各利益主体之间的决策会相互影响，现实中"破碎化"、"多中心"的城市开发决策模式往往使得由政府单一主体制定的规划变得不可控制。

4）转型时代城市空间演化绩效的治理结构影响机制

研究通过构建转型期空间规划治理结构的决策网络模型，将计划经济体制下与**转型背景下的决策网络**进行对比分析，总结了治理结构变迁对土地利用的作用机制如下：①转型背景下决策**网络维度**更为复杂，从纵向控制向网络状转变，逻辑联系数量在纵向和横向上的增加都十分明显；②出现**纵向反馈机制**，在"政绩"考核和利益激励效应下，地方政府已经不单以服从上级政府和完成任务为决策原则，更多地开始考虑在服从上级政府的同时如何最大化自身的发展绩效；③**横向反馈机制**加强，同一级决策个体之间的互动决策行为越来越突出，如财政支出竞争、税收竞争、资源分配竞争等等；④**决策格局趋向"多中心"**，从政府单一控制转向多利益相关者互动决策，政府的决策控制力有所削弱；⑤决策环境趋于复杂，**决策节点增多**，决策协调成本增加，决策效率下降；⑥决策模式由时间驱动型决策模式向**事件驱动型**模式转变。

5）转型时代城市空间演化绩效的制度环境影响机制

①土地资源的边界不清晰表现在城乡割裂的产权性质与城乡混合的空间形态上，而资源利用者边界的不清晰则体现在资源产权主体的不稳定性和模糊性上；②缺乏合理的成本与收益机制，国家、地方政府、村集体、农民之间的分配不公平，失地农民承担了大部分的成本，但只获得了小部分的收益；③当前的城市空间资源配置主要以政府和精英（专家）决策为主，不符合集体选择的原则；④监督机制缺位，中央政府由于监督成本太高，又缺乏有效的激励机制与第三方监督者，因而无法实现有效的监督；⑤分级制裁机制缺乏，政府部门内部之间存在着过多的利益关联，且没有第三方监督机制，所以很难在资源配置问题中进行公正公平的惩罚和制裁；⑥当前我国还未建立规范化的协调机制，因此导致反复协调次数多，协调行政成本高，且也有可能无法协调成功；⑦缺乏制度的独立制定权和稳定的资源占用权，地方政府受国家法律框架的限制，并非完全独立制定制度，农村集体土地其所有权是不稳定的，首先是所有权主体不稳定，其次是土地所有权随时可能面临调整；⑧当前实际的资源配置权力掌握在政府手中，是以政府为主导的不均衡三元治理结构，多层嵌套式的管理模式尚未形成。

9.1.4 策略层面

1）城市空间演化的规模经济绩效提升建议

研究对各地域单元的要素规模经济绩效进行了测度，考察了不同时期不同地域城市要素投入产出与其生产前沿面的差距，总结其变化趋势与识别其地域差异模式，发现提高城市要素规模经济效率的总体目标是一致的，但不同地域城市的实现路径需要差别化，对于中西部地区城市的关键是改变资源型发展模式，增强集聚能力与加强人力资源建设，深化实施改革开放政策；而东部地区城市则是要转变经济增长方式，向高技术和集约化的新型工业化模式转型。

2）城市空间演化的结构绩效优化建议

转型时代的中国城市内部空间结构的优化建议：①城市空间重组要适应产业升级，土地资源利用与城市功能提升要协同发展，对城市用地开发的引导要适时和科学；②构建"多中心、网络化"的土地资源利用空间发展框架，开放型、多点集聚的空间发展形态是获得规模效应，降低交易成本的基础；③城市土地利用的功能组织要适应专业化的总体趋势，建设"垂直分工"与"水平分工"结合的职能体系，这是城市产业价值链升级和综合服务能力提升的支撑；④适应城市空间结构，控制用地开发等级规模的合理序列，构筑均衡的空间体系是提升次中心服务能力，避免一级中心集聚不经济的基本要求，特别要重视城市空间调整中的副中心建设，强化城市服务业空间集聚在规模、功能和区位上的多样性及相互之间的关联与协作；⑤改善服务业发展条件，加强立体化交通体系建设，以此克服距离产生的时间成本摩擦，提升经济活动与城市运行的整体效率。

转型时代的中国城市外部空间结构的改进建议：①功能发展与用地扩张阶段是大都市区外部空间演化的关键时期，应重视对都市区发展阶段的科学判断；②实现都市区外部空间结构由核心圈层模式向多中心模式的转变；③一方面要加大核心区功能结构与空间结构的调整力度，加快形成多中心城市（PC），另一方面也要加强区域副中心建设，完善整个都市区的中心体系结构，加快形成多中心城市区域（PUR），这两方面相辅相成；④适时适地加强区域基础设施建设，以及以市场为主导的一体化发展架构，是大都市区内部降低空间联系成本与制度摩擦成本，提高区域运行效率和整体竞争力的基本保障。

3）城市空间演化的规划调控绩效改善建议

在规划制定和实施过程中都要建立各主体统一的行动框架和有效的协调机制，才能保障规划的实施效果。另外，城市发展既有历史继承性，同时也是动态变化的，当前以 20 年为间隔的"时间驱动型"规划过于静态，应在规划中强调"事件驱动型"的动态调整机制，使规划更具弹性。

4）城市空间演化的治理结构革新建议

空间规划理念革新：①规划的价值体系应重新从区域利益争夺回归到公共利益，保证公共领域中资源分配的效率与公平，体现"公共利益"的根本价值取向；②通过规划编制体系的重构来促进纵向利益的协调，规划编制体系要做到"自上而下"与"自下而上"的有机结合，实现上下级政府空间资源配置目标的一致性；③通过区域战略资源的整合来促进纵向利益的协调，重点是处理好核心发展资源与战略控制资源之间的关系，城乡统筹发展的空间布局关系，各专业规划的衔接与平衡关系，区域性基础设施的整合建设关系；④通过全覆盖型空间分区及管制手段，即制定空间准入的规则，由虚调控型规划转向实调控型规划，以保障不同规划层次、行政单元主体的利益，规范空间开发秩序，约束政府权力滥用；⑤通过公共物品优化，促进城乡公共服务的均等化，政府应运用公共权威和公共资金向社会提供各种公共物品和服务，作为公共政策之一的空间规划应保证单一城市或地区无法提供的城乡公共物品的供给空间。

空间规划技术改进：经验决策、理性主义决策和有限理性决策均有其一定的缺陷，因而它们常常以组合形式出现，就目前转型期中国的空间规划决策方面，需要向着更多的理性和有限理性方式转变，研究提出了基于有限理性的决策方法，即 GIS-Scenario 决策技术，为各种影响因素的综合考虑提供互相联系比对的空间分析平台，并能借助多属性决策等计量经济方法生成多种预期的方案以供决策参考，过程较为形象与直观，显著起到了辅助决策的作用。

5）城市空间演化的制度环境完善建议

通过对国际经验的借鉴，提出了制度环境改善的建议，主要包括以下几个方面：①在**空间规划法律体系**方面，继续完善"基本法＋地方法"的架构，特别要强化地方法的针对性与操作性，在国家统一的技术规范和管理制度框架之下，赋予地方政府更多的灵活性，提倡自下而上的制度创新模式；②在**空间规划行政体系**方面，重点是要将规划监督制度和城乡规划体制的改革结合在一起，明确规划监督者的权限和责任，组建多学科的专业团队进行规划监察，加强对规划监督机构的监督和权力制约。同时，综合使用多种有效的公众参与方式，将公众意愿咨询覆盖整个规划过程，并加强电子和信息规划技术的支持，以提高公众参与的效率；③在**空间规划运行体系**方面，借鉴德国空间规划体系中的层层嵌套、弹性控制与区域协调机制，加强我国区域层面规划的编制，针对规划中的区域利益冲突，建立专门的协调机制或部门，在不同尺度的规划控制中，向符合土地区域利用效益的弹性空间规划转型；④在**空间规划实施体系**方面，实行开发利益公共还原的规划实施制度，缓解城市资金负担和社会矛盾，在规划编制和实施环节等全程进行动态监测和实时评估，同时，增加公众参与的广泛性与参与深度。

9.2　研究创新之处

城市空间演化及其管理无论在理论层面还是现实层面都是广为讨论和备受关注的热点问题，本研究在归纳总结他人研究的基础上，在相关理论和现实国情的基础背景下，通过建立的核心分析框架进行了多维视角的解析，可能的创新点如下：

1）构建了转型期城市空间演化绩效的多层次视角的分析框架

从资源空间配置、治理结构和制度环境之间的内在联系逻辑，及其相互作用机制上，将这三个层次之间的绩效机理联系在一起，建立相对系统和完整的分析框架。

2）系统揭示了转型背景下城市空间的演化模式

从城市空间演化的宏观规模经济绩效、内外部形态绩效和空间规划调控绩效三个方面切入，进行相关理论推导与实证分析，较为系统全面地揭示了其中的演化机理与重构机制，从不同深度与不同维度解析城市演化中的绩效差异问题。

3）提出了城市空间演化中基于决策网络的治理结构分析模式

通过构建不同时期的空间资源配置的决策网络概念模型，进行定量和定性的比对分析，能有效地解释城市空间演化中的资源配置不协调问题。

4）探讨了城市空间演化中基于 IAD 理论的制度环境分析模式

该框架为城市空间演化中的制度环境分析，提供了清晰的思路和较为全面的解释力，有助于识别制度环境中的缺陷。

5）采用了多领域与学科交叉的分析方法

由于涉及多维度多视角，因而在研究中采用理论推导、模型估计、空间分析、决策网络和比较研究相结合的跨学科分析方法，横跨土地资源学、城市经济学、城市地理学、城市规划学、制度经济学、公共管理学等领域。力求将研究的理论推理加以全面演绎、结论得以验证，以方法上的创新交叉应用来提高研究的说服力。

参 考 文 献

[1] Abdel, Rahman, H. M., Fujita, M. Specialization and diversification in a system of cities [J], Journal of Urban Economics, 1993, 33 (2): 159-184.

[2] Alexander C. The city centre: patterns and problems [M]. Nedlands, Western Australia: University of Western Australia, 1974.

[3] Allen, P. M. Cities and regions as self-organizing systems: models of complexity [M]. Amsterdam: Gordon and Breach Science Publishers, 1997.

[4] Alonso W. Location and land use [M]. Cambridge: Harvard University Press, 1964.

[5] Anas A., Arnott R., and Small K. Urban spatial structure [J]. Journal of Economic Literature, 1998, (36): 1426-1464.

[6] Antrop M. Changing patterns in the urbanized countryside of Western Europe [A]. Landscape, 2000, (15): 257-270.

[7] Arthur B. Positive feedback in the economy [C] // Increasing Returns and Path Dependence in the Economy. Ann Arbor: University of Michigan Press, 1994.

[8] Bannon M. Office concentration in Dublin and its consequences for regional development in Ireland. In: Daniels P W. Spatial Patterns of Office Growth and Location [M]. London: John Wiley. 1979.

[9] Batty M. New ways of looking at cities [J]. Nature, 1995, 377 (6550): 377-574.

[10] Beckmann M, Thisse J F. The location of production activities [C] // Nijkamp P, ed. Handbook of Regional Economics. Amsterdam: North—Holland, 1986: 21-95.

[11] Bengston D. N., Youn Y. C. Urban containment policies and the protection of natural areas: the case of seoul's greenbelt [J]. Ecology and Society, 2006, 11 (1): 3.

[12] Bengston D. N., Fletcher J. O., Nelson K. C. Public policies for managing urban growth and protecting open space: policy instruments and lessons learned in the United States [J]. Landscape Urban Plan, 2004, 69 (2): 271-286.

[13] Berke O. Exploratory disease mapping: kriging the spatial risk function from regional count data [J]. International Journal of Health Geography, 2004, 3 (1): 18.

[14] Blanchard, Dornbusch, Krugman. Reform in Eastern Europe Cambridge [M]. MA: MIT Press, 1992.

[15] Bodney A. E. The evolution of the suburban space economy [J]. Urban Geography, 1983, (4): 2.

[16] Boris A. P., Jonathan D., Micha B. Studying the association between air pollution and lung cancer incidence in a large metropolitan area using a kernel density function [J]. Socio-Economic Planning Sciencesm, 2009 (43): 141-150.

[17] Borrego C, Martins H, Tchepel O, et al. How urban structure can affect city sustainability from an air quality perspective [J]. Environmental Modeling & Software, 2006 (21): 461-467.

[18] Bourne L S. Internal structure of the city: reading on urban form, growth and policy [M]. Ox-

ford: Oxford University Press, 1982.

[19] Bo Z. Y. Introduction: local government in post-Deng China [J]. Journal of Contemporary China, 2000, 9 (24): 157-158.

[20] Burawory M. The state and economic involution: Russia through a China lens [J]. World development, 1996, 24 (6): 1105-1117.

[21] Burgess E. W. The growth of the city: an introduction to a research project [M]. Publications of the American Sociological Society, 1924.

[22] Cai Y. Collective ownership or cadres' ownership? The non-agricultural use of farmland in China [J]. The China Quarterly, 2003, (166): 662-680.

[23] Calthorpe P. The next American metropolis [M]. NJ: Princeton Architectural Press, 1993.

[24] Camhis M. Planning theory and philosophy [M]. Tavistock Publications, 1979.

[25] Castells M. The informational city: Information Technology, Economic Restructuring and the Urban-Regional Process [M]. Oxford: Blackwell Publishers, 1989.

[26] Castells M. The rise of the Network Society [M]. Oxford: Blackwell Publishers, 1996.

[27] Castells M. The urban question [M]. London: Edward Arnold, 1977.

[28] Cervero R. Efficient urbanization: Economic performance and the shape of metropolis [J]. Urban Studies, 2001, 38 (10): 1651-1671.

[29] Champion A G. A changing demographic regime and evolving polycentric urban regions: consequences for the size, composition and distribution of city populations [J]. Urban Studies, 2001, (38): 657-677.

[30] Chapman K, Walker D F. Industrial location (2nd Edition) [M]. Massachusetts: Basil Blackwell, 1991.

[31] Cheng J. Q., Turkstra J., Peng M. J., et al. Urban land administration and planning in China: opportunities and constraints of spatial data models [J]. Land Use Policy, 2006, 23 (4): 604-616.

[32] Chen X. China's urban housing reform: price-rent ratio and market equilibrium [J]. Urban Studies, 1991, 28 (3): 341-367.

[33] Chow G. C. China's economic transformation (2nd Ed.) [M]. London: Blackwell Publishing Ltd., (2007).

[34] Christaller W. Central places in southern Germany [M]. Prentice-Hall: Englewood Cliffs, New Jersey, 1960.

[35] Clarence Perry. The Neighborhood Unit [M]. Regional Plan of New York and Its Environs, 1929.

[36] Coase R. H. The problem of social cost [J]. Journal of Law and Economics. 1960, (3): 1-44.

[37] Cohen M. D., March J. G., Olsen J. P. A garbage can model of organizational choice [J]. Administrative Science Quarterly, 1972, 17 (1): 1-25.

[38] Conzen M. R. G., Ainwick. Nonhurmberland: a study in town-plant analysis [M]. Institute Of Britishh Geographers Publication, 1960.

[39] Conzen M. R. G., Alnwick, N. H. A study in town plan analysis [M]. Institute of British geographers Publication, 1960.

[40] Cooke, C., Aadland D., Coupal R. Dose the natural resource curse apply to U. S [R]. Unpublished Manuscript, 2006.

[41] Cook I G, Murray G. China's third revolution: tensions in the transition to post-communism [M]. London: Curzon Press, 2001.

[42] Corbusier L. The city of to-morrow and its planning [M]. New York: Dover Publications, 1987.

[43] Couclelis H. From sustainable transportation to sustainable accessibility: can we avoid a new 'tragedy of the commons'? [C]. //Janelle D. G. and Hodge D. C. (Eds). Information, Place, and Cyberspace: Issues in Accessibility, 2000: 341-356.

[44] Daniels P W, Moulaert F. The changing geography of advanced producer services: theoretical and empirical perspectives [M]. London: Belhaven Press. 1991.

[45] Daniels P W. Office location: an urban and regional study [M]. London: G. BellandSonsLtd. 1975.

[46] David Harvey. On planning the ideology of planning [M]. Johns HoPkins University Press, 1985.

[47] Davis D. S., et al. Urban spaces in contemporary China: the potential for autonomy and community in post-mao China [M]. Washington D. C. and NY. Woodrow Wilson Center Press and Cambridge University Press, 1995.

[48] Davis C., Schaub T. A transboundary study of urban sprawl in the Pacific Coast region of North America: the benefits of multiple measurement methods [J]. International Journal of Applied Earth Observation and Geoinformation, 2005, 7 (4): 268-283.

[49] Dowding K. Explaining urban regimes [J]. International Journal of Urban and Regional Research, 2001, 25 (1): 7-19.

[50] Duany A, Plater-Zyberk E. Suburban nation: the rise of sprawl and the decline of the American dream [M]. New York: North Point Press, 2000.

[51] Dunkerley H. B. Urban land policy [M]. Oxford University Press, 1983.

[52] Duranton, G., Puga, D. Micro-foundations of urban agglomeration economies, Handbook of Regional and Urban Economics [M]. Amsterdam: North Holland, 2004.

[53] Duranton, G., Puga, D. Diversity and specialization in cities: why, where and when does it matter? Urban Studies, 2000, 37 (3): 533-555.

[54] Evans G. Creative cities, creative spaces and urban policy [J]. Urban Studies, 2009, (46): 1003-1040.

[55] Fainstein S, Norman F, Richard C, et al. Restructuring the city: the political economy of urban redevelopment [M]. NY: Longman, 1983.

[56] Frank L. W. Broadacre City: A New Community Plan [J]. Architectural Record, The City Reader, 1935: 344-349.

[57] Friend J., Hickling A. Planning under pressure: the strategic choice approach (Third Edition) [M]. London: Elsevier Butterworth-Heinemann, 2005.

[58] Friedman J. Regional development policy: a case study of Venezuela [M]. M. I. T. Press, 1966.

[59] Friedman J. W., Territory C. Function: the evolution of regional planning [M]. London: Edward Arnold, 1979.

[60] Friedman J. The world city hypothesis [J]. Development and Change, 1986, (17): 69-84.

[61] Fujita, M., Krugman, P., Mori, T. On the evolution of hierarchical urban systems [J]. European Economic Review, 1999, 43 (2): 209-251.

[62] Gennaio M. P., Hersperger A. M., Matthias B. Containing urban sprawl-evaluating effectiveness of urban growth boundaries set by the Swiss Land Use Plan [J]. Land Use Policy, 2009, 26 (2): 224-232.

[63] Gerlagh R., Papyrakis E. The resource-curse hypothesis and its transmission channels [J]. Journal

of Comparative Economics, 2004, 32 (1): 181-193.

[64] Gideon S. The preindustrial city [M]. Free Press, 1960.

[65] Gregory D., Urry J., et al. Social relations and spatial structures [M]. London: Macmillan, 1985.

[66] Guillain R., Gallo J. L., et al. Changes in spatial and sectoral patterns of employment in Ile-de-France, 1978-1997 [J]. Urban Studies, 2006, 43 (11): 2075-2098.

[67] Hammer R. B., Stewart S. I., Winkler R. L., Radeloff V. C., Voss R. P. Characterizing dynamic spatial and temporal residential density patterns from 1940-1990 across the North Central United States [J]. Landscape and Urban Planning, 2004, 69 (2): 183-199.

[68] Han H., Lai S. K., Dang A., Tan Z., Wu C. Effectiveness of urban construction boundaries in Beijing: an assessment [J]. Journal of Zhejiang University SCIENCE A, 2009, 10 (9): 1285-1295.

[69] Hanley P. F., Hopkins L. D. Do sewer extension plans affect urban development? a multi-agent simulation [J]. Environment and Planning B: Planning and Design, 2007, 34 (1): 6-27.

[70] Harris C. D., Ullmann E. L. The nature of cities [J]. Annals of the American Academy of Political and Social Science, 1945, (242): 7-17.

[71] Harvey. The urban process under capitalism [J]. International Journal of Urban and Regional Research, 1978, (2): 3-21.

[72] Huang S. L., Wang S. H., William W. B. Sprawl in Taipei's peri-urban zone: Responses to spatial planning and implications for adapting global environmental change [J]. Landscape and Urban Planning, 2009, 90 (1): 20-32.

[73] Frey H. Designing the city: towards a more sustainable urban form [M]. London Routledge, 2000.

[74] Hirschman A. O. The strategy of economic development [M]. Yale University Press, 1958.

[75] Hsing Y. Land and territorial politics in Urban China [J]. The China Quarterly, 2006, 187: 575-591.

[76] Ho S. P. S., Lin G. C. S. Converting land to nonagricultural use in China's coastal province [J]. Modern China, 2004, (30): 81-112.

[77] Ho S. P. S. Who owns china's land? Policies, property rights and deliberate institutional ambiguity [J]. The China Quarterly, 2001, 166: 394-421.

[78] Ho S. P. S., Lin G. C. S. Emerging land markets in rural and urban China: policies and practices [J]. The China Quarterly, 2003, 175: 681-707.

[79] Hohenberg P, Hollen Lees L. The making of urban Europe: 1000-1950 [M]. Cambridge, MA: Harvard University Press, 1995.

[80] Hopkins L. D., Xu X., Knaap G. J. Economies of scale in wastewater treatment and planning for urban growth [J]. Environment and Planning B: Planning and Design, 2004, 31 (6): 879-893.

[81] Hopkins L. D. Urban Development: The Logic of Making Plans. Washington [M]. DC: Island Press, 2001.

[82] Hoyt H. The structure and growth of residential neighborhoods in American cities [M]. Washington DC: Federal Housing Administration, 1939.

[83] Huang Y. The road to homeownership: a longitudinal analysis of tenure transition in Urban China (1949-1994) [J]. International Journal of Urban and Regional Research, 2004, 28 (4): 774-795.

[84] James E. V. The continuing city-urban morphology in western civilization [M]. The Johns and Hopkins University Press, 1990.

［85］ Jacobs J. The death and life of great American cities ［M］. New York: Vintage Books, 1961.

［86］ Jantz P., Goetz S., Jantz C. Urbanization and the loss of resource lands in the Chesapeake Bay Watershed ［M］. Environ Manage, 2005, 36 (6): 808-825.

［87］ John B. P. The development of spatial structure and regional economic growth ［J］. Land Economics, 1987, 63 (2): 113-127.

［88］ Kanbur R., Zhang X B. Fifty years of regional inequality in China: a journey through central planning, reform and openness ［J］. Review of Development Economics, 2005, 9 (1): 87-106.

［89］ Kasanko M., Barredo J. I., Lavalle C. Are European cities becoming dispersed? a comparative analysis of 15 European urban areas ［J］. Landscape and Urban Planning, 2006, 77 (1): 111-130.

［90］ Kaza N., Hopkins L. D. In what circumstances should plans be public? ［J］. Journal of Planning Education and Research, 2009, 28 (4): 491-502.

［91］ Kheirabadi M. Iranian cities: formation and development ［M］. Syracuse University Press, 2000.

［92］ Klaassen L. H, Molle W. T. M, Paelinck J. H. P. The dynamics of urban development ［M］. New York: St. Martin's Press, 1981.

［93］ Kloosterman R C, Musterd S. The polycentric urban region: towards a research agenda ［J］. Urban Studies, 2001, 38 (4): 623-633.

［94］ Klosterman, Richard. Planning support systems: A new perspective. In Planning support systems: integrating geographic information systems, models, and visualization tools ［A］. Richard Brail and Richard Klosterman, eds., 1-23. Redlands, Calif.: ESRI Press, 2001.

［95］ Knaap, G. J., Hopkins L. D. The inventory approach to urban growth boundaries ［J］. Journal of American Planning Association, 2001, 67 (3): 314-326.

［96］ Krugman P. Increasing returns and economic geography ［J］. Journal of Political Economy, 1991, 99 (3): 483-499.

［97］ Knox P., Pinch S. Urban social geography: and introduction ［M］. London: Prentice Hall, 2000.

［98］ Koo J. Knowledge-based industry clusters: evidenced by geographical patterns of patents in manufacturing ［J］. Urban Studies, 2005, 42 (9): 1487-1505.

［99］ Lai P. C., Wong C. M., Hedley A. J., et al. Understanding the spatial clustering of severe acute respiratory syndrome (SARS) in Hong Kong ［J］. Environmental Health Perspectives, 2004, 112 (15): 1550-6.

［100］ Lauria M. Reconstructing urban regime theory: regulating urban politics in a global economy ［M］. Thousand Oaks CA: Sage Publications, 1997.

［101］ Lenardo. The origins of modern town planning ［M］. M. I. T, 1967.

［102］ Levy J. M. Contemporary urban planning ［M］. Prentice Hall Inc., 2002.

［103］ Lewis M. The city in history: its origins, its transformation, and its prospect ［M］. Harcourt, Brace and World, Inc. New York: 1961.

［104］ Li L. C. Provincial discretion and national power: investment policy in Guangdong and Shanghai, 1978-1993 ［J］. China Quarterly, 1997, 152: 778-804.

［105］ Lin C. S. G. The growth and structural change of Chinese cities: a contextual and geographic analysis ［J］. Cities, 2002, (5): 299-316.

［106］ Lin, G. C. S. State, capital, and space in China in an age of volatile globalization ［J］. Environment and Planning A, 2000, 32 (3): 455-471.

[107] Lipietz. Le capital et son espace [M]. Paris: Maspero, 1977.

[108] Logan J. R., Hmolotch. Urban fortunes: the political economy of place [M]. University of California Press, 1988.

[109] Longley P., Goodchild M., Maguire D., Rhind D. Geographic information systems and science [M]. London: John Wiley & Sons Ltd. 2001.

[110] Losch A. The Economics of Location [M]. Jena, Germany: Fischer, 1940 English translation, New Haven, CT: Yale University Press, 1954.

[111] Lynch K. Good city form [M]. Harvard University Press, 1980.

[112] Luo X., Shen J. Why city-region planning does not work well in China the case of Suzhou-Wuxi-Changzhou [J]. Cities, 2008, 25 (4): 207-217.

[113] Ma L. J. C. Urban transformation in China, 1949-2000: a review and research agenda [J]. Environment and Planning A, 2001, 34 (9): 1545-1569.

[114] Makse H. A., Havlln S., Stanlcy H. E. Modeling urban growth patterns [J]. Nature, 1995, (377): 608-612.

[115] Malczewski, Jacek. GIS-based land suitability analysis: A critical overview [J]. Progress in Planning, 2004, 62 (1): 3-65.

[116] Mann. P. The socially balanced neighborhood unit [J]. Town Planning Review, 1958, (29): 91-98.

[117] Martinuzzi S., Gould W. A., Gonzalez O. M. R. Land development, land use, and urban sprawl in Puerto Rico integrating remote sensing and population census data. Landscape and Urban Planning, 2007, 79 (3): 288-297.

[118] Marshall A. Principles of economics [M]. London: Macmillan & Co., 1920.

[119] Massey D. Spatial divisions of labor: social structures and the geography of production [M]. London: Macuillan, 1984.

[120] Massey D., Allen J., et al. Uneven re-development: cities and regions in transition [M]. London: Hodder and Stoughton, 1988.

[121] Matsuyama, K. Agricultural productivity, comparative advantage, and economic growth [J]. Journal of Economic Theory, 1992, 58 (2): 317-334.

[122] McGee T. G. The urbanization process in the third world [M]. Bell, 1971.

[123] McCoy J., Johnston K. Using ArcGIS spatial analyst [A]. Redlands: ESRI, 2001.

[124] Michael Storper and Michael Manville. Behavior, preferences and cities: urban theory and urban resurgence [J]. Urban Studies, 2006, 43 (8), 1247-1274.

[125] Miller M. M., Lay J. G., Wright N. G. Location quotient basic tool for economic development analysis [J]. Economic Development Review, 1991, 9 (2): 65-68.

[126] Millward H. Urban containment strategies: a case-study appraisal of plans and policy in Japanese, British, and Canadian cities [J]. Land Use Policy, 2006, 23 (4): 473-485.

[127] Molotch H. The city as a growth machine: towards a political economy of place [J]. American Journal of Sociology. 1976, 82 (2): 309-332.

[128] Mossberger K, Stoker G. The evolution of urban regime theory: the challenge of conceptualization [J]. Urban Affairs Reviews, 2001, 36 (6): 810-835.

[129] Ning Y. M. The changing industrial and spatial structure in Shanghai [J]. Urban geography, 1995, 16 (7): 577-594.

[130] Ostrom E. Understanding institutional diversity [M]. Princeton: Princeton University Press, 2005.

[131] Ostrom E. The institutional analysis and development approach [C]. // Loehman E. T. and Kilgour D. M. (Editors), Designing institutions for environmental and resource management (pp. 68-90). Edward Elgar, Cheltenham, 1998.

[132] Ostrom E. Institutional rational choice: an assessment of the institutional analysis and development framework. In Sabatier P. A. (Eds.), Theories of the Policy Process, 2nd (pp. 21-64). Boulder, CO: Westview Press, 2007.

[133] Park A, Rozelle S, et al. 1996. Distributional sequences of reforming local public finance in china [J]. China Quarterly, 147: 751-778.

[134] Park R. E., Maria C. G. Urban mobility and urban form: the social and environmental costs of different patterns of urban expansion [J]. Ecological Economics, 2001, 40 (3): 199-216.

[135] Philip R. B., David R. G., Edwark J. K., Daniel A. R. Urban land use planning (fifth edition) [M]. SC: University of Illinois Press, 2006.

[136] Prato T. Evaluating land use plans under uncertainty [J]. Land Use Policy, 2007, 24 (1): 165-174.

[137] Puga D, Venables A J. The spread of industry: spatial agglomeration in economic development [z]. Discussion paper no. 279. Center for economic performance. London School of Economics, 1996: 3-4.

[138] Qian Y. Y., Weingast B. R. China's transition to markets: market-preserving federalism, Chinese style [J]. Journal of Policy Reform, 1996, (1): 149-185.

[139] Raiffa H. Decision analysis: introductory lectures on choices under uncertainty, reading [M] MA: Addison-Wesley, 1968.

[140] Robert H. Spatial data analysis: theory and practice [M]. London: Cambridge University Press, 2003.

[141] Rosenthal, S., Strange, W. Evidence on the nature and sources of agglomeration economies [A], Handbook of Regional and Urban Economics [M]. Amsterdam: North Holland. 2004.

[142] Russo J. E., Medvec V. H., Meloy M. G. The distortion of information during decisions [J]. Organizational Behavior and Human Decision Processes, 1996, 66 (1): 102-110.

[143] Sachs, J., Warner A. Fundamental sources of long-run growth [J]. American Economic Review, 1997, 87 (2): 184-188.

[144] Sassen S. The global cities: New York, London, Tokyo [M]. Princeton: Princeton University Press. 1991.

[145] Sauer C. O. The morphology of landscape [M]. Berkeley, CA: University of California publications in geography, 1925.

[146] Scott A. J. Industrialization and urbanization: a geographical agenda [J]. Annals Association of American Geographers, 1986, 76 (1): 25-37.

[147] Seto K. C., Fragkias M. Quantifying spatiotemporal patterns of urban land-use change in four cities of China with time series landscape metrics [J]. Landscape Ecology, 2005 (20): 871-888.

[148] Seto K. C., Kaufmann R. K. Modeling the drivers of urban land use change in the Pearl river delta, China: integrating remote sensing with socioeconomic data [J]. Land Economics, 2003, 79 (1): 106-122.

[149] Shen J. Urban and regional development in post-reform China: the case of Zhujiang Delta [J]. Process in Planning, 2002, 57 (2): 91-140.

[150] Siedentop S. Urban sprawl-verststehen, messen, steuern [A]. DISP 160, 2005.

[151] Silverman B. W. Density estimation for statistics and data analysis [M]. New York: Chapman and Hall, 1986.

[152] Song Y., Knaap G. J. Measuring the effects of mixed land uses on housing values [J]. Regional Science and Urban Economics, 2004, 34 (6): 663-680.

[153] Stone C. N. Regime Politics: governing Atlanta, 1946-1988 [M]. University Press of Kansas. 1989.

[154] Sturani M. L. Urban morphology in the Italian tradition of geographical studies [J]. Urban Morphology, 2003, 7 (1): 40-42.

[155] Sutton P. A scale-adjusted measure of "urban sprawl" using nighttime satellite imagery [J]. Remote Sensing of Environment, 2003, 86 (3): 353-369.

[156] Tang B., Wong S., Lee A. Green belt in a compact city: a zone for conservation or transition? [J]. Landscape and Urban Planning, 2007, 79 (3): 358-373.

[157] Thomas A. Die konomische Konstitution einesf derativen systems [M]. Mohr Siebeck Tubinger, 1999.

[158] Tiebout C. M. A pure theory of local expenditures [J]. Journal of Political Economy, 1956, (64): 416-424.

[159] Tony G. The city industrial [M]. Paris: MASSIN &. C Press, 1918.

[160] Trevor B., Thomas H. Situating the new economy: contingencies of regeneration and dislocation in Vancouver's inner city [J]. Urban Studies, 2009, (46): 1247-1269.

[161] Tuan Y F. Geography, phenomenology and the study of human nature [J]. The Canadian Geographer, 1971, (15): 181-192.

[162] Thunen V. Isolated State [M]. Oxford: Pergamum Press, 1966.

[163] Turner M. A. A simple theory of smart growth and sprawl [J]. Journal of Urban Economics, 2007, 61 (1): 21-44.

[164] Walker A., Li L. H. Land use rights reform, and the real estate market in China [J]. Journal of Real Estate Literature, 1994, 2 (2): 189-211.

[165] Wassmer R. W. The influence of local urban containment policies and statewide growth management on the size of United States urban areas [J]. Regional Science, 2006, 46 (1): 25-65.

[166] Weber C., Puissant A. Urbanization pressure and modeling of urban growth: example of the Tunis Metropolitan Area [J]. Remote Sensing of Environment, 2003, 86 (3): 341-352.

[167] Wei, Y. D. Decentralization, marketization and globalization: the triple process underlying regional development in China [J]. Asian Geographer, 2001, 20: 7-23.

[168] Wei Y. P., Zhao, M. Urban spill over vs. local urban sprawl: Entangling land-use regulations in the urban growth of China's megacities [J]. Land Use Policy, 2009, 26 (4): 1031-1045.

[169] Weitz J., Moore T. Development inside urban growth boundaries: Oregon's empirical evidence of contiguous urban form [J]. Journal of the American Planning Association, 1998, 64 (4): 425-440.

[170] Williamson O. E. The economic institutions of capitalism [M]. New York: The Free Press, 1985.

[171] Williamson O. E. The mechanisms of governance [M]. New York: Oxford University Press, 1996.

[172] Williamson O. E. The new institutional economics: taking stock, looking ahead [J]. Journal of

Economic Literature, 2000, (38): 595-613.

[173] Wooldridge, J. Introductory econometrics: a modern approach [M]. 北京: 清华大学出版社, 2006.

[174] Wu F. L. China's changing urban governance in the transition: towards a more market-oriented economy [J]. Urban Studies, 2002, 39 (7): 1071-1093.

[175] Wu F. L. Polycentric urban development and land-use change in a transitional economy: The case of Guangzhou [J]. Environment and Planning A, 1998 (30): 1077-1100.

[176] Wu F. L., Anthony. Changing spatial distribution and determinants of land development in Chinese cities in the transition from a centrally planned economy to a socialist market economy: a case study of Guangzhou [J]. Urban Studies, 1997, 34 (11): 1851-1879.

[177] Wu F. L., The "game" of landed property production and capital circulation in China's transitional economy, with reference to Shanghai [J]. Environment and Planning A, 1999, 31 (10): 1757-1771.

[178] Xiao J., Shen Y., Ge J., et al. Evaluation urban expansion and land use change in Shijiazhuang, China, by using GIS and remote sensing [J]. Landscape and Urban Planning, 2006, 75 (1): 69-80.

[179] Xie Q., Parsa A. P. G., Redding B. The emergence of the urban land market in China: evaluation, structure, constraints and perspectives [J]. Urban Studies, 2002, 39 (8): 1375-1398.

[180] Yeh G. O. Urban spatial structure in a transitional economy: the case of Guangzhou, China [J]. Journal of the American Planning Association, 1999, 65 (4): 14-22.

[181] Yeh, A. G. O., Wu F. L. Internal structure of Chinese cities in the midst of economic reform [J]. Urban Geography, 1995, 16 (6): 17-31.

[182] Yeh, A. G. O., Wu, F. L. Changes and challenges of the main shaping force of internal structure of Chinese cities: urban planning under housing and land reforms in China [C] // Proceedings of Fourth Asian Urbanization Conference, eds Lan-hung Nora Chiang, Williams J. F. and Bednarek H.. Asian Studies Center, Michigan State University, MI, 1996: 206-236.

[183] Yeh, A. G. O., Wu F. L. The transformation of the urban planning system in China from a centrally-planned to transitional economy [J]. Progress in Planning, 1999, 51 (3): 167-252.

[184] Zhang T. Land market forces and government's role in sprawl, the case of China [J]. Cities, 2000, 17 (2): 123-135.

[185] Zhao P., Lü B., Johan W. Conflicts in urban fringe in the transformation era: an examination of performance of the metropolitan growth management in Beijing [J]. Habitat International, 2009, 33 (4): 347-356.

[186] Zheng Y. N. Institutional change, local developmentalism, and economic growth: the making of semi-federalism in reform China [D]. Candidacy: Princeton University, 1995.

[187] Zhou M., Logan J. Market transition and commodification of housing in Urban China [M] // Logan, J. (Ed.), The New Chinese City. Oxford: Blackwell Publishers, 2002.

[188] Zhu J. M. A transitional institution for the emerging land market in Urban China [J]. Urban Studies, 2005, 42 (8): 1369-1390.

[189] [加] 梁鹤年. 政策规划与评估方法 [M]. 北京: 中国人民大学出版社, 2009.

[190] [美] 巴顿. 城市经济学: 理论与政策 [M]. 北京: 商务印书馆, 1981.

[191] [美] 道格拉斯·C·诺斯. 制度、制度变迁与经济绩效 [M]. 上海: 上海三联书店, 1994.

[192] ［美］科斯、阿尔钦等. 财产权利与制度变迁——产权学派与新制度学派译文集［M］. 上海：上海三联书店，1991.

[193] ［美］刘易斯·芒福德. 城市发展史——起源、演变和前景［M］. 北京：中国建筑工业出版社，2005.

[194] ［美］斯蒂芬·P. 罗宾斯. 管理学［M］. 北京：中国人民大学出版社，1997.

[195] ［美］丝奇雅·沙森. 全球城市——纽约、伦敦、东京［M］. 上海：上海社会科学院出版社，2005.

[196] ［美］詹姆斯·E. 安德森. 公共决策［M］. 北京：华夏出版社，1990.

[197] ［日］原田纯孝. 日本的都市法Ⅰ——结构和发展［M］. 东京：东京大学出版会，2001.

[198] ［英］埃比尼泽·霍华德. 明日的田园城市［M］. 北京：商务印书馆，2000.

[199] ［英］尼格尔·泰勒. 1945年后西方城市规划理论的流变［M］. 北京：中国建筑工业出版社，2006.

[200] ［英］彼得·霍尔. 城市和区域规划（原著第4版）［M］. 北京：中国建筑工业出版社，2008.

[201] ［英］卡莫纳. 城市设计的维度［M］. 南京：江苏科学技术出版社，2005.

[202] ［英］达尔文. 物种起源［M］. 北京：商务印书馆，1995.

[203] Kingston R. 电子化公众参与在英国新型地方规划系统中的作用［J］. 电子政务，2009（10）：127-141.

[204] Peter H.，Kathy P. 从大都市到多中心都市［J］. 国际城市规划，2008（1）：15-27.

[205] 阿尔弗雷德·韦伯. 工业区位论［M］. 北京：商务印书馆，1997.

[206] 蔡枚杰，汪晖. 土地在经济增长中的贡献率研究——以浙江省长兴县为例［C］∥吴次芳，丁成日. 中国城市理性增长与土地政策国际研讨会论文集. 杭州：浙江大学，2005：93-102.

[207] 曹建海. 中国城市土地高效利用研究［M］. 北京：经济管理出版社，2002.

[208] 陈江龙. 经济快速增长阶段农地非农化问题研究［D］. 南京：南京农业大学，2003.

[209] 陈刚强，李郇，许学强. 中国城市人口的空间集聚特征与规律分析［J］. 地理学报，2008，63（10）：1045-1054.

[210] 陈广胜. 走向善治——中国地方政府的模式创新［M］. 杭州：浙江大学出版社，2007.

[211] 陈力，关瑞明. 城市空间形态中的人类行为［J］. 华侨大学学报（自然科学版），2000，21（3）：296-301.

[212] 陈良文，杨开忠. 集聚与分散：新经济地理学模型与城市内部空间结构、外部规模经济效应的整合研究［J］. 经济学（季刊），2007，7（1）：53-70.

[213] 陈鹏. 中国土地制度下的城市空间演变［M］. 北京：中国建筑工业出版社，2009.

[214] 陈前虎，吴一洲. 我国农村宅基地制度变迁及其流转模式分析［J］. 江苏农业经济，2010（5）：66-68.

[215] 陈荣. 城市土地利用效率论［J］. 城市规划汇刊，1995（4）：28-33.

[216] 陈睿. 都市圈空间结构的经济绩效研究［D］. 北京：北京大学，2007.

[217] 陈顺清. 城市增长与土地增值的综合理论研究［J］. 地理信息科学，1999（1）：12-18.

[218] 陈蔚镇. 上海市空间演化中的土地资本的积累与竞争［J］. 城市规划学刊，2006（3）：69-75.

[219] 陈小卉. 都市圈发展阶段及其规划重点探讨［J］. 城市规划，2003，27（6）：55-57.

[220] 陈志刚，王青，赵小风等. 我国土地违法的空间特征及其演变趋势分析［J］. 资源科学，2010，32（7）：1387-1392.

[221] 储金龙. 城市空间形态定量分析研究［M］. 南京：东南大学出版社，2007.

[222] 崔宁. 重大城市事件对城市空间结构的影响——以上海世博会为例［D］. 上海：同济大学，

2007.

[223]　邓春凤. 桂林城市结构形态演化研究 [D]. 苏州：苏州科技学院，2006.

[224]　刁琳琳. 城市空间重构对经济增长的效应分析——以济南市和青岛市为例 [D]. 济南：山东师范大学，2008.

[225]　丁成日，宋彦，黄艳. 市场经济体系下城市总体规划的理论基础——规模和空间形态 [J]. 城市规划，2004（11）：71-77.

[226]　丁成日. 增长、结构和效率——兼评中国城市空间发展模式 [J]. 规划师，2008，12（4）：35-39.

[227]　丁成日. 芝加哥大都市区规划：方案规划的成功案例 [J]. 国外城市规划，2005（4）：26-33.

[228]　丁菊红，邓可斌. 政府干预、自然资源与经济增长：基于中国地区层面的研究 [J]. 中国工业经济，2007，232（7）：56-64.

[229]　丁万钧. 大都市区土地利用空间演化机理与可持续发展研究 [D]. 吉林：东北师范大学，2004.

[230]　段进，邱国潮. 空间研究5：国外城市形态学概论 [M]. 南京：东南大学出版社，2009.

[231]　段炼，刘玉龙. 城市用地形态的理论建构及方法研究 [J]. 城市发展研究，2006（2）：95-101.

[232]　恩格斯. 反杜林论 [M]. 北京：人民出版社，1970.

[233]　恩格斯. 自然辩证法 [M]. 北京：人民出版社，1971.

[234]　樊纲，张曙光. 公有制宏观经济理论大纲 [M]. 上海：上海三联书店，1990.

[235]　方创琳. 区域持续圈与发展圈相互作用理论 [J]. 自然辩证法研究，1999，15（2）：31-33.

[236]　冯健，刘玉. 转型期中国城市内部空间重构：特征、模式与机制 [J]. 地理科学进展，2007，26（4）：93-106.

[237]　冯年华. 略论产业结构优化与土地利用结构调整 [J]. 人文地理，1995，10（3）：64-67.

[238]　弗里德曼. 资本主义与自由 [M]. 北京：商务印书馆，1986.

[239]　富田和晓. 日本大城市圈结构变化研究现状及问题 [J]. 人文地理，1988，（4）：23-27.

[240]　高中岗. 中国城市规划制度及其创新 [D]. 上海：同济大学，2007.

[241]　高中岗. 瑞士的空间规划管理制度及其对我国的启示 [J]. 国际城市规划，2009，24（2）：84-92.

[242]　顾朝林，俞滨洋，薛俊菲等. 都市圈规划——理论·方法·实例 [M]. 北京：中国建筑工业出版社，2007.

[243]　顾朝林. 经济全球化与中国城市发展 [M]. 北京：商务印书馆. 1999.

[244]　顾朝林. 中国大城市边缘区特性研究 [J]. 地理学报，1993，48（4）：317-328.

[245]　管驰明，崔功豪. 100多年来中国城市空间分布格局的时空演变研究 [J]. 地域研究与开发，2004，23（5）：28-32.

[246]　郭鸿懋，江曼琦. 城市空间经济学 [M]. 北京：经济科学出版社，2002.

[247]　国家统计局城市社会经济调查总队. 新中国城市50年 [M]. 北京：新华出版社，1999.

[248]　贺灿飞，潘峰华，孙蕾. 中国制造业的地理集聚与形成机制 [J]. 地理学报，2007，62（12）：1253-1264.

[249]　何慧刚. 新自由主义经济思潮述评 [J]. 兰州商学院学报，2004（12）：50-56.

[250]　何流，崔功豪. 南京城市空间扩展研究 [J]. 城市规划汇刊，2000，（10）：56-60.

[251]　侯学钢，宁越敏. 生产服务业的发展与办公楼分布相关研究的动态分析 [J]. 国际城市规划，1998，（3）：32-37.

[252]　胡军，孙莉. 制度变迁与中国城市的发展及空间结构的历史演变 [J]. 人文地理，2005，20（1）：19-23.

[253]　胡俊. 中国城市：模式与演进 [M]. 北京：中国建筑工业出版社，1995.

[254]　胡序威等. 中国沿海城镇密集地区空间集聚与扩散研究 [M]. 北京：科学出版社，2000.

［255］ 黄贤金，彭补拙，张建新. 区域产业结构调整与土地可持续利用关系研究［J］. 经济地理，2002，22（4）：425-429.

［256］ 黄亚钧，郁义鸿. 微观经济学［M］. 北京：高等教育出版社，2000.

［257］ 黄亚平. 城市空间理论与空间分析［M］. 南京：东南大学出版社，2002.

［258］ 江曼琦. 城市空间结构优化的经济分析［M］. 北京：人民出版社，2001.

［259］ 蒋文华. 多视角下的中国农地制度——理论探讨与实证分析［D］. 杭州浙江大学，2004.

［260］ 靳东升. 我国土地税收制度改革设想［J］. 中国土地，2006（11）：7-9.

［261］ 金凤君. 空间组织与效率研究的经济地理学意义［J］. 世界地理研究，2007，16（4）：55-59.

［262］ 金煜，陈钊，陆铭. 中国的地区工业集聚：经济地理、新经济地理与经济政策［J］. 经济研究，2006，（4）：79-89.

［263］ 凯恩斯. 就业、利息和货币通论［M］. 北京：商务印书馆，1977.

［264］ 孔祥斌，张凤荣等. 区域土地利用与产业结构变化互动关系研究［J］. 资源科学，2005，27（2）：59-64.

［265］ 赖世刚. 决策网络——规划分析的工具［C］//2008年都市计划学会、区域科学学会、住宅学会、地区发展学会联合年会暨论文研讨会，中国台北，2008.

［266］ 冷希炎. 中国开发区制度空间研究［D］. 长春：东北师范大学，2006.

［267］ 李炳炎. 新自由主义市场经济理论与社会主义市场经济的根本区别［J］. 红旗文摘，2005（5）：24-25.

［268］ 李恩平. 非理性"圈地运动"的经济规律［J］. 中国土地，2004（3）：11-13.

［269］ 李明月，胡竹枝. 土地要素对经济增长贡献的实证分析——以上海市为例［J］. 软科学，2005，19（6）：21-23.

［270］ 李强. 新制度主义方法论对我国城市空间发展内在机制研究的启示［J］. 现代城市研究，2008（11）：13-19.

［271］ 李书娟，曾辉. 快速城市化地区建设用地沿城市化梯度的扩张特征——以南昌地区为例［J］. 生态学报，2004，24（1）：55-62.

［272］ 李松龄. 均衡规则、效率优先——新古典经济学的公平、效率和分配观［J］. 吉首大学学报（社会科学版），2002（3）：34-40.

［273］ 李小建. 经济地理学［M］. 北京：高等教育出版社，2006.

［274］ 李晓文，方精云，朴世龙. 上海城市用地扩展强度、模式及其空间分异特征［J］. 自然资源学报，2003，18（4）：412-422.

［275］ 梁国启. 我国城市规划法律制度研究——立足于私权保护和公权制约的视角［D］. 长春：吉林大学，2008.

［276］ 林炳耀. 论市县域规划模式的变革［J］. 地理科学，1994，14（1）：90-97.

［277］ 林红，李军. 出行空间分布与土地利用混合程度关系研究［J］. 城市规划，2008，32（9）：53-56.

［278］ 刘贵利等. 城市规划决策学［M］. 南京：东南大学出版社，2010.

［279］ 刘平辉，郝晋珉. 土地资源利用与产业发展演化的关系研究［J］. 江西师范大学学报（自然科学版），2006，30（1）：95-98.

［280］ 刘平辉. 基于产业的土地利用分类及其应用研究［D］. 北京：中国农业大学，2003.

［281］ 刘盛和，吴传钧，沈洪泉. 基于GIS的北京城市土地利用扩展模式［J］. 地理学报，2002，55（4）：407-416.

［282］ 刘湘南，许红梅. 土地利用空间格局的图形信息表达初步研究［J］. 地理研究，2001，20（6）：752-760.

[283] 刘雨平. 转型期城市形态演化的空间政策影响机制——以扬州市为例 [J]. 经济地理，2008，28 (4)：539-542.

[284] 刘佐. 中国税制概览 [M]. 北京：经济科学出版社，2006.

[285] 刘安国，杨开忠，谢燮. 新经济地理学与传统经济地理学之比较研究 [J]. 地理科学进展，2005，20 (10)：1059-1066.

[286] 卢新海，邓中明. 对我国城市土地储备制度的评析 [J]. 城市规划汇刊，2004 (6)：27-33.

[287] 罗小龙，沈建法. "都市圈"还是都"圈"市——透过效果不理想的苏锡常都市圈规划解读"圈"都市现象 [J]. 城市规划，2005，29 (1)：30-35.

[288] 麻宝斌. 公共利益与政府职能 [J]. 公共管理学报，2004 (1)：86-92.

[289] 马强. 经济思想 [M]. 北京：商务印书馆，1985.

[290] 马荣华，顾朝林，蒲英霞等. 苏南沿江城镇扩展的空间模式及其测度 [J]. 地理学报，2007，62 (10)：1011-1022.

[291] 毛蒋兴，闫小培，李志刚等. 深圳城市规划对土地利用的调控效能 [J]. 地理学报，2008，63 (3)：311-320.

[292] 毛义华. 工程网络计划的理论与实践 [M]. 杭州：浙江大学出版社，2003.

[293] 孟海宁，陈前虎. 浙江城市化的转型之路——从因犯困境到合作博弈 [J]. 城市规划，2007，31 (3)：30-34.

[294] 孟晓晨. 西方城市经济学——理论与方法 [M]. 北京：北京大学出版社，1992.

[295] 宁越敏. 从劳动分工到城市形态——评艾伦·斯科特的区位论（二）[J]. 城市问题，1995 (3)：14-16.

[296] 宁越敏. 上海市区生产服务业及办公楼区位研究 [J]. 地理研究，2000 (24)：9-12.

[297] 宁越敏. 新城市化进程：20 世纪 90 年代中国城市化动力机制和特点探讨 [J]. 地理学报，1998 (9)：470-477.

[298] 诺伯格·舒尔兹. 存在空间建筑 [J]. 建筑师，1985 (23)：23-30.

[299] 潘鑫. 上海市城市空间结构演化的用地制度分析 [J]. 现代城市研究，2008 (1)：34-40.

[300] 齐康. 城市环境规划设计与方法 [M]. 北京：中国建筑工业出版社，1997.

[301] 曲福田，陈江龙，陈雯. 农地非农化经济驱动机制的理论分析与实证研究 [J]. 自然资源学报，2005，20 (2)：231-241.

[302] 曲福田，冯淑怡，诸培新等. 制度安排、价格机制与农地非农化研究 [J]. 经济学（季刊），2004，4 (1)：229-248.

[303] 全国高等教育自学考试指导委员会. 马克思主义基本原理概论 [M]. 北京：北京大学出版社，2008.

[304] 伊利尔·沙里宁. 城市：它的发展、衰败与未来 [M]. 顾启源，译. 北京：中国建筑工业出版社，1986.

[305] 山神达也. 日本大都市圈人口增长与空间结构变化 [J]. 地理学评论，2003 (4)：19-27.

[306] 邵德华. 土地储备制度对城市空间结构的整合机制研究 [J]. 北京规划建设，2003 (4)：46-49.

[307] 石楠. 试论城市规划中的公共利益 [J]. 城市规划，2004，28 (6)：20-31.

[308] 斯密著（王亚南译）. 国民财富的性质和原因的研究（上卷）[M]. 北京：商务印书馆，1974.

[309] 宋彦，江志勇，杨晓春等. 北美城市规划评估实践经验及启示 [J]. 规划师，2010，26 (3)：5-9.

[310] 孙倩. 上海近代城市规划及其制度背景与城市空间形态特征 [J]. 城市规划学刊，2006，166 (6)：92-101.

[311] 孙学玉. 企业型政府论 [M]. 北京：社会科学文献出版社，2005.

[312] 谈明洪，李秀彬，吕昌河. 我国城市用地扩张的驱动力分析 [J]. 经济地理，2003，23（5）：635-639.

[313] 谭荣，曲福田. 中国农地非农化与农地资源保护：从两难到双赢 [J]. 管理世界，2006，12：50-59，66.

[314] 陶松龄，陈蔚镇. 上海城市形态的演化与文化魅力的探究 [J]. 城市规划，2001，25（1）：74-76.

[315] 田光明，蒲春玲. 基于产业空间集聚的土地集约利用理论分析 [J]. 全国商情（经济理论研究），2008，（4）：16-17.

[316] 托马斯·库恩. 科学革命的结构 [M]. 北京：北京大学出版社，2003.

[317] 王爱民，刘加林. 深圳土地供给与经济增长关系研究 [J]. 热带地理，2005，25（1）：19-26.

[318] 汪丁丁. 制度分析基础讲义Ⅰ：自然与制度 [M]. 上海：人民出版社，2005.

[319] 王冠贤，魏清泉. 广州城市空间形态扩展中土地供应动力机制的作用 [J]. 热带地理，2002，22（1）：43-47.

[320] 王磊. 城市产业结构调整与城市空间结构演化——以武汉为例 [J]. 城市规划汇刊，2001（3）：55-58.

[321] 王农. 城市形态与城市文化初探 [J]. 西北建筑工程学院学报（自然科学版），1999，（2）：25-29.

[322] 王郁. 国际视野下的城市规划管理制度——基于治理理论的比较研究 [M]. 北京：中国建筑工业出版社，2009.

[323] 王元明. 马克思主义哲学原理 [M]. 天津：南开大学出版社，1996.

[324] 王铮，吴健平，邓悦等. 城市土地利用演变信息的数据挖掘——以上海市为例 [J]. 地理研究，2002，21（6）：675-681.

[325] 韦亚平，王纪武. 城市外拓和地方城镇蔓延——中国大城市空间增长中的土地管制问题及其制度分析 [J]. 中国土地科学，2008，22（4）：19-24.

[326] 韦亚平，赵民. 都市区空间结构与绩效——多中心网络结构的解释与应用分析 [J]. 2006，30（4）：9-16.

[327] 魏立华，闫小培，刘玉亭. 清代广州城市社会空间结构研究 [J]. 地理学报，2008，63（6）：613-624.

[328] 魏立华，闫小培. 有关"社会主义转型国家"城市社会空间的研究述评 [J]. 人文地理，2006，21（4）：7-12.

[329] 吴次芳，叶艳妹. 土地科学原理 [M]. 北京：中国建材出版社，1995.

[330] 吴次芳，邵霞珍. 土地利用规划的非理性、不确定性和弹性理论研究 [J]. 浙江大学学报（人文社会科学版），2005（7）：98-105.

[331] 吴缚龙，马润潮，张京祥. 转型与重构——中国城市发展多维透视 [M]. 南京：东南大学出版社，2007.

[332] 吴丽. 浙江省城市土地集约利用效率评价 [J]. 广东土地科学，2008（2）：10-13.

[333] 吴良镛. 人居环境科学导论 [M]. 北京：中国建筑工业出版社，2001.

[334] 吴一洲，陈前虎，韩昊英等. 大都市成长区城镇多元组织模式研究 [J]. 地理科学进展，2009a，28（1）：103-110.

[335] 吴一洲，陈前虎，吴次芳. 城市商务经济空间区位格局及其机理研究 [J]. 城市规划，2009b，33（7）：33-38.

[336] 吴一洲，吴次芳，罗文斌. 公共管理视阈下的县市规划理念革新 [J]. 中国社会科学文摘，2009c，69（9）：104-106.

[337] 吴一洲，吴次芳，王琳等. 浙江省新型工业化地域差异及其机理研究 [J]. 地理科学，2009d，

29 (4)：508-514.

[338] 武进. 中国城市形态：结构、特征及其演变 [M]. 南京：江苏科技出版社，1990.

[339] 夏志华. 试论城市内部空间结构合理化——以武汉市为例 [D]. 武汉：华中师范大学，2001.

[340] 谢涤湘. 撤县设区——行政区划调整与城市规划 [J]. 城市规划汇刊，2004 (4)：20-22.

[341] 谢守红. 大都市区空间组织的形成演变研究 [D]. 上海：华东师范大学，2003.

[342] 熊国平. 当代中国城市形态演变 [M]. 北京：中国建筑工业出版社，2006.

[343] 徐康宁，王剑. 自然资源丰裕度与经济发展水平关系的研究 [J]. 经济研究，2006 (1)：78-89.

[344] 徐梦洁，刘洋，孙雁等. 南京市土地利用系统与产业结构的动态变化与关联 [J]. 国土与自然资源研究，2006 (4)：25-27.

[345] 许经勇. "三农问题"与资本原始积累 [J]. 南京财经大学学报，2004 (6)：1-6.

[346] 亚当·斯密. 国民财富的性质和原因的研究 [M]. 呼和浩特：远方出版社，2004.

[347] 阎小培，姚一民，陈浩光. 改革开放以来广州办公活动的时空差异分析 [J]. 地理研究，2000 (4)：359-368.

[348] 杨保军. 我国区域协调发展的困境及出路 [J]. 城市规划，2004，28 (10)：26-34.

[349] 杨荣萍、张雪莲. 城市空间扩展的动力机制与模式研究 [J]. 地域研究与开发，1997 (2)：1-4.

[350] 杨山，吴勇. 无锡市形态扩展的空间差异研究 [J]. 人文地理，2001，16 (3)：84-88.

[351] 姚玉玲，刘靖伯. 网络计划技术与工程进度管理 [M]. 北京：人民交通出版社，2008.

[352]. 杨振荣. 台湾地区经济发展对土地资源配置之影响 [J]. 中国土地科学，1998 (11)：31.

[353] 姚士谋，帅江平. 城市用地与城市增长 [M]. 合肥：中国科学技术大学出版社，1995.

[354] 叶俊，陈秉钊. 分形理论在城市研究中的应用 [J]. 城市规划汇刊，2001 (4)：38-42.

[355] 殷洁，张京祥. 基于制度转型的中国城市空间结构研究初探 [J]. 人文地理，2005，20 (3)：59-62.

[356] 于立. 规划督察：英国制度的借鉴 [J]. 国际城市规划，2007，22 (2)：72-77.

[357] 曾峻. 公共管理新论——体系、价值与工具 [M]. 北京：人民出版社，2006.

[358] 曾磊，宗勇，鲁奇. 保定市城市用地扩展的时空演变分析 [J]. 资源科学，2004，26 (4)：96-103.

[359] 张彩江，马庆国. 基于决策元价值概念模型 (MDVCM) 的系统决策价值问题研究 [J]. 管理科学，2004，17 (2)：86-91.

[360] 张彩江，邝国良. 复杂决策模式 (CDM) 形成：一个分析概念框架 [J]. 系统工程学报，2007，22 (6)：669-672.

[361] 张海兵，鞠正山，张凤荣. 中国社会经济结构与土地利用结构变化的相关性分析 [J]. 中国土地科学，2007，21 (2)：12-17.

[362] 张京祥，洪世键. 城市空间扩张及结构演化的制度因素分析 [J]. 规划师，2008，24 (12)：40-43.

[363] 张京祥，罗震东，何建颐. 体制转型与中国城市空间重构 [M]. 南京：东南大学出版社，2007.

[364] 张京祥. 西方城市规划思想史纲 [M]. 南京：东南大学出版社，2005.

[365] 张京祥，沈建法. 都市密集地区区域管治中行政区划的影响 [J]. 城市规划，2002，26 (9)：40-44.

[366] 张庭伟. 1990 年代中国城市空间结构的变化及其动力机制 [J]. 城市规划，2001，25 (7)：7-14.

[367] 张维迎. 企业理论与中国企业改革 [M]. 北京：北京大学出版社，1999.

[368] 张文忠. 大城市服务业区位理论及其实证研究 [J]. 地理研究，1999 (3)：273-281.

[369] 张文忠. 经济区位论 [M]. 北京：科学出版社，2000.

[370] 张五常. 经济解释 [M]. 香港：花千树出版社，2002.

[371] 张险峰. 英国城乡规划督察制度的新发展 [J]. 国外城市规划, 2006, 21 (3): 25-27.

[372] 张晓平, 刘卫东. 开发区与我国城市空间结构演进及其动力机制 [J]. 地理科学, 2003, 23 (2): 142-149.

[373] 张颖, 王群, 王万茂. 中国产业结构与用地结构相互关系的实证研究 [J]. 中国土地科学, 2007, 21 (2): 4-11.

[374] 张颖. 区域土地资源配置与社会经济发展 [J]. 地域研究与开发, 2004, 23 (6): 93-97.

[375] 张勇强. 空间研究2: 城市空间发展自组织与城市规划 [M]. 南京: 东南大学出版社, 2006.

[376] 张宇星. 城镇空间结构组成与影响因素研究 [J]. 新建筑, 1998, (5): 6-9.

[377] 张志强, 黄代伟. 构筑层次分明、上下协调的空间规划体系——德国经验对我国规划体制改革的启示 [J]. 现代城市研究, 2007, 22 (6): 11-18.

[378] 赵燕菁. 从城市管理走向城市经营 [J]. 城市规划, 2002, 28 (11): 7-12.

[379] 甄峰, 刘慧, 郑俊. 城市生产性服务业空间分布研究: 以南京为例 [J]. 世界地理研究, 2008, 17 (1): 24-31.

[380] 郑时龄. 理性地规划和建设理想城市 [J]. 城市规划汇刊, 2004 (1): 1-5.

[381] 郑文含. 城镇体系规划中的区域空间管制——以泰兴市为例 [J]. 规划师, 2005, 21 (3): 72-77.

[382] 周国华, 贺艳华. 长沙城市土地扩张特征及影响因素 [J]. 地理学报, 2006 (11): 1171-1180.

[383] 周业安. 地方政府竞争与经济增长 [J]. 中国人民大学学报, 2003 (1): 11-26.

[384] 周一星, 孙则昕. 再论中国城市职能分类 [J]. 地理研究, 1997, 16 (1): 11-22.

[385] 诸培新, 曲福田. 农地非农化配置中的土地收益分配研究——以江苏省N市为例 [J]. 南京农业大学学报 (社科版), 2006, 6 (3): 1-6.

[386] 朱喜钢, 官莹. 有机集中理念下深圳大都市区的结构规划 [J]. 城市规划, 2003, 27 (9): 74-77.

[387] 朱英明, 姚士谋, 李玉见. 我国城市化进程中的城市空间演化研究 [J]. 地理学与国土研究, 2000, 16 (5): 12-16.

[388] 朱振国, 姚士谋, 许刚. 南京城市扩展与其空间增长管理的研究 [J]. 人文地理, 2003, 18 (5): 11-16.

[389] 邹璇, 曾庆均, 安虎森. 产业扩张对土地需求的定量分析——以重庆市工业扩张的用地需求为例 [J]. 工业技术经济, 2006, 25 (5): 69-74.

后记

　　笔者学习了 7 年的"城市规划"和 4 年的"土地资源管理"，浙江大学城市规划硕士毕业后，体会到当前城市规划在内容上过于侧重形态设计，方法上过于侧重定性判断。在攻读博士学位的过程中，接触到了土地资源管理的学科内容，而它更侧重管理、政策和定量配置方法，这两者正好互补。多年来，"在实践中寻找问题，在理论和思考中寻找答案，在答案中深化对城市发展的理解"成为了我主要的"学术生活模式"，因而一直要求自己大量参与设计项目与课题研究。在此过程中，发现城市发展的空间形态仅仅是其表象，在此背后体现自组织和被组织两大力量的博弈，涉及管理、制度、经济等多个维度的影响机制，因而定下了从多个维度的影响来解释城市发展演化的研究主题。该研究总体上是基于我自己参与的大量规划实践的相关研究形成的，通过制度经济学的分析框架将它们组织起来，从资源配置、治理结构、制度环境三个层面的相互作用构成其系统化结构。

　　本书虽然成稿时间只有短短的 1 年，但其中却包含了我将近 7 年的实践积累。本书得以诞生，首先要感谢吴次芳教授，为我提供了很好的科研与交流平台，感谢同系的叶艳妹教授、刘卫东教授、靳相木教授、吴宇哲副教授、曹宇副教授、岳文泽副教授、李艳副教授、韩昊英副教授、谭荣、宋露、胡昱东等老师给我以耐心的指导和无私的帮助，还有台北大学的赖世刚教授，浙工大规划系的陈前虎教授、虞晓芬教授，在与他们多次的愉快交流中，启发了我对问题的思考，在此一并对他们表示深深的敬意与感谢！感谢南京农业大学的欧名豪教授，浙江大学的黄敬峰教授、范柏乃教授和浙江土地勘测院的赵哲远院长给予的宝贵意见，使本书能更趋完善。感谢不断鼓励和支持我的同窗与好友，他们在生活和研究交流上都给予了很多帮助，在此对他们表示万分感谢。

　　遥想漫长求知探索路，最是感谢为我健康成长含辛茹苦的父母、岳父母和鼓励帮助我的亲人，他们永远的信任和支持使我自信和坚强。最珍贵的是夫人王琳女士在背后对我一直无私地支持，感谢儿子带给我无尽的快乐，你们母子俩是我能静下心走好工作和生活中的每一步的坚实基础！

　　最后，祝每一个关爱过我的人一生幸福！

吴一洲

2012 年 8 月于西子湖畔